Creo 8.0 工程应用精解丛书

Creo 产品设计实例精解
（Creo 8.0 中文版）

北京兆迪科技有限公司　编著

扫描二维码
获取随书学习资源

机 械 工 业 出 版 社

本书是以实例讲解 Creo 8.0 产品结构设计的书籍，介绍了 36 个经典的实际产品的设计全过程，其中一个实例采用目前最为流行的 TOP_DOWN（自顶向下）方法进行设计。这些实例涉及多个行业和领域，都是生产一线实际应用中的产品，经典而实用。

本书在内容上针对每一个实例先进行概述，说明该实例的特点，使读者对它有一个整体的认识，学习也更有针对性，接下来的操作步骤翔实、透彻，图文并茂，引领读者一步一步地完成设计。这种讲解方法能使读者更快、更深入地理解 Creo 产品设计中的一些抽象的概念、重要的设计技巧和复杂的命令功能，也能帮助读者尽快进入产品设计实战状态。在写作方式上，本书紧贴 Creo 8.0 软件的实际操作界面，使初学者能够直观、准确地操作软件进行学习，从而尽快地上手，提高学习效率。

书中所选用的范例、实例或应用案例覆盖了多个行业，具有很强的实用性和广泛的适用性。本书附赠学习资源，制作了大量 Creo 产品设计技巧和具有针对性的实例教学视频，并进行了详细的语音讲解；学习资源中还包含本书所有的实例文件以及练习素材文件。本书可作为广大工程技术人员和设计工程师学习 Creo 8.0 产品设计的自学教程和参考书，也可作为大中专院校学生和各类培训学校学员的 CAD/CAM 课程教材及上机练习的教材。

图书在版编目（CIP）数据

Creo产品设计实例精解：Creo 8.0中文版 / 北京兆迪科技有限公司编著. —北京：机械工业出版社，2023.12

（Creo 8.0工程应用精解丛书）

ISBN 978-7-111-73571-7

Ⅰ.①C… Ⅱ.①北… Ⅲ.①计算机辅助设计 – 应用软件 – 教材 Ⅳ.①TP391.72

中国国家版本馆CIP数据核字（2023）第137243号

机械工业出版社（北京市百万庄大街22号 邮政编码100037）
策划编辑：丁 锋　　　　　责任编辑：丁 锋
责任校对：肖 琳 李 婷　　封面设计：张 静
责任印制：刘 媛
北京中科印刷有限公司印刷
2023 年 12 月第 1 版第 1 次印刷
184mm × 260mm · 23.5印张 · 533千字
标准书号：ISBN 978-7-111-73571-7
定价：99.90 元

电话服务　　　　　　　　　网络服务
客服电话：010-88361066　机 工 官 网：www.cmpbook.com
　　　　　010-88379833　机 工 官 博：weibo.com/cmp1952
　　　　　010-68326294　金 书 网：www.golden-book.com
封底无防伪标均为盗版　机工教育服务网：www.cmpedu.com

前　言

Creo 是由美国 PTC 公司推出的一套先进、实用的机械三维 CAD/CAM/CAE 参数化软件系统，整合了 PTC 公司的三个软件的技术，即 Pro/ENGINEER 的参数化技术、CoCreate 的直接建模技术和 ProductView 的三维可视化技术。Creo 内容涵盖了产品从概念设计、工业造型设计、三维模型设计、分析计算、动态模拟与仿真、工程图输出，到生产加工成产品的全过程，应用范围涉及航空航天、汽车、机械、数控（NC）加工以及电子等诸多领域。

编著本书的目的是使读者通过书中的经典实例，迅速掌握各种零件的建模方法、技巧和构思精髓，使读者在短时间内成为一名 Creo 产品结构设计高手。

本书是学习 Creo 8.0 的产品结构设计的实例图书，其特色如下：

- 实例丰富，与其他的同类书籍相比，本书包括更多的零件建模方法，尤其是书中的自顶向下（TOP_DOWN）设计实例，方法独特，令人耳目一新，对读者的实际产品设计具有很好的指导和借鉴作用。
- 讲解详细，条理清晰，图文并茂，保证自学的读者能独立学习。
- 写法独特，采用 Creo 8.0 软件中真实的对话框、操控板和按钮等进行讲解，使初学者能够直观、准确地操作软件，从而大大提高学习效率。
- 附加值高，本书附赠学习资源，其中制作了大量产品设计技巧和具有针对性的实例教学视频并进行了详细的语音讲解，可以帮助读者轻松、高效地学习。

本书由北京兆迪科技有限公司编著，参加编写的人员有詹友刚、刘静。本书难免存在疏漏之处，恳请广大读者予以指正。

电子邮箱：zhanygjames@163.com，咨询电话：010-82176248，010-82176249。

编　者

读者回馈活动：

为了感谢广大读者对兆迪科技图书的信任与支持，兆迪科技针对读者推出"免费送课"活动，即日起读者凭有效购书证明，即可领取价值 100 元的在线课程代金券 1 张，此券可在兆迪科技网校（http://www.zalldy.com/）免费换购在线课程 1 门。活动详情可以登录兆迪科技网校或者关注兆迪公众号查看。

兆迪网校

兆迪公众号

本 书 导 读

为了能更好地学习本书的知识，请您先仔细阅读下面的内容。

写作环境

本书使用的操作系统为 64 位的 Windows 10，系统主题采用 Windows 经典主题。本书采用的写作蓝本是 Creo 8.0。

学习资源使用

为方便读者练习，特将本书所有素材文件、已完成的实例文件、配置文件和视频语音讲解文件等放入随书附赠学习资源中，读者在学习过程中可以打开相应素材文件进行操作和练习。

本书附赠学习资源，建议读者在学习本书前，先将学习资源中的所有内容复制到计算机硬盘的 D 盘中。

在学习资源的 creo 8.5 目录下共有 3 个子目录。

（1）Creo 8.0_system_file 子目录：包含一些系统配置文件。

（2）work 子目录：包含本书讲解中所用到的文件。

（3）video 子目录：包含本书讲解中所有的视频文件（含语音讲解），学习时，直接双击某个视频文件即可播放。

学习资源中带有"ok"扩展名的文件或文件夹表示已完成的实例。

相比于老版本的软件，Creo 8.0 在功能、界面和操作上变化极小，经过简单的设置后，几乎与老版本完全一样。因此，对于软件新老版本操作完全相同的内容部分，学习资源中仍然使用老版本的视频讲解，对于绝大部分读者而言，并不影响软件的学习。

本书约定

- 本书中有关鼠标操作的简略表述说明如下。
  - ☑ 单击：将鼠标指针移至某位置处，然后按一下鼠标的左键。
  - ☑ 双击：将鼠标指针移至某位置处，然后连续快速地按两次鼠标的左键。
  - ☑ 右击：将鼠标指针移至某位置处，然后按一下鼠标的右键。
  - ☑ 单击中键：将鼠标指针移至某位置处，然后按一下鼠标的中键。
  - ☑ 滚动中键：只是滚动鼠标的中键，而不能按中键。
  - ☑ 选择（选取）某对象：将鼠标指针移至某对象上，单击以选取该对象。
  - ☑ 拖动某对象：将鼠标指针移至某对象上，然后按下鼠标的左键不放，同时移动鼠标，将该对象移动到指定的位置后再松开鼠标的左键。

● 本书中的操作步骤分为 Task、Stage 和 Step 三个级别，说明如下。

  ☑ 对于一般的软件操作，每个操作步骤以 Step 字符开始。

  ☑ 每个 Step 操作步骤视其复杂程度，下面可含有多级子操作。例如 Step1 下可能包含（1）、（2）、（3）等子操作，（1）子操作下可能包含①、②、③等子操作，①子操作下可能包含 a）、b）、c）等子操作。

  ☑ 如果操作较复杂，需要几个大的操作步骤才能完成，则每个大的操作冠以 Stage1、Stage2、Stage3 等，Stage 级别的操作下再分 Step1、Step2、Step3 等操作。

  ☑ 对于多个任务的操作，则每个任务冠以 Task1、Task2、Task3 等，每个 Task 操作下则可包含 Stage 和 Step 级别的操作。

● 由于已经建议读者将随书学习资源中的所有文件复制到计算机硬盘的 D 盘中，书中在要求设置工作目录或打开学习资源文件时，所述的路径均以 D：开始。

软件设置

● 从本书的随书学习资源中复制文件夹 D：\creo8.5\Creo8.0_system_file 到计算机 C 盘的根目录下，注意只能复制到 C 盘根目录，不要放置到其他磁盘或文件夹中。

● 设置 Creo 系统配置文件 config.pro：将 D：\creo8.5\Creo8.0_system_file\ 下的 config.pro 复制至 Creo 安装目录的 \text 目录下。假设 Creo 8.0 的安装目录为 C：\Program Files\PTC\Creo 8.0.0.0，则应将上述文件复制到 C：\Program Files\PTC\Creo 8.0.0.0\Common Files\text 目录下。退出 Creo，然后再重新启动 Creo，config.pro 文件中的设置将生效。

技术支持

本书主要编写人员均来自北京兆迪科技有限公司。该公司专门从事 CAD/CAM/CAE 技术的研究、开发、咨询及产品设计与制造服务，并提供 Creo、Ansys、Adams 等软件的专业培训及技术咨询。读者在学习本书的过程中如果遇到问题，可通过访问该公司的网站 http：//www.zalldy.com 来获得技术支持。

为了感谢广大读者对兆迪科技图书的信任与厚爱，兆迪科技面向读者推出免费送课、最新图书信息咨询、与主编在线直播互动交流等服务。

● 免费送课。读者凭有效购书证明，可领取价值 100 元的在线课程代金券 1 张，此券可在兆迪科技网校（http：//www.zalldy.com/）免费换购在线课程 1 门，活动详情可以登录兆迪网校查看。

目　录

Creo 产品设计实例精解
（Creo 8.0 中文版）

实例 **1** 下水软管

实例概述

本实例主要运用了如下一些特征命令：旋转、阵列和抽壳。本例的设计难点是创建模型上的波纹，在进行这个特征的阵列操作时，确定增量尺寸比较关键。零件模型及模型树如图 1.1 所示。

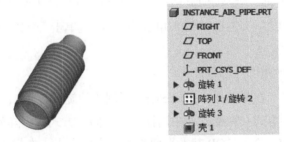

图 1.1　零件模型及模型树

Step1. 新建零件模型。

（1）选择下拉菜单 文件 ➡ 新建(0) 命令，系统弹出文件"新建"对话框。

（2）在此对话框的 类型 选项组中选中 ⦿ □ 零件 单选项。

（3）在 名称 文本框中输入文件名 INSTANCE_AIR_PIPE。

（4）取消选中 □ 使用默认模板，单击该对话框中的 确定 按钮。

（5）在系统弹出的"新文件选项"对话框的 模板 选项组中选择 mmns_part_solid_abs 模板，单击该对话框中的 确定 按钮。

Step2. 创建图 1.2 所示的旋转特征 1。

（1）选择命令。单击 模型 功能选项卡 形状 ▾ 区域中的"旋转"按钮 ◑ 旋转。

（2）绘制截面草图。在图形区右击，从系统弹出的快捷菜单中选择 ✍ 定义内部草绘 命令；选取 FRONT 基准平面为草绘平面，TOP 基准平面为参考平面，方向为 上；单击 草绘 按钮，绘制图 1.3 所示的截面草图（包括中心线）；单击 草绘 功能选项卡 关闭 区域中的"确定"按钮 ✓，退出草绘环境。

（3）定义旋转属性。在操控板中选择旋转类型为 ⬕，在"角度"文本框中输入角度值 360.0，并按 Enter 键。

图 1.2 旋转特征 1

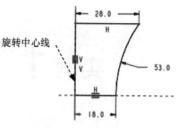

图 1.3 截面草图

（4）在操控板中单击"完成"按钮 ![对钩]，完成旋转特征 1 的创建。

Step3. 创建图 1.4 所示的旋转特征 2。在 模型 功能选项卡的 形状 ▾ 区域中单击"旋转"按钮 ◊ 旋转 ，选取 FRONT 基准平面为草绘平面，TOP 基准平面为参考平面，方向为 上 ；单击 草绘 按钮，绘制图 1.5 所示的截面草图（包括中心线）；在操控板中选择旋转类型为 ![图标] ，在"角度"文本框中输入角度值 360.0；单击 ![对钩] 按钮，完成旋转特征 2 的创建。

Step4. 创建图 1.6 所示的阵列特征 1。

（1）选取阵列特征。在模型树中选择 Step3 所创建的旋转特征 2，右击，选择 ![图标] 命令。

（2）选择阵列控制方式。在操控板中选择以"方向"方式控制阵列。

（3）定义阵列参数。选取 TOP 基准平面为阵列方向参考，在操控板中输入阵列个数值 15，设置增量（间距）值 7.0，按 Enter 键。

图 1.4 旋转特征 2

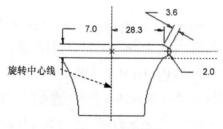

图 1.5 截面草图

图 1.6 阵列特征 1

（4）在操控板中单击"完成"按钮 ![对钩] ，完成阵列特征 1 的创建。

Step5. 创建图 1.7 所示的旋转特征 3。在 模型 功能选项卡的 形状 ▾ 区域中单击"旋转"按钮 ◊ 旋转 ，选取 FRONT 基准平面为草绘平面，TOP 基准平面为参考平面，方向为 上 ；单击 草绘 按钮，绘制图 1.8 所示的截面草图（包括中心线）；在操控板中选择旋转类型为 ![图标] ，在"角度"文本框中输入角度值 360.0；单击 ![对钩] 按钮，完成旋转特征 3 的创建。

Step6. 创建图 1.9 所示的抽壳特征 1。

（1）选择命令。单击 模型 功能选项卡 工程 ▾ 区域中的"壳"按钮 ![壳] 。

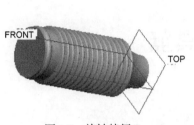

图 1.7　旋转特征 3

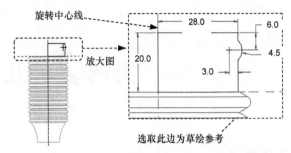

图 1.8　截面草图

（2）定义移除面。选取图 1.9 所示的两个端面为移除面。

（3）定义壁厚。在 厚度 文本框中输入壁厚值 1.2。

（4）在操控板中单击 ✔ 按钮，完成抽壳特征 1 的创建。

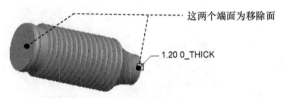

图 1.9　抽壳特征 1

Step7. 保存零件模型文件。

实例 2　儿童玩具篮

实例概述

本实例是一个普通的儿童玩具篮，主要运用了实体建模的一些常用命令，包括实体拉伸、扫描、倒圆角和抽壳等，其中"抽壳"命令运用得很巧妙。零件模型及模型树如图 2.1 所示。

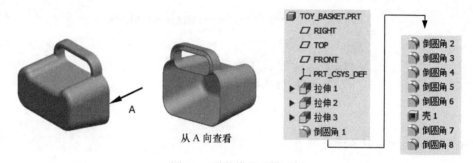

图 2.1　零件模型及模型树

Step1. 新建零件模型。模型命名为 TOY_BASKET。

Step2. 创建图 2.2 所示的拉伸特征 1。

（1）选择命令。单击 模型 功能选项卡 形状 ▾ 区域中的"拉伸"按钮 ⬚ 拉伸。

（2）绘制截面草图。在图形区右击，从系统弹出的快捷菜单中选择 定义内部草绘... 命令；选取 RIGHT 基准平面为草绘平面，选取 TOP 基准平面为参考平面，方向为 左；单击 草绘 按钮，绘制图 2.3 所示的截面草图。

（3）定义拉伸属性。在操控板中选择拉伸类型为 ⬗，输入深度值 115.0。

（4）在操控板中单击"确定"按钮 ✔，完成拉伸特征 1 的创建。

Step3. 创建图 2.4 所示的拉伸特征 2。在 模型 功能选项卡的 形状 ▾ 区域中单击"拉伸"按钮 ⬚ 拉伸，选取图 2.5 所示的草绘平面和参考平面，方向为 右；绘制图 2.6 所示的截面草图，在操控板中定义拉伸类型为 ⬗，输入深度值 15，按 Enter 键确认；单击 ⤢ 按钮调整拉伸方向；单击 ✔ 按钮，完成拉伸特征 2 的创建。

Step4. 创建图 2.7 所示的拉伸特征 3。在 模型 功能选项卡的 形状 ▾ 区域中单击"拉伸"按钮 ⬚ 拉伸，选取图 2.8 所示的草绘平面和参考平面，方向为 右；绘制图 2.9 所示的截面草图，在操控板中定义拉伸类型为 ，输入深度值 8，按 Enter 键确认；单击 按钮调整拉伸方向；单击 按钮，单击 按钮，完成拉伸特征 3 的创建。

图 2.2　拉伸特征 1

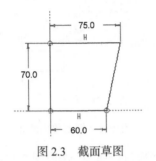

图 2.3　截面草图

图 2.4　拉伸特征 2

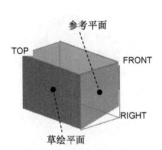

图 2.5　定义草绘平面

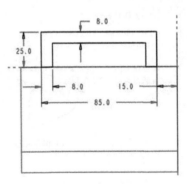

图 2.6　截面草图

图 2.7　拉伸特征 3

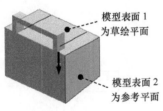

图 2.8　定义草绘平面

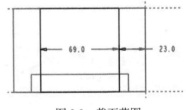

图 2.9　截面草图

Step5. 创建图 2.10b 所示的倒圆角特征 1。单击 模型 功能选项卡 工程 ▾ 区域中的 倒圆角 ▾ 按钮，选取图 2.10a 所示的六条边线为倒圆角的边线；在"倒圆角半径"文本框中输入数值 20.0。

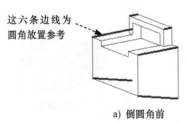

a) 倒圆角前

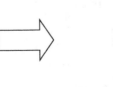

b) 倒圆角后

图 2.10　倒圆角特征 1

Step6. 创建图 2.11b 所示的倒圆角特征 2。选取图 2.11a 所示的四条边线为倒圆角的边线；倒圆角半径值为 10.0。

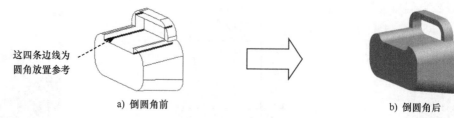

这四条边线为
圆角放置参考

a) 倒圆角前

b) 倒圆角后

图 2.11　倒圆角特征 2

Step7. 创建图 2.12b 所示的倒圆角特征 3。选取图 2.12a 所示的边线为倒圆角的边线；倒圆角半径值为 6.0。

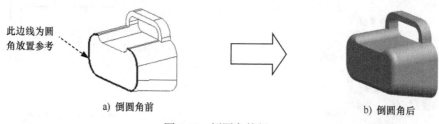

此边线为圆
角放置参考

a) 倒圆角前

b) 倒圆角后

图 2.12　倒圆角特征 3

Step8. 创建图 2.13b 所示的倒圆角特征 4。选取图 2.13a 所示的边线为倒圆角的边线；倒圆角半径值为 4.0。

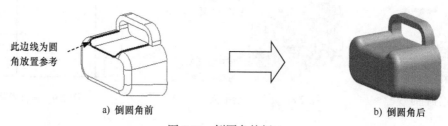

此边线为圆
角放置参考

a) 倒圆角前

b) 倒圆角后

图 2.13　倒圆角特征 4

Step9. 创建图 2.14b 所示的倒圆角特征 5。选取图 2.14a 所示的边线为倒圆角的边线；倒圆角半径值为 3.0。

这两条边线为
圆角放置参考

a) 倒圆角前

b) 倒圆角后

图 2.14　倒圆角特征 5

Step10. 创建图 2.15b 所示的倒圆角特征 6。选取图 2.15a 所示的两条边线为倒圆角的边线；倒圆角半径值为 3.0。

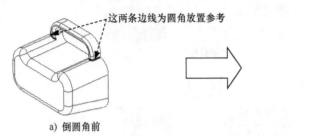

这两条边线为圆角放置参考

a) 倒圆角前　　　　　　　　　　　　　　b) 倒圆角后

图 2.15　倒圆角特征 6

Step11. 创建图 2.16b 所示的抽壳特征 1。

（1）选择命令。单击 模型 功能选项卡 工程 ▼ 区域中的 "壳" 按钮 回 壳 。

（2）定义移除面。选取图 2.16a 所示的面为移除面。

（3）定义壁厚。在 厚度 文本框中输入壁厚值 1.5。

（4）在操控板中单击 ✔ 按钮，完成抽壳特征 1 的创建。

要移除的面

a) 抽壳前　　　　　　　　　　　　　　b) 抽壳后

图 2.16　抽壳特征 1

Step12. 创建图 2.17b 所示的倒圆角特征 7。选取图 2.17a 所示的两条边线为倒圆角的边线；倒圆角半径值为 0.3。

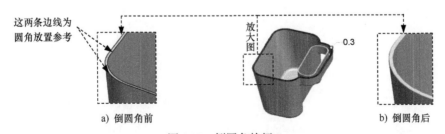

这两条边线为
圆角放置参考

放大图

0.3

a) 倒圆角前　　　　　　　　　　　　　　b) 倒圆角后

图 2.17　倒圆角特征 7

Step13. 创建图 2.18b 所示的倒圆角特征 8。在模型上选取图 2.18a 所示的两条边线（先选取一条边线，然后按住键盘上的 Ctrl 键，再选取另一条边线）。单击选项卡 集 ，在系统弹出的对话框里选择 完全倒圆角 按钮。

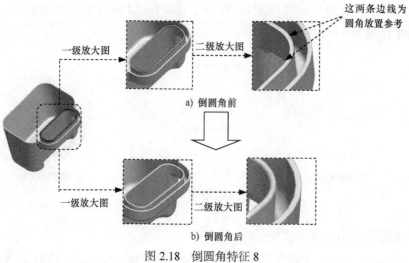

a) 倒圆角前

b) 倒圆角后

图 2.18　倒圆角特征 8

Step14. 保存零件模型。

实例 3 儿童玩具勺

实例概述

本实例主要运用了实体拉伸、切削、倒圆角、抽壳和旋转等命令，其中玩具勺的手柄部造型通过实体切削倒圆角再进行抽壳而成，构思很巧妙。零件模型及模型树如图 3.1 所示。

图 3.1 零件模型及模型树

Step1. 新建零件模型。模型命名为 INSTANCE_TOY_SCOOP。

Step2. 创建图 3.2 所示的拉伸特征 1。

（1）选择命令。单击 模型 功能选项卡 形状▼ 区域中的"拉伸"按钮 拉伸 。

（2）绘制截面草图。在图形区右击，从系统弹出的快捷菜单中选择 定义内部草绘… 命令；选取 FRONT 基准平面为草绘平面，选取 RIGHT 基准平面为参考平面，方向为 右 ；单击 草绘 按钮，绘制图 3.3 所示的截面草图。

（3）定义拉伸属性。单击操控板中的 选项 按钮，设置两侧的深度类型均为 止 ，在"深度"文本框中输入第一侧深度值 70.0，第二侧深度值 5.0。

（4）在操控板中单击"确定"按钮 ✔ ，完成拉伸特征 1 的创建。

图 3.2 拉伸特征 1

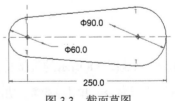

图 3.3 截面草图

Step3. 创建图 3.4b 所示的零件"移除材料"特征——拉伸特征 2。在 模型 功能选项卡的 形状▼ 区域中单击"拉伸"按钮 拉伸 ，选取 TOP 基准平面为草绘平面，选取 RIGHT 基准平面为参考平面，方向为 右 ；单击 反向 按钮，再单击 草绘 按钮，绘制图 3.5 所示的截面草图；在操控板中定义拉伸类型为 ⊟，输入深度值 100.0；单击 ◻ 按钮，单击 ✓ 按钮，完成拉伸特征 2 的创建。

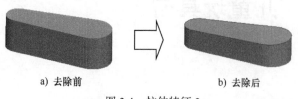

a) 去除前　　　　　　b) 去除后

图 3.4　拉伸特征 2

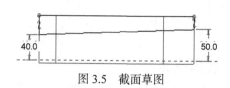

图 3.5　截面草图

Step4. 创建图 3.6b 所示的倒圆角特征 1。单击 模型 功能选项卡 工程 ▾ 区域中的 倒圆角 ▾ 按钮，选取图 3.6a 所示的边线为倒圆角的边线；在"倒圆角半径"文本框中输入数值 20.0。

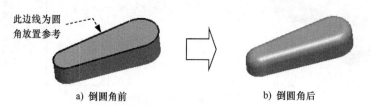

此边线为圆角放置参考

a) 倒圆角前　　　　　　b) 倒圆角后

图 3.6　倒圆角特征 1

Step5. 创建图 3.7b 所示的抽壳特征 1。

（1）选择命令。单击 模型 功能选项卡 工程 ▾ 区域中的"壳"按钮 回壳。

（2）定义移除面。选取图 3.7a 所示的面为移除面。

（3）定义壁厚。在 厚度 文本框中输入壁厚值 5.0。

（4）在操控板中单击 ✓ 按钮，完成抽壳特征 1 的创建。

要移除的面

a) 未抽壳形态　　　　　　b) 抽壳后形态

图 3.7　抽壳特征 1

Step6. 创建图 3.8 所示的旋转特征 1。

（1）选择命令。单击 模型 功能选项卡 形状 ▾ 区域中的"旋转"按钮 旋转。

（2）绘制截面草图。在图形区右击，从系统弹出的快捷菜单中选择 定义内部草绘… 命令；选取 TOP 基准平面为草绘平面，选取 RIGHT 基准平面为参考平面，方向为 右；单击 反向 按钮，再单击 草绘 按钮，绘制图 3.9 所示的截面草图（包括中心线）；单击 草绘 功能选项卡 关闭 区域中的"确定"按钮 确定，退出草绘环境。

（3）定义旋转属性。在操控板中定义旋转类型为 ⟁，在"角度"文本框中输入角度值 360.0，并按 Enter 键。

（4）在操控板中单击"完成"按钮 ✓，完成旋转特征 1 的创建。

图 3.8　旋转特征 1

图 3.9　截面草图

Step7. 创建图 3.10b 所示的"移除材料"特征——拉伸特征 3。在 模型 功能选项卡的 形状 ▾ 区域中单击"拉伸"按钮 ⟁拉伸，按下"移除材料"按钮 ⟁；选取 FRONT 基准平面为草绘平面，选取 RIGHT 基准平面为参考平面，方向为 右；单击 反向 按钮，再单击 草绘 按钮，绘制图 3.11 所示的截面草图；选取深度类型为 ⟁，深度值为 20.0；在操控板中单击"完成"按钮 ✓。

a) 拉伸前　　　　　　　　　　b) 拉伸后

图 3.10　拉伸特征 3

Step8. 创建图 3.12 所示的筋（肋）特征 1。

图 3.11　截面草图　　　　　　图 3.12　筋（肋）特征 1

（1）选择命令。单击 模型 功能选项卡 工程 ▾ 区域 筋 ▾ 下的 轮廓筋 按钮。

（2）绘制截面草图。在图形区右击，从系统弹出的快捷菜单中选择 定义内部草绘… 命令；选取 TOP 基准平面为草绘平面，选取 RIGHT 基准平面为参考平面，方向为 右；单击 反向 按钮，再单击 草绘 按钮，绘制图 3.13 所示的截面草图。

（3）定义筋属性。在图形区单击箭头调整筋的生成方向为指向实体侧，采用系统默认的加厚方向，如图 3.14 所示；在"厚度"文本框中输入筋的厚度值 7.0。

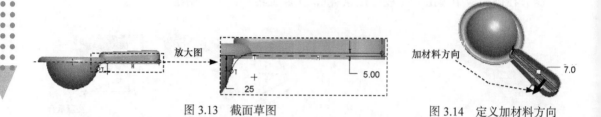

图 3.13　截面草图　　　　　　　　　　　　图 3.14　定义加材料方向

（4）在操控板中单击 ✔ 按钮，完成轮廓筋特征 1 的创建。

Step9. 创建图 3.15b 所示的倒圆角特征 2。单击 模型 功能选项卡 工程 ▾ 区域中的 倒圆角 ▾ 按钮，选取图 3.15a 所示的边线为倒圆角的边线；在"倒圆角半径"文本框中输入数值 1.5。

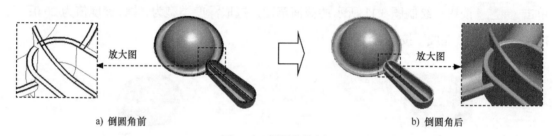

a) 倒圆角前　　　　　　　　　　　　　　　b) 倒圆角后

图 3.15　倒圆角特征 2

Step10. 保存零件模型文件。

实例 4　塑 料 薄 板

实例概述

　　本实例主要运用了如下命令：拉伸、基准曲线、扫描、圆角和抽壳。练习过程中应注意如下技巧：抽壳前，用一个实体拉伸特征填补模型上的一个缺口（参见 Step4），在创建该实体拉伸特征的草绘截面时，应该灵活运用"使用边"的命令。零件模型及模型树如图 4.1所示。

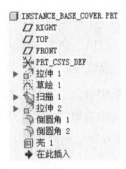

图 4.1　零件模型及模型树

Step1. 新建零件模型，模型命名为 INSTANCE_BASE_COVER。

Step2. 创建图 4.2 所示的实体拉伸特征——拉伸特征 1。

（1）选择命令。单击 模型 功能选项卡 形状 ▾ 区域中的"拉伸"按钮 拉伸 。

（2）绘制截面草图。在图形区右击，从系统弹出的快捷菜单中选择 定义内部草绘... 命令；选取 FRONT 基准平面为草绘平面，选取 RIGHT 基准平面为参考平面，方向为 右 ；单击 草绘 按钮，绘制图 4.3 所示的截面草图。

图 4.2　拉伸特征 1

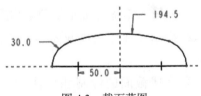

图 4.3　截面草图

（3）定义拉伸属性。在操控板中选择拉伸类型为 ，输入深度值 200.0。

（4）在操控板中单击"确定"按钮 ，完成拉伸特征 1 的创建。

Step3. 创建图 4.4 所示的特征——扫描特征 1。

（1）绘制扫描轨迹曲线。

① 单击 模型 功能选项卡 基准 ▼ 区域中的"草绘"按钮 。

② 选取 RIGHT 基准平面为草绘平面，选取 TOP 基准平面作为参考平面，方向为 下 ；单击 草绘 按钮，系统进入草绘环境。

③ 绘制并标注扫描轨迹，如图 4.5 所示。

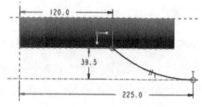

图 4.4　扫描特征 1　　　　　　图 4.5　绘制并标注扫描轨迹

④ 单击按钮 ✔，退出草绘环境。

（2）选择"扫描"命令。单击 模型 功能选项卡 形状 ▼ 区域中的 扫描 ▼ 按钮。

（3）定义扫描轨迹。

① 在操控板中确认"实体"按钮 □ 和"恒定截面"按钮 ⊟ 被按下。

② 在图形区中选取图 4.6 所示的扫描轨迹曲线。

③ 单击图 4.6 所示的箭头，切换扫描的起始点，切换后的扫描轨迹曲线如图 4.7 所示。

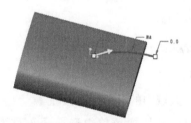　　

图 4.6　扫描轨迹曲线　　　　　图 4.7　扫描轨迹曲线起始位置

（4）创建扫描特征的截面。

① 在操控板中单击"创建或编辑扫描截面"按钮 ，系统自动进入草绘环境。

② 绘制并标注扫描截面的草图，如图 4.8 所示。

③ 完成截面的绘制和标注后，单击"确定"按钮 ✔。

（5）单击操控板中的 ✔ 按钮，完成扫描特征 1 的创建。

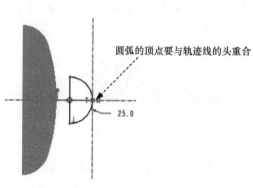

图 4.8　截面草图

Step4. 创建图 4.9 所示的拉伸特征 2。在 模型 功能选项卡的 形状 ▾ 区域中单击"拉伸"按钮 拉伸，草绘平面及草绘平面的参考平面如图 4.9 所示，绘制图 4.10 所示的截面草图；在操控板中定义拉伸类型为 （即至曲面），然后选取图 4.9 所示的曲面；单击 ✔ 按钮，完成拉伸特征 2 的创建。

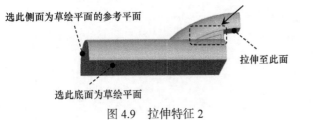

图 4.9　拉伸特征 2

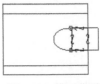

图 4.10　截面草图

Step5. 创建图 4.11b 所示的倒圆角特征 1。选取图 4.11a 所示的两条边线为倒圆角的边线；倒圆角半径值为 3.0。

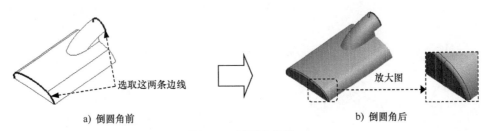

图 4.11　倒圆角特征 1

Step6. 创建图 4.12b 所示的倒圆角特征 2。选取图 4.12a 所示的边线为倒圆角的边线；倒圆角半径值为 5.0。

图 4.12　倒圆角特征 2

Step7. 创建图 4.13 所示的抽壳特征 1。

（1）选择命令。单击 模型 功能选项卡 工程 ▾ 区域中的"壳"按钮 壳。

（2）定义移除面。选取图 4.13 所示的三个面为移除面。

（3）定义壁厚。在 厚度 文本框中输入壁厚值 2.0。

（4）在操控板中单击 ✔ 按钮，完成抽壳特征 1 的创建。

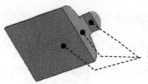选这三个面为
要移除的面

图 4.13　抽壳特征 1

Step8. 保存零件模型。

实例 5 圆 形 盖

实例概述

本实例设计了一个简单的圆形盖，主要运用了旋转、抽壳、拉伸和倒圆角等命令，先创建基础旋转特征，再添加其他修饰，关键点在于零件的结构安排。零件模型及模型树如图 5.1 所示。

图 5.1 零件模型及模型树

Step1. 新建零件模型。模型命名为 INSTANCE_PART_COVER。

Step2. 创建图 5.2 所示的旋转特征 1。单击 模型 功能选项卡 形状 ▼ 区域中的 "旋转" 按钮 中 旋转；在图形区右击，从系统弹出的快捷菜单中选择 定义内部草绘... 命令；选取 FRONT 基准平面为草绘平面，选取 RIGHT 基准平面为参考平面，方向为 右；单击 草绘 按钮，绘制图 5.3 所示的截面草图（包括旋转中心线）；在操控板中选择旋转类型为 ⊥，在 "角度" 文本框中输入角度值 360.0，并按 Enter 键；在操控板中单击 "确定" 按钮 ✓，完成旋转特征 1 的创建。

图 5.2 旋转特征 1

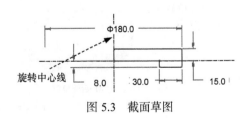

图 5.3 截面草图

Step3. 创建图 5.4 所示的拉伸特征 1。单击 模型 功能选项卡 形状 ▼ 区域中的 "拉伸" 按钮 拉伸；在图形区右击，从系统弹出的快捷菜单中选择 定义内部草绘... 命令；选取

RIGHT 基准平面为草绘平面，选取 TOP 基准平面为参考平面，方向为 <u>上</u>；单击 <u>草绘</u> 按钮，绘制图 5.5 所示的截面草图；在操控板中选择拉伸类型为 <u>日</u>，输入深度值 170.0；在操控板中单击"确定"按钮 <u>✓</u>，完成拉伸特征 1 的创建。

图 5.4　拉伸特征 1

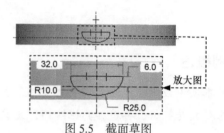

图 5.5　截面草图

Step4. 创建图 5.6 所示的拉伸特征 2。在 <u>模型</u> 功能选项卡的 <u>形状 ▼</u> 区域中单击"拉伸"按钮 <u>拉伸</u>，选取 FRONT 基准平面为草绘平面，选取 RIGHT 基准平面为参考平面，方向为 <u>上</u>；绘制图 5.7 所示的截面草图，在操控板中定义拉伸类型为 <u>日</u>，输入深度值 170.0；单击 <u>✓</u> 按钮，完成拉伸特征 2 的创建。

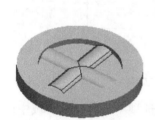

图 5.6　拉伸特征 2

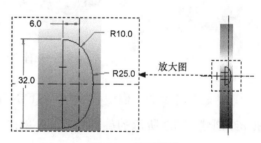

图 5.7　截面草图

Step5. 创建图 5.8b 所示的倒圆角特征 1。单击 <u>模型</u> 功能选项卡 <u>工程 ▼</u> 区域中的 <u>倒圆角 ▼</u> 按钮，选取图 5.8a 所示的四条边线为倒圆角的边线；在"倒圆角半径"文本框中输入值 6.0。

a) 倒圆角前　　　　　　　　　　　　　　　　　b) 倒圆角后

图 5.8　倒圆角特征 1

Step6. 创建图 5.9b 所示的倒圆角特征 2。选取图 5.9a 所示的边线为倒圆角的边线；倒圆角半径值为 15.0。

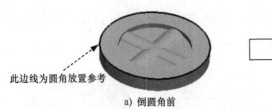

此边线为圆角放置参考

a) 倒圆角前

b) 倒圆角后

图 5.9 倒圆角特征 2

Step7. 创建图 5.10 所示的 DTM1 基准平面。单击 **模型** 功能选项卡 **基准 ▼** 区域中的 "平面" 按钮 ▱；在模型树中选择 FRONT 基准平面为偏距参考面，在对话框中输入偏移距离值 15.0；单击对话框中的 **确定** 按钮。

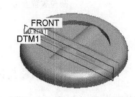

图 5.10 DTM1 基准平面

Step8. 创建图 5.11 所示的旋转特征 2。在 **模型** 功能选项卡的 **形状 ▼** 区域中单击 "旋转" 按钮 ◇ 旋转，选取 DTM1 基准平面为草绘平面，选取 RIGHT 基准平面为参考平面，方向为 **上**；单击 **草绘** 按钮，绘制图 5.12 所示的截面草图（包括旋转中心线）；在操控板中选择旋转类型为 ⊥，在 "角度" 文本框中输入角度值 360.0；单击 ✔ 按钮，完成旋转特征 2 的创建。

图 5.11 旋转特征 2

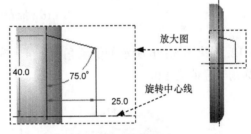

放大图

40.0

75.0°

25.0

旋转中心线

图 5.12 截面草图

Step9. 创建图 5.13 所示的拉伸特征 3。在 **模型** 功能选项卡的 **形状 ▼** 区域中单击 "拉伸" 按钮 ▱ 拉伸，选取 RIGHT 基准平面为草绘平面，选取 TOP 基准平面为参考平面，方向为 **上**；绘制图 5.14 所示的截面草图，在操控板中定义拉伸类型为 日，输入深度值 100，按下 "移除材料" 按钮 ▱，并更改实体的保留侧；单击 ✔ 按钮，完成拉伸特征 3 的创建。

图 5.13 拉伸特征 3

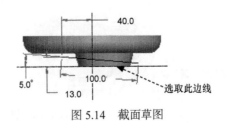

40.0

5.0°

100.0

13.0

选取此边线

图 5.14 截面草图

Step10. 创建图 5.15b 所示的倒圆角特征 3。选取图 5.15a 所示的四条边线为倒圆角的边线；倒圆角半径值为 6.0。

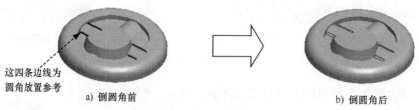

这四条边线为
圆角放置参考

a) 倒圆角前

b) 倒圆角后

图 5.15　倒圆角特征 3

Step11. 创建图 5.16b 所示的抽壳特征 1。单击 模型 功能选项卡 工程 ▾ 区域中的"壳"按钮 回壳；选取图 5.16a 所示的面为移除面；在 厚度 文本框中输入壁厚值 3.0；在操控板中单击 ✔ 按钮，完成抽壳特征 1 的创建。

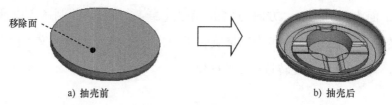

移除面

a) 抽壳前

b) 抽壳后

图 5.16　抽壳特征 1

Step12. 创建图 5.17b 所示的倒圆角特征 4。选取图 5.17a 所示的两条边线为倒圆角的边线；倒圆角半径值为 1.0。

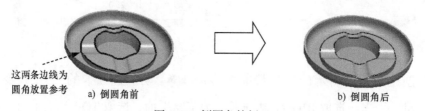

这两条边线为
圆角放置参考

a) 倒圆角前

b) 倒圆角后

图 5.17　倒圆角特征 4

Step13. 创建图 5.18b 所示的倒圆角特征 5。选取图 5.18a 所示的边线为倒圆角的边线；倒圆角半径值为 6.0。

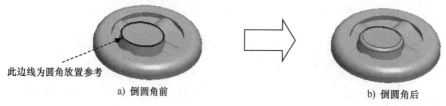

此边线为圆角放置参考

a) 倒圆角前

b) 倒圆角后

图 5.18　倒圆角特征 5

Step14.创建图5.19所示的拉伸特征4。在 模型 功能选项卡的 形状 ▼ 区域中单击"拉伸"按钮 拉伸，确认"移除材料"按钮 被按下；选取 TOP 基准平面为草绘平面，选取 RIGHT 基准平面为参考平面，方向为 左 ；绘制图5.20所示的截面草图，在操控板中定义拉伸类型为 ；单击 ✓ 按钮，完成拉伸特征4的创建。

图 5.19　拉伸特征 4

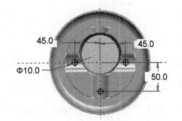

图 5.20　截面草图

Step15.创建图5.21所示的拉伸特征5。在 模型 功能选项卡的 形状 ▼ 区域中单击"拉伸"按钮 拉伸，确认"移除材料"按钮 被按下；选取 TOP 基准平面为草绘平面，选取 RIGHT 基准平面为参考平面，方向为 右 ；绘制图5.22所示的截面草图，在操控板中定义拉伸类型为 ，单击 ✓ 按钮，完成拉伸特征5的创建。

图 5.21　拉伸特征 5

图 5.22　截面草图

Step16.保存零件模型文件。

实例 6 排 气 管

实例概述

该实例中使用的命令比较多，主要运用了拉伸、扫描、混合、倒圆角及抽壳等命令。建模思路是先创建互相交叠的拉伸、扫描、混合特征，再对其进行抽壳，从而得到模型的主体结构，其中扫描、混合特征的综合使用是重点，务必保证草绘的正确性，否则此后的倒圆角将难以创建。零件模型及模型树如图 6.1 所示。

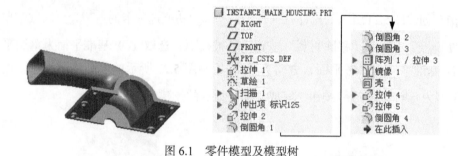

图 6.1　零件模型及模型树

Step1. 新建零件模型。模型命名为 INSTANCE_MAIN_HOUSING。

Step2. 创建图 6.2 所示的拉伸特征 1。

（1）选择命令。单击 模型 功能选项卡 形状 ▾ 区域中的"拉伸"按钮 拉伸 。

（2）绘制截面草图。在图形区右击，从系统弹出的快捷菜单中选择 定义内部草绘... 命令；选取 TOP 基准平面为草绘平面，选取 RIGHT 基准平面为参考平面，方向为 右 ；单击 草绘 按钮，绘制图 6.3 所示的截面草图。

（3）定义拉伸属性。在操控板中选择拉伸类型为 ⊟ ，输入深度值 220。

（4）在操控板中单击"确定"按钮 ✔ ，完成拉伸特征 1 的创建。

图 6.2　拉伸特征 1

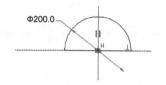

图 6.3　截面草图

Step3. 创建图 6.4 所示的扫描特征 1。

（1）绘制扫描轨迹曲线。

① 单击 模型 功能选项卡 基准 ▾ 区域中的"草绘"按钮 。

② 选取 TOP 基准平面为草绘平面，选取 FRONT 基准平面作为参考平面，方向为 下 ；单击 草绘 按钮，系统进入草绘环境。

③ 绘制并标注扫描轨迹，如图 6.5 所示。

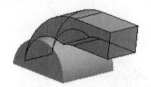

图 6.4　扫描特征 1

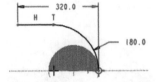

图 6.5　绘制并标注扫描轨迹

④ 单击 ✓ 按钮，退出草绘环境。

（2）选择"扫描"命令。单击 模型 功能选项卡 形状 ▾ 区域中的 扫描 ▾ 按钮。

（3）定义扫描轨迹。

① 在操控板中确认"实体"按钮 □ 和"恒定截面"按钮 ⊢ 被按下。

② 在图形区中选取图 6.6 所示的扫描轨迹曲线。

③ 单击箭头，切换扫描的起始点，切换后的扫描轨迹曲线如图 6.6 所示。

（4）创建扫描特征的截面。

① 在操控板中单击"创建或编辑扫描截面"按钮 ，系统自动进入草绘环境。

② 绘制并标注扫描截面的草图，如图 6.7 所示。

③ 完成截面的绘制和标注后，单击"确定"按钮 ✓ 。

（5）单击操控板中的 ✓ 按钮，完成扫描特征 1 的创建。

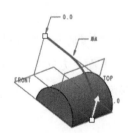

图 6.6　扫描轨迹曲线

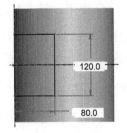

图 6.7　扫描截面草图

Step4. 创建图 6.8 所示的混合特征。

（1）选择命令。在 模型 功能选项卡的 形状 ▾ 下拉菜单中选择 混合 命令。

（2）定义混合类型。在操控板中确认"混合为实体"按钮 □ 和"与草绘截面混合"按钮 被按下。

（3）创建混合特征的第一个截面。单击"混合"选项卡中的 截面 按钮，在系统弹出

的界面中选中 ⦿ 草绘截面 单选项，单击 定义... 按钮；在绘图区选取图 6.9 所示的平面为草绘平面，选取 FRONT 基准平面为参考平面，方向为 上 ；单击 草绘 按钮，进入草绘环境后，选取草绘平面的边线作为参考，绘制图 6.10 所示的截面草图 1。

说明： 定义截面草图 1 中起点及方向位置如图 6.10 所示（具体操作：选中起点并右击，在系统弹出的快捷菜单中选择 起点(S) 命令）。

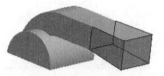

图 6.8　混合特征

图 6.9　定义草绘平面

（4）创建混合特征的第二个截面。单击"混合"选项卡中的 截面 按钮，选中 ⦿ 截面 2 选项，定义"草绘平面位置定义方式"类型为 ⦿ 偏移尺寸 ，偏移自"截面 1"的偏移距离为 160，单击 草绘... 按钮；绘制图 6.11 所示的截面草图 2，单击工具栏中的 ✔ 按钮，退出草绘环境。

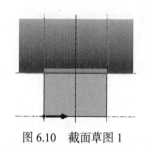

图 6.10　截面草图 1

图 6.11　截面草图 2

（5）单击 ✔ 按钮，完成混合特征的创建。

Step5. 创建图 6.12 所示的拉伸特征 2。在 模型 功能选项卡的 形状 ▾ 区域中单击"拉伸"按钮 拉伸 ，选取图 6.13 所示的平面为草绘平面和参考平面，方向为 下 ；绘制图 6.14 所示的截面草图，在操控板中定义拉伸类型为 ，输入深度值 15，单击 按钮调整拉伸方向；单击 ✔ 按钮，完成拉伸特征 2 的创建。

图 6.12　拉伸特征 2

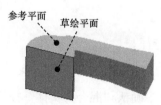

图 6.13　定义草绘参考

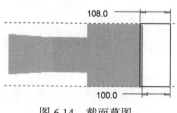

图 6.14　截面草图

Step6. 创建图 6.15b 所示的倒圆角特征 1。单击 模型 功能选项卡 工程 ▾ 区域中

的 按钮，选取图 6.15a 所示的四条边线为倒圆角的边线；在"倒圆角半径"文本框中输入数值 30.0。

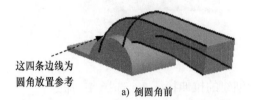 

这四条边线为
圆角放置参考

a) 倒圆角前

b) 倒圆角后

图 6.15　倒圆角特征 1

Step7. 创建图 6.16b 所示的倒圆角特征 2。选取图 6.16a 所示的边线为倒圆角的边线；倒圆角半径值为 30.0。

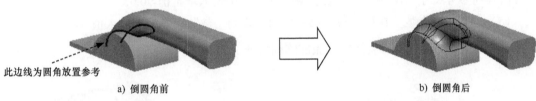

此边线为圆角放置参考

a) 倒圆角前

b) 倒圆角后

图 6.16　倒圆角特征 2

Step8. 创建图 6.17b 所示的倒圆角特征 3。选取图 6.17a 所示的边线为倒圆角的边线；倒圆角半径值为 400.0。

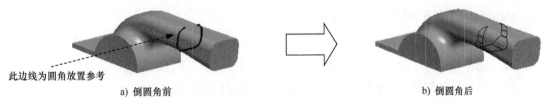

此边线为圆角放置参考

a) 倒圆角前

b) 倒圆角后

图 6.17　倒圆角特征 3

Step9. 创建图 6.18 所示的拉伸特征 3。

（1）选择命令。单击 模型 功能选项卡 形状 ▾ 区域中的"拉伸"按钮 拉伸。

（2）绘制截面草图。在图形区右击，从系统弹出的快捷菜单中选择 定义内部草绘... 命令；选取图 6.19 所示的面为草绘平面和参考平面，方向为 上；单击 草绘 按钮，绘制图 6.20 所示的截面草图。

图 6.18　拉伸特征 3

（3）定义拉伸属性。在操控板选择拉伸类型为 非，单击 ％ 按钮调整拉伸方向，按下"移除材料"按钮 。

（4）在操控板中单击"完成"按钮 ，完成拉伸特征 3 的创建。

Step10. 创建图 6.21 所示的阵列特征 1。

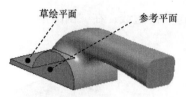

图 6.19　定义草绘参考

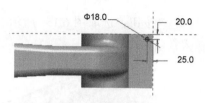

图 6.20　截面草图

（1）选取阵列特征。在模型树中右击 Step9 所创建的拉伸特征 3，选择 ⊞ 命令。

（2）定义阵列类型。在"阵列"操控板的 选项 选项卡的下拉列表中选择 一般 选项。

（3）选择阵列控制方式。在操控板的阵列控制方式下拉列表中选择 尺寸 选项。

（4）定义阵列增量。在操控板单击 尺寸 选项卡，选取图 6.22 所示的尺寸 20 作为第一方向阵列参考尺寸，在 方向1 区域的 增量 文本框中输入增量值 90.0。

（5）定义阵列个数。在操控板的第一方向"阵列个数"文本框中输入值 3。

（6）在操控板中单击 ✔ 按钮，完成阵列特征 1 的创建。

图 6.21　阵列特征 1

图 6.22　阵列方向设置

Step11. 创建图 6.23b 所示的镜像特征 1。

（1）选取镜像特征。按住 Ctrl 键，在模型树中选取拉伸特征 2 和阵列特征 1 为镜像源。

（2）选择"镜像"命令。单击 模型 功能选项卡 编辑 ▾ 区域中的"镜像"按钮 ⬧।⬧。

（3）定义镜像平面。在图形区选取 RIGHT 基准平面为镜像平面。

（4）在操控板中单击 ✔ 按钮，完成镜像特征 1 的创建。

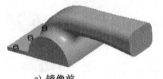

a）镜像前

b）镜像后

图 6.23　镜像特征 1

Step12. 创建图 6.24b 所示的抽壳特征 1。

（1）选择命令。单击 模型 功能选项卡 工程 ▾ 区域中的"壳"按钮 回壳。

（2）定义移除面。按住 Ctrl 键，选取图 6.24a 所示的两个表面为要移除的面。

（3）定义壁厚。在 厚度 文本框中输入壁厚值 8.0。

（4）在操控板中单击 ✔ 按钮，完成抽壳特征 1 的创建。

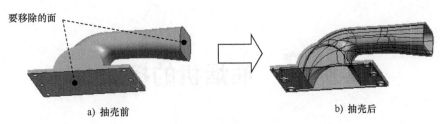

要移除的面

a) 抽壳前　　　　　　　　　　b) 抽壳后

图 6.24　抽壳特征 1

Step13. 创建图 6.25 所示的拉伸特征 4。在 模型 功能选项卡的 形状 ▼ 区域中单击 "拉伸" 按钮 ⬚拉伸，按下 "移除材料" 按钮 ⬚；选取图 6.26 所示的面为草绘平面，选取 RIGHT 基准平面为参考平面，方向为 右；绘制图 6.27 所示的截面草图，在操控板中定义拉伸类型为 ⬌，输入深度值 225.5，单击 ⬚ 按钮调整拉伸方向；单击 ✓ 按钮，完成拉伸特征 4 的创建。

图 6.25　拉伸特征 4

草绘平面

图 6.26　定义草绘平面

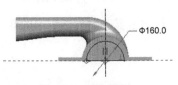

Φ160.0

图 6.27　截面草图

Step14. 创建图 6.28 所示的拉伸特征 5。在 模型 功能选项卡的 形状 ▼ 区域中单击 "拉伸" 按钮 ⬚拉伸，按下 "移除材料" 按钮 ⬚；选取图 6.29 所示的模型表面为草绘平面，选取 RIGHT 基准平面为参考平面，方向为 左；绘制图 6.30 所示的截面草图，在操控板中定义拉伸类型为 ⬌，输入深度值 225.5，单击 ✓ 按钮，完成拉伸特征 5 的创建。

图 6.28　拉伸特征 5

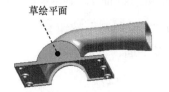

草绘平面

图 6.29　定义草绘平面

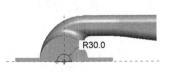

R30.0

图 6.30　截面草图

Step15. 创建图 6.31b 所示的倒圆角特征 4。选取图 6.31a 所示的边线为倒圆角的边线；倒圆角半径值为 8.0。

a) 倒圆角前

b) 倒圆角后

图 6.31　倒圆角特征 4

Step16. 保存零件模型文件。

实例 7　油烟机的接油盒

实例概述

该实例使用了拉伸、镜像、抽壳、倒圆角等命令，其中在创建拉伸特征 4 时，作为草绘平面的基准平面的创建方法有一定的技巧性，希望读者用心体会。

Step1. 新建零件模型并命名为 OIL_SHELL。

Step2. 创建图 7.1 所示的拉伸特征 1。在 模型 功能选项卡的 形状▾ 区域中单击 拉伸 按钮；选取 FRONT 基准平面为草绘平面，选取 RIGHT 基准平面为参考平面，方向为 右；绘制图 7.2 所示的截面草图；选取深度类型为 ⊥⊥，输入深度值 40.0。

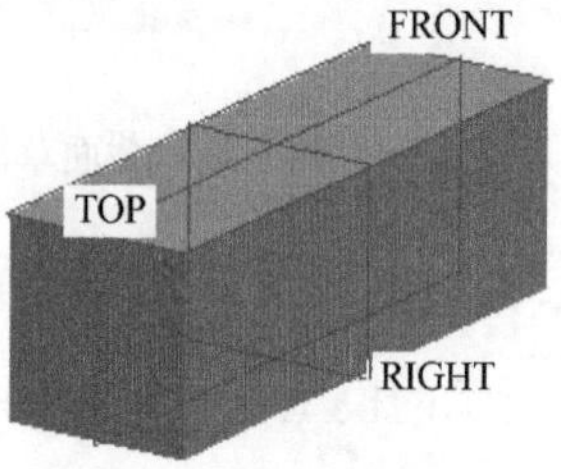

图 7.1　拉伸特征 1

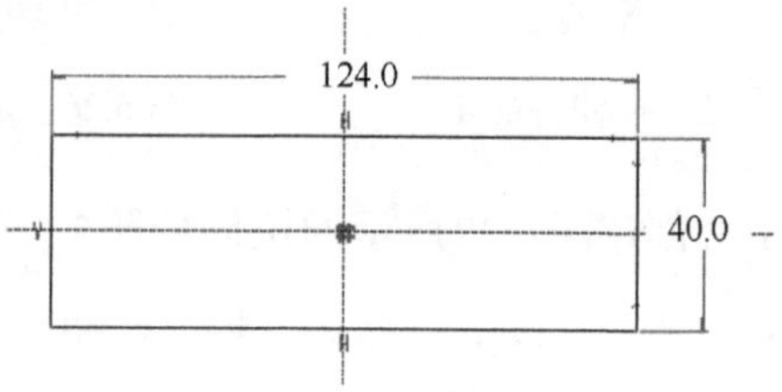

图 7.2　截面草图

Step3. 创建图 7.3 所示的拉伸切削特征 2。在 模型 功能选项卡的 形状▾ 区域中单击 拉伸 按钮，按下操控板中的“移除材料”按钮 ◿；选取图 7.4 所示的模型的背面作为草绘平面，选取模型的顶面为参考平面，方向为 下；绘制图 7.5 所示的截面草图（注意：要绘制中心线）；选取深度类型为 ⫼（穿透）。

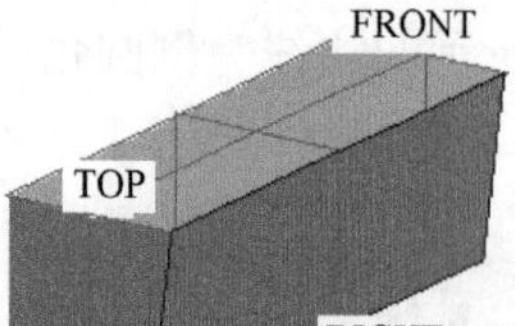

图 7.3　拉伸切削特征 2

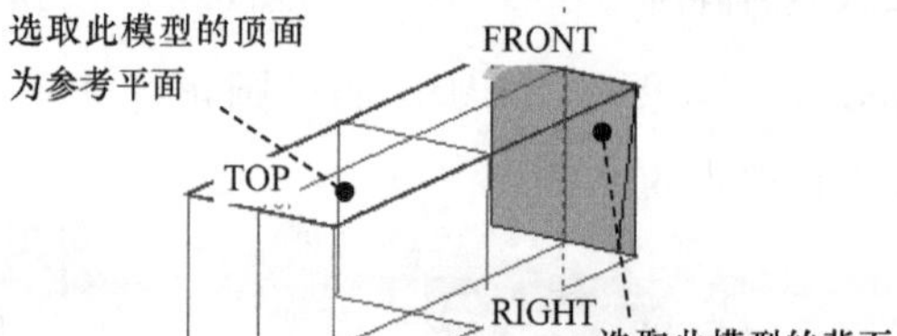

图 7.4　设置草绘平面

Step4. 创建图 7.6 所示的镜像特征 1。选取 Step3 所创建的实体拉伸切削特征 2 为镜像源；单击 模型 功能选项卡 编辑▾ 区域中的 镜像 按钮；选取 TOP 基准平面为镜像平面。

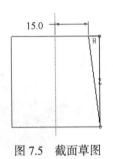

图 7.5 截面草图

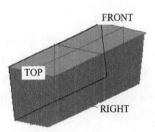

图 7.6 镜像特征 1

Step5. 创建图 7.7 所示的拉伸切削特征 3。在 模型 功能选项卡的 形状 ▼ 区域中单击 拉伸 按钮，按下操控板中的"移除材料"按钮 ；选取 TOP 基准平面为草绘平面，选取 RIGHT 基准平面为参考平面，方向为 左 ；绘制图 7.8 所示的截面草图；双侧的深度拉伸类型都选取 选项。

Step6. 创建图 7.9 所示的镜像特征 2。选取 Step5 创建的实体拉伸切削特征 3 为镜像源；单击 模型 功能选项卡 编辑 ▼ 区域中的 镜像 按钮；选取 RIGHT 基准平面为镜像平面。

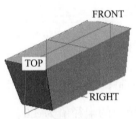

图 7.7 拉伸切削特征 3

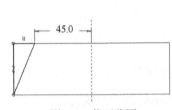

图 7.8 截面草图

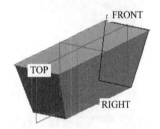

图 7.9 镜像特征 2

Step7. 创建图 7.10 所示的基准轴 A_1。单击 模型 功能选项卡 基准 ▼ 区域中的 轴 按钮；选择 FRONT 基准平面为参考平面，并将约束类型设置为"穿过"；按住 Ctrl 键，选取 RIGHT 基准平面为参考平面，并将约束类型设置为"穿过"；单击"基准轴"对话框中的 确定 按钮。

Step8. 创建图 7.11 所示的 DTM1 基准平面。单击 模型 功能选项卡 基准 ▼ 区域中的"平面"按钮 ；选取图 7.11 所示的斜侧面为参考平面，并将约束类型设置为"法向"；按住 Ctrl 键，选取基准轴 A_1，并将约束类型设置为"穿过"。

Step9. 创建图 7.12 所示的 DTM2 基准平面。单击 模型 功能选项卡 基准 ▼ 区域中的"平面"按钮 ，选取 DTM1 基准平面为参考平面，输入偏移距离值 10。

Step10. 创建图 7.13 所示的拉伸切削特征 4。在 模型 功能选项卡的 形状 ▼ 区域中单击 拉伸 按钮，按下操控板中的"移除材料"按钮 ；选取 DTM2 作为草绘平面，选取图 7.14 所示的斜侧面为参考平面，方向为 右 ；绘制图 7.15 所示的截面草图，选取深度类型为 ，深度值为 35。

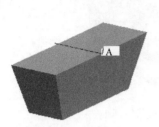

图 7.10　基准轴 A_1

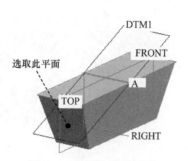

图 7.11　DTM1 基准平面

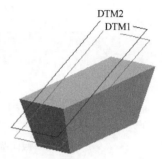

图 7.12　DTM2 基准平面

图 7.13　拉伸切削特征 4

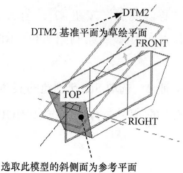

图 7.14　草绘平面

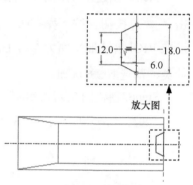

图 7.15　截面草图

Step11. 创建图 7.16 所示的倒圆角特征 1。单击 模型 功能选项卡 工程 ▼ 区域中的 倒圆角 ▼ 按钮，选取图 7.17 所示的两条边线为倒圆角的边线，倒圆角的半径值为 3.0。

图 7.16　倒圆角特征 1

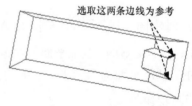

图 7.17　选取参考边线

Step12. 创建图 7.18b 所示的倒圆角特征 2。选取图 7.18a 所示的边线为倒圆角的边线，倒圆角的半径值为 2.0。

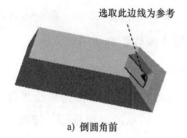

a) 倒圆角前

b) 倒圆角后

图 7.18　倒圆角特征 2

Step13. 创建图 7.19b 所示的倒圆角特征 3。选取图 7.19a 所示的边线为倒圆角的边线，倒圆角的半径值为 4.0。

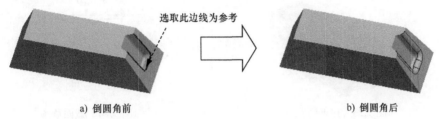

选取此边线为参考

a) 倒圆角前　　　　　　　　　　　　　b) 倒圆角后

图 7.19　倒圆角特征 3

Step14. 创建图 7.20b 所示的抽壳特征 1。

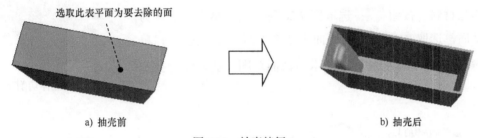

选取此表平面为要去除的面

a) 抽壳前　　　　　　　　　　　　　b) 抽壳后

图 7.20　抽壳特征 1

（1）单击 模型 功能选项卡 工程 ▾ 区域中的 回壳 按钮。

（2）选取图 7.20a 所示的模型表面为要去除的面。

（3）定义壁厚。在操控板中输入抽壳的壁厚值 2.0，并按 Enter 键。

（4）单击"完成"按钮 ✓ ，则完成抽壳特征 1 的创建。

Step15. 创建图 7.21 所示的基准平面 DTM3。单击 模型 功能选项卡 基准 ▾ 区域中的 "平面"按钮 ▱ ，选取图 7.22 所示的边线，并将约束类型设置为"穿过"；按住 Ctrl 键，选取 RIGHT 基准平面为参考平面，并将约束类型设置为"平行"。

DTM3

图 7.21　基准平面 DTM3

放大图

图 7.22　选取参考边线

Step16. 创建图 7.23 所示的拉伸特征 5。在 模型 功能选项卡的 形状 ▾ 区域中单击 ⬚拉伸 按钮，选取 DTM3 为草绘平面，选取 TOP 基准平面为参考平面，方向为 左 ；绘制

图 7.24 所示的截面草图；选取深度类型为 ，拉伸深度值为 26。

图 7.23　拉伸特征 5

图 7.24　截面草图

Step17. 创建图 7.25 所示的拉伸切削特征 6。在 模型 功能选项卡的 形状 ▼ 区域中单击 拉伸 按钮，按下操控板中的"移除材料"按钮 ；选取图 7.26 所示的模型上表面作为草绘平面，选取 RIGHT 基准平面为参考平面，方向为 右；单击 草绘 按钮，绘制图 7.27 所示的截面草图；选取深度类型为 。

图 7.25　拉伸切削特征 6

选取此模型的上表面为草绘平面

图 7.26　草绘平面

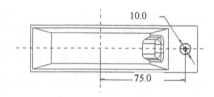

图 7.27　截面草图

Step18. 创建图 7.28b 所示的倒圆角特征 4。选取图 7.28a 所示的两条角边线为倒圆角的边线，倒圆角的半径值为 4.0。

Step19. 创建组。按住 Ctrl 键，在模型树中选取 拉伸 5、 拉伸 6 和 倒圆角 4；单击 模型 功能选项卡 操作 ▼ 节点下的 组 命令，此时系统将选取的特征合并为 组 LOCAL GROUP。

Step20. 创建图 7.29 所示的镜像特征 3。在模型树中选取 组 LOCAL GROUP 为镜像源；单击 模型 功能选项卡 编辑 ▼ 区域中的 镜像 按钮，选取 RIGHT 为镜像平面。

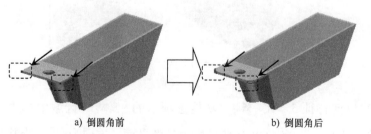

a) 倒圆角前　　　　b) 倒圆角后

图 7.28　倒圆角特征 4

图 7.29　镜像特征 3

Step21. 创建图 7.30b 所示的倒圆角特征 5。选取图 7.30a 所示的两条边线为倒圆角的边线，倒圆角的半径值为 4.0。

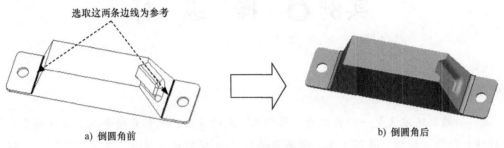

a) 倒圆角前　　　　　　　　b) 倒圆角后

图 7.30　倒圆角特征 5

Step22. 创建图 7.31b 所示的倒圆角特征 6。选取图 7.31a 所示的边线为倒圆角的边线，倒圆角的半径值为 1.0。

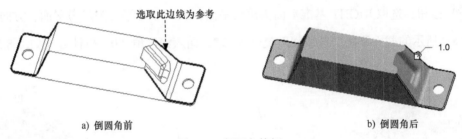

a) 倒圆角前　　　　　　　　b) 倒圆角后

图 7.31　倒圆角特征 6

Step23. 创建图 7.32b 所示的倒圆角特征 7。选取图 7.32a 所示的边线为倒圆角的边线，倒圆角的半径值为 3.0。

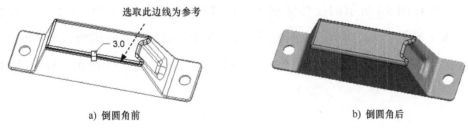

a) 倒圆角前　　　　　　　　b) 倒圆角后

图 7.32　倒圆角特征 7

实例 8 操 纵 杆

实例概述

　　该实例的创建方法是一种典型的"搭积木"式的方法,大部分命令也都是一些基本命令(如拉伸、镜像、旋转、阵列、孔、倒圆角等),但要提醒读者注意,其中"筋"特征创建的方法和技巧很有特点。

　　Step1. 新建零件模型并命名为 HANDLE-BODY。

　　Step2. 创建图 8.1 所示的拉伸特征 1。在 模型 功能选项卡的 形状▼ 区域中单击 拉伸 按钮;选取 RIGHT 基准平面为草绘平面,TOP 基准平面为参考平面,方向为 左;绘制图 8.2 所示的截面草图;选取深度类型为 ⊥,输入深度值 2.0,拉伸方向如图 8.3 所示。

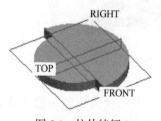
图 8.1　拉伸特征 1

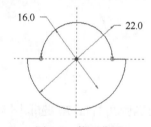
图 8.2　截面草图

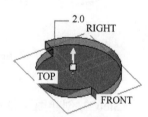
图 8.3　拉伸方向

　　Step3. 创建图 8.4 所示的拉伸特征 2。在 模型 功能选项卡的 形状▼ 区域中单击 拉伸 按钮;选取图 8.5 所示的模型表面为草绘平面,TOP 基准平面为参考平面,方向为 左;绘制图 8.6 所示的截面草图;选取深度类型为 ⊥,输入深度值 10.0,拉伸方向如图 8.7 所示。

图 8.4　拉伸特征 2

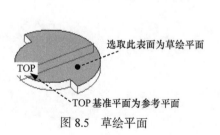
图 8.5　草绘平面

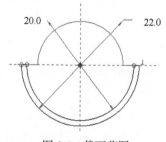
图 8.6　截面草图

　　Step4. 创建图 8.8 所示的拉伸特征 3。在 模型 功能选项卡的 形状▼ 区域中单

击 拉伸 按钮；选取图 8.9 所示的模型表面为草绘平面，TOP 基准平面为参考平面，方向为 左；绘制图 8.10 所示的截面草图；选取深度类型为 ，输入深度值 8.0，拉伸方向如图 8.11 所示。

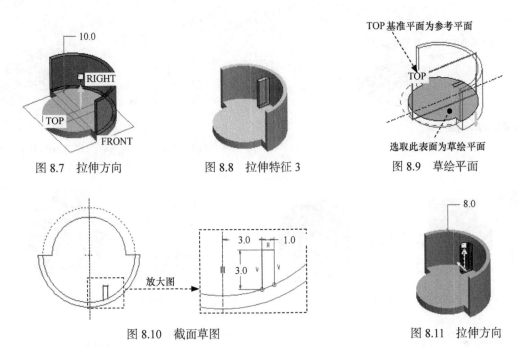

图 8.7　拉伸方向　　　　图 8.8　拉伸特征 3　　　　图 8.9　草绘平面

图 8.10　截面草图　　　　　　　　图 8.11　拉伸方向

Step5. 创建图 8.12b 所示的镜像特征 1。选择 Step4 所创建的拉伸特征 3 为镜像源，单击 模型 功能选项卡 编辑 ▾ 区域中的 镜像 按钮；选取 TOP 基准平面为镜像平面；单击操控板中的 ✔ 按钮。

Step6. 创建图 8.13 所示的拉伸特征 4。在 模型 功能选项卡的 形状 ▾ 区域中单击 拉伸 按钮；选取图 8.14 所示的模型表面为草绘平面，TOP 基准平面为参考平面，方向为 左；绘制图 8.15 所示的截面草图；选取深度类型为 ，深度值为 1.0，拉伸方向如图 8.16 所示。

a) 镜像前　　　　　　　　b) 镜像后

图 8.12　镜像特征 1

图 8.13　拉伸特征 4

Step7. 创建图 8.17 所示的拉伸特征 5。在 模型 功能选项卡的 形状 ▾ 区域中单击 拉伸 按钮；选取图 8.18 所示的 RIGHT 基准平面为草绘平面，TOP 基准平面为参考平面，方向为 左；绘制图 8.19 所示的截面草图；选取深度类型为 ⊥，输入深度值 1.5，拉伸方向如图 8.20 所示。

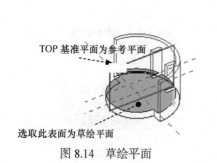

图 8.14 草绘平面

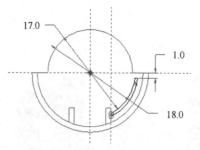

图 8.15 截面草图

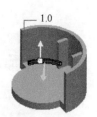

图 8.16 拉伸方向

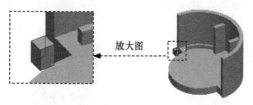

图 8.17 拉伸特征 5

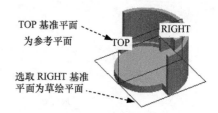

图 8.18 草绘平面

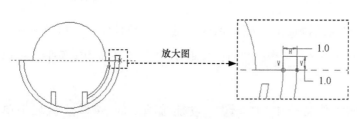

图 8.19 截面草图

图 8.20 拉伸方向

Step8. 创建图 8.21 所示的拉伸特征 6。在 模型 功能选项卡的 形状 ▼ 区域中单击 拉伸 按钮；选取图 8.22 所示的模型表面为草绘平面，TOP 基准平面为参考平面，方向为 右；绘制图 8.23 所示的截面草图；选取深度类型为 ⊥，输入深度值 0.5。

图 8.21 拉伸特征 6

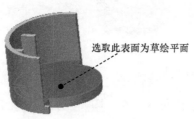

图 8.22 草绘平面

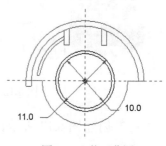

图 8.23 截面草图

Step9. 创建图 8.24 所示的拉伸特征 7。在 **模型** 功能选项卡的 **形状 ▼** 区域中单击 **拉伸** 按钮；选取图 8.22 所示的模型表面为草绘平面，选取 TOP 基准平面为参考平面，方向为 **右**；绘制图 8.25 所示的截面草图；在操控板中选取深度类型为 **⊥**，输入深度值 9.0。

Step10. 创建图 8.26 所示的拉伸特征 8。在 **模型** 功能选项卡的 **形状 ▼** 区域中单击 **拉伸** 按钮；选取图 8.27 所示的模型底面为草绘平面，TOP 基准平面为参考平面，方向为 **左**；绘制图 8.28 所示的截面草图；在操控板中选取深度类型为 **⊥**，输入深度值 5.0。

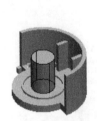

图 8.24 拉伸特征 7

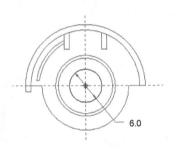

图 8.25 截面草图

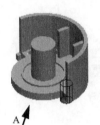

图 8.26 拉伸特征 8

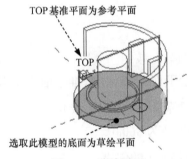

图 8.27 草绘平面

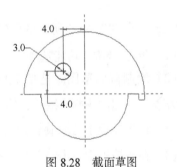

图 8.28 截面草图

Step11. 创建图 8.29 所示的拉伸特征 9。在 **模型** 功能选项卡的 **形状 ▼** 区域中单击 **拉伸** 按钮；选取图 8.27 所示的模型底面为草绘平面，选取 TOP 基准平面为参考平面，方向为 **左**；绘制图 8.30 所示的截面草图；在操控板中选取深度类型为 **⊥**，输入深度值 12.0。

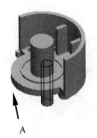

图 8.29 拉伸特征 9

图 8.30 截面草图

Step12. 创建图 8.31 所示的 DTM1 基准平面。单击 模型 功能选项卡 基准 ▼ 区域中的"平面"按钮 ▢；选取 FRONT 基准平面为偏距参考面，在"基准平面"对话框中输入偏移距离值 30.0，单击该对话框中的 确定 按钮。

Step13. 创建图 8.32 所示的 DTM2 基准平面。单击 模型 功能选项卡 基准 ▼ 区域中的"平面"按钮 ▢；选取 RIGHT 基准平面为偏距参考面，在"基准平面"对话框中输入偏移距离值 5.0，单击该对话框中的 确定 按钮。

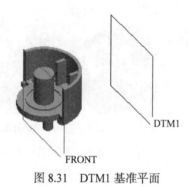

图 8.31 DTM1 基准平面　　　　　图 8.32 DTM2 基准平面

Step14. 创建图 8.33 所示的旋转特征 1。

（1）单击 模型 功能选项卡 形状 ▼ 区域中的"旋转"按钮 旋转。

（2）绘制截面草图。选取 DTM2 基准平面为草绘平面，DTM1 基准平面为参考平面，方向为 右；单击 草绘 按钮，绘制图 8.34 所示的截面草图（包括中心线）。

（3）在操控板中选取旋转角度类型为 ⊥，旋转角度值为 360.0。

（4）在操控板中单击"完成"按钮 ✓，完成旋转特征 1 的创建。

Step15. 创建图 8.35 所示的拉伸特征 10。在 模型 功能选项卡 形状 ▼ 区域操控板中单击 拉伸 按钮；选取图 8.36 所示的模型端面为草绘平面，选取 DTM2 基准平面为参考平面；方向为 右；绘制图 8.37 所示的截面草图；选取深度类型为 ⊥（到选定的），选取图 8.38 所示的模型表面为拉伸终止面。

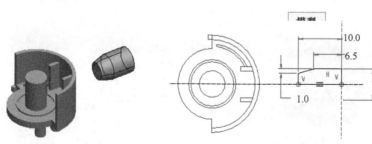

图 8.33 旋转特征 1　　　图 8.34 截面草图　　　图 8.35 拉伸特征 10

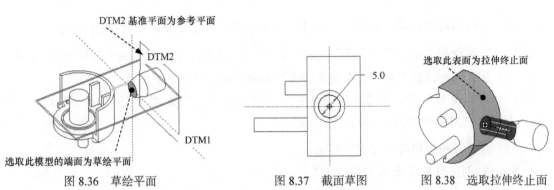

图 8.36　草绘平面　　　　图 8.37　截面草图　　　　图 8.38　选取拉伸终止面

Step16. 创建图 8.39b 所示的旋转特征 2。单击 **模型** 功能选项卡 **形状 ▼** 区域中的 "旋转" 按钮 ⊕ 旋转，按下 ⬜ 按钮；选取 DTM2 基准平面为草绘平面，TOP 基准平面为参考平面，方向为 **下**；单击 **草绘** 按钮，绘制图 8.40 所示的截面草图（包括中心线）；在操控板中选取旋转角度类型为 ⬜，旋转角度值为 360.0；单击 ✔ 按钮，完成旋转特征 2 的创建。

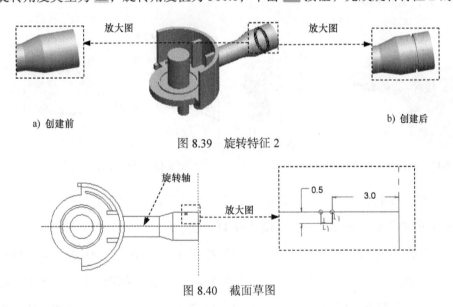

a) 创建前　　　　　　　　　　　　　　　　　　b) 创建后

图 8.39　旋转特征 2

图 8.40　截面草图

Step17. 创建图 8.41b 所示的阵列特征 1。

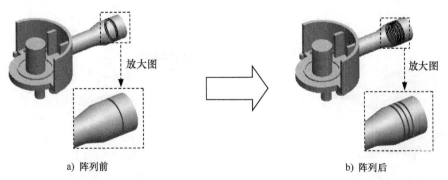

a) 阵列前　　　　　　　　　　　　　　　　　　b) 阵列后

图 8.41　阵列特征 1

（1）在模型树中选择 ◆旋转2，右击，从系统弹出的快捷菜单中选择 ⊞ 命令。

（2）选取阵列类型。在"阵列"操控板的 选项 选项卡的下拉列表中选择 一般 选项。

（3）选择阵列控制方式。在操控板的阵列控制方式下拉列表中选择 尺寸 选项。

（4）定义阵列参数。选取尺寸 3.0 为第一方向参考，设置增量（间距）值 1.0，并按 Enter 键；输入阵列个数值 3，并按 Enter 键。

（5）在操控板中单击"完成"按钮 ✓。

Step18. 创建图 8.42 所示的孔特征 1。

（1）单击 模型 功能选项卡 工程 ▾ 区域中的 孔 按钮，按下"直孔类型"按钮 ▯。

（2）定义孔的放置。在操控板中单击 放置 按钮，在弹出的界面中按住 Ctrl 键，选取图 8.43 所示的模型表面和基准轴 A_1 为孔放置的主参考，放置类型为 同轴。

（3）定义孔的直径及深度。在操控板中输入直径值 3.0；选取深度类型为 ⊥，输入深度值 6.0，并按 Enter 键。

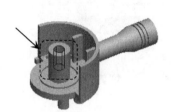

图 8.42　孔特征 1

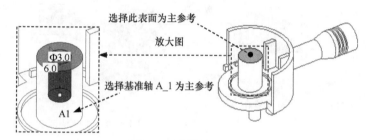

图 8.43　孔的放置

（4）在操控板中单击"完成"按钮 ✓，则完成孔特征 1 的创建。

Step19. 创建图 8.44 所示的拉伸切削特征 11。在 模型 功能选项卡的 形状 ▾ 区域中单击 拉伸 按钮，按下操控板中的"移除材料"按钮 ◢；选取图 8.45 所示的模型的表平面为草绘平面，TOP 基准平面为参考平面，方向为 左；单击 草绘 按钮，绘制图 8.46 所示的截面草图；选取深度类型为 ⊥，再选取图 8.47 所示的模型边线为拉伸终止边；确认切削方向如图 8.44 所示。

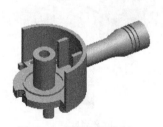

图 8.44　拉伸切削特征 11

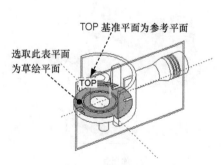

图 8.45　草绘平面

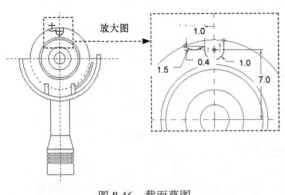

图 8.46 截面草图

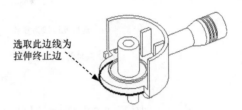

图 8.47 选取拉伸终止边

Step20. 创建图 8.48 所示的筋特征 1。单击 **模型** 功能选项卡 **工程 ▼** 区域 **筋 ▼** 节点下的 **轮廓筋** 命令；选取 DTM2 基准平面为草绘平面，选取 TOP 基准平面为参考平面，方向为 **下** ；单击 **草绘** 按钮，绘制图 8.49 所示的筋特征截面草图；加厚材料箭头的方向如图 8.50 所示，输入筋的厚度值 0.6；单击"完成"按钮 ✓，完成筋特征 1 的创建。

图 8.48 筋特征 1

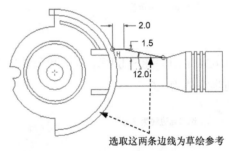

图 8.49 截面草图

Step21. 创建图 8.51b 所示的镜像特征 2。选取 Step20 所创建的筋特征 1 为镜像源；单击 **模型** 功能选项卡 **编辑 ▼** 区域中的 **镜像** 按钮；选取 TOP 基准平面为镜像平面。

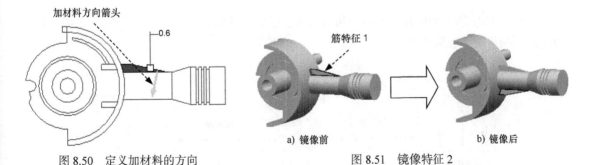

图 8.50 定义加材料的方向

a) 镜像前　　　　　b) 镜像后

图 8.51 镜像特征 2

Step22. 创建图 8.52b 所示的倒圆角特征 1。选取图 8.52a 所示的边线为倒圆角的边线，倒圆角半径值为 2.0.

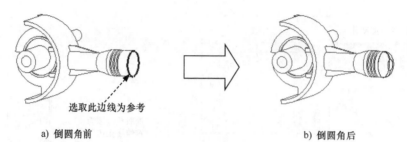

a) 倒圆角前　　　　　　　　　　　　　　b) 倒圆角后

图 8.52　倒圆角特征 1

Step23. 创建图 8.53b 所示的倒圆角特征 2。选取图 8.53a 所示的六条边线为倒圆角的边线，倒圆角半径值为 0.2。

a) 倒圆角前　　　　　　　　　　　　　　b) 倒圆角后

图 8.53　倒圆角特征 2

Step24. 创建图 8.54b 所示的倒圆角特征 3。选取图 8.54a 所示的外边线为倒圆角的边线，倒圆角半径值为 1.0。

a) 倒圆角前　　　　　　　　　　　　　　b) 倒圆角后

图 8.54　倒圆角特征 3

Step25. 创建图 8.55b 所示的倒圆角特征 4。选取图 8.55a 所示的三条外边线为倒圆角的边线，倒圆角的半径值为 0.5。

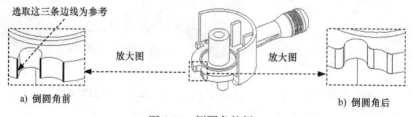

a) 倒圆角前　　　　　　　　　　　　　　b) 倒圆角后

图 8.55　倒圆角特征 4

Step26. 创建图 8.56b 所示的倒角特征 1。单击 模型 功能选项卡 工程 ▾ 区域中的按钮，选取图 8.56a 所示的边线为倒角的边线；选取 D x D 方案，倒角距离值为 0.5。

创建此边倒角特征

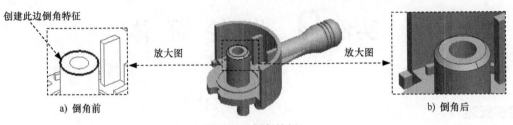

a) 倒角前   放大图   放大图   b) 倒角后

图 8.56   倒角特征 1

实例 9 齿 轮 泵 体

实例概述

　　本实例主要采用一些基本的实体创建命令，如实体拉伸、拔模、实体旋转、切削、阵列、孔、螺纹修饰和倒角等，重点是培养构建三维模型的思想，其中对各种孔的创建需要特别注意。零件模型及模型树如图 9.1 所示。

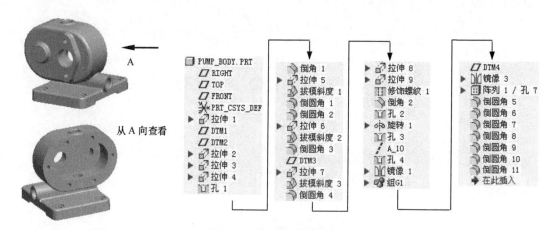

图 9.1 零件模型及模型树

Step1. 新建零件模型。模型命名为 PUMP_BODY。

Step2. 创建图 9.2 所示的拉伸特征 1。

　　（1）选择命令。单击 模型 功能选项卡 形状 ▼ 区域中的 "拉伸" 按钮 □ 拉伸 。

　　（2）绘制截面草图。在图形区右击，从弹出的快捷菜单中选择 定义内部草绘 命令；选取 TOP 基准平面为草绘平面，选取 RIGHT 基准平面为参考平面，方向为 右 ；单击 草绘 按钮，绘制图 9.3 所示的截面草图。

　　（3）定义拉伸属性。在操控板中选择拉伸类型为 ⊟ ，输入深度值 105.0。

　　（4）在操控板中单击 "确定" 按钮 ✔ ，完成拉伸特征 1 的创建。

Step3. 创建图 9.4 所示的 DTM1 基准平面。

　　（1）选择命令。单击 模型 功能选项卡 基准 ▼ 区域中的 "平面" 按钮 □ 。

　　（2）定义平面参考。在模型树中选取 FRONT 基准平面为偏距参考面，在对话框中输入偏移距离值 –70.0。

　　（3）单击对话框中的 确定 按钮。

图 9.2　拉伸特征 1

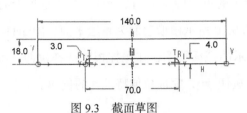

图 9.3　截面草图

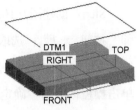

图 9.4　DTM1 基准平面

Step4. 创建图 9.5 所示的 DTM2 基准平面。单击 模型 功能选项卡 基准 ▼ 区域中的 "平面" 按钮 ▢ ，在模型树中选取图 9.5 所示的平面为偏距参考面，在 "基准平面" 对话框中输入偏移距离值 55.0，单击该对话框中的 确定 按钮。

说明：如果平面位置与图 9.5 所示相反，则需要输入负值。

Step5. 创建图 9.6 所示的拉伸特征 2。在 模型 功能选项卡的 形状 ▼ 区域中单击 "拉伸" 按钮 拉伸 ；选取基准平面 DTM2 为草绘平面，接受系统默认的草绘设置；绘制图 9.7 所示的截面草图，在操控板中选择拉伸类型为 ⊥ ，输入深度值 48.0；单击操控板中的 "确定" 按钮 ✓ ，完成拉伸特征 2 的创建。

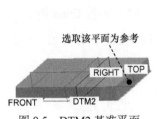

图 9.5　DTM2 基准平面

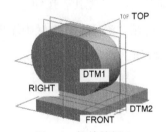

图 9.6　拉伸特征 2

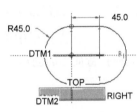

图 9.7　截面草图

说明：如果实体拉伸方向与图 9.6 所示相反，则需要反转拉伸方向。

Step6. 创建图 9.8 所示的拉伸特征 3。在 模型 功能选项卡的 形状 ▼ 区域中单击 "拉伸" 按钮 拉伸 ，选取图 9.8 所示的模型表面为草绘平面，RIGHT 基准平面为参考平面，方向为 右 ；绘制图 9.9 所示的截面草图，在操控板中选择拉伸类型为 ⊥ （到选定的），选择图 9.8 所示的模型表面为拉伸终止面；单击操控板中的 "确定" 按钮 ✓ ，完成拉伸特征 3 的创建。

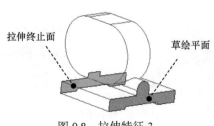

图 9.8　拉伸特征 3

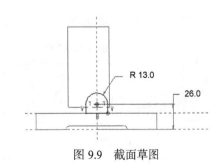

图 9.9　截面草图

Step7. 创建图 9.10 所示的拉伸特征 4。在 模型 功能选项卡的 形状 ▼ 区域中单击"拉伸"按钮 ⬜拉伸；选取图 9.10 所示模型表面为草绘平面，RIGHT 基准平面为参考平面，方向为 右；绘制图 9.11 所示的截面草图，在操控板中选择拉伸类型为 ⊥，输入深度值 5.0；单击操控板中的"确定"按钮 ✔，完成拉伸特征 4 的创建。

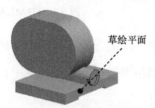

图 9.10　拉伸特征 4

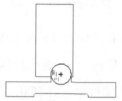

图 9.11　截面草图

Step8. 创建图 9.12 所示的孔特征 1。

（1）选择命令。单击 模型 功能选项卡 工程 ▼ 区域中的 ⚲孔 按钮。

（2）定义孔的放置。选取拉伸特征 4 的端面为放置面，按住 Ctrl 键选取基准轴 A_1 作为放置参考，放置类型为 同轴。

（3）定义孔规格。在操控板中单击"螺孔"按钮 🔩，选择 ISO 螺孔标准，螺孔大小为 M18×1；选取深度类型为 ⊥，再在"深度"文本框中输入深度值 96.0，并按 Enter 键。

（4）在操控板中单击 形状 按钮，进行图 9.13 所示的设置。在操控板中单击 ✔ 按钮，完成孔特征 1 的创建。

图 9.12　孔特征 1

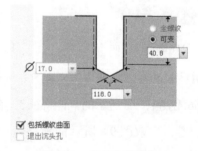

图 9.13　定义孔的形状

Step9. 创建图 9.14b 所示的倒角特征 1。单击 模型 功能选项卡 工程 ▼ 区域中的 🔶倒角 ▼ 按钮，选取图 9.14a 所示边线为倒角的边线；倒角值 1.0。

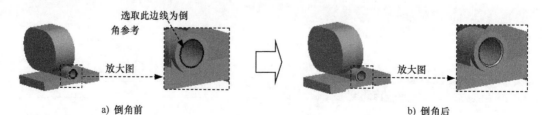

图 9.14　倒角特征 1

Step10. 创建图 9.15 所示的拉伸特征 5。在 模型 功能选项卡的 形状 ▾ 区域中单击"拉伸"按钮 拉伸；选取图 9.15 所示的实体表面为草绘平面，接受系统默认的参考平面及方向；绘制图 9.16 所示的截面草图，在操控板中选择拉伸类型为 ，输入深度值 9.0；单击操控板中的"确定"按钮 ，完成拉伸特征 5 的创建。

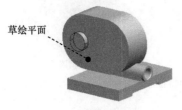

图 9.15 拉伸特征 5

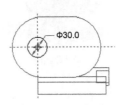

图 9.16 截面草图

Step11. 创建图 9.17b 所示的拔模特征 1。

（1）选择命令。单击 模型 功能选项卡 工程 ▾ 区域中的 拔模 ▾ 按钮。

（2）定义拔模曲面。在操控板中单击 参考 选项卡，激活 拔模曲面 文本框，按住 Ctrl 键，选取图 9.17a 所示的凸台的一周侧表面为要拔模的面。

（3）定义拔模枢轴平面。激活 拔模枢轴 文本框，选取图 9.17a 所示的凸台的顶面为拔模枢轴平面。

（4）定义拔模参数。单击 按钮调整拔模方向，然后在"拔模角度"文本框中输入拔模角度值 8.0。

（5）在操控板中单击 按钮，完成拔模特征 1 的创建。

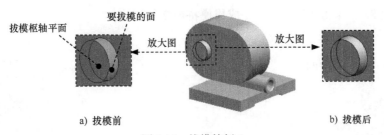

a) 拔模前　　　　　　　　　　　　　　　　　　　　b) 拔模后

图 9.17 拔模特征 1

Step12. 创建图 9.18b 所示的倒圆角特征 1。单击 模型 功能选项卡 工程 ▾ 区域中的 倒圆角 ▾ 按钮，选择图 9.18a 所示的边线为倒圆角的边线；在"倒圆角半径"文本框中输入值 3.0。

Step13. 创建图 9.19b 所示的倒圆角特征 2。选取图 9.19a 所示的边线为倒圆角的边线；倒圆角半径值为 2.0。

Step14. 创建图 9.20 所示的拉伸特征 6。在 模型 功能选项卡的 形状 ▾ 区域中单击"拉伸"按钮 拉伸；选取图 9.20 所示的模型表面为草绘平面，接受系统默认的参考平面及方向；

绘制图 9.21 所示的截面草图，在操控板中选择拉伸类型为 ⊥ (到选定的)，选取图 9.20 所示的模型表面为拉伸终止面；单击操控板中的 "确定" 按钮 ✓，完成拉伸特征 6 的创建。

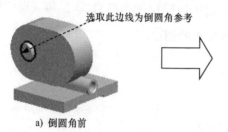

图 9.18　倒圆角特征 1

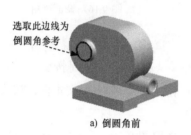

图 9.19　倒圆角特征 2

Step15. 创建图 9.22 所示的拔模特征 2。单击 模型 功能选项卡 工程 ▾ 区域中的 ☟拔模 ▾ 按钮；按住 Ctrl 键，选取图 9.22 所示凸台的一周侧表面为要拔模的面；选取图 9.22 所示凸台的顶面为拔模枢轴平面；单击 ⚄ 按钮调整拔模方向，在 "拔模角度" 文本框中输入拔模角度值 8.0；单击 ✓ 按钮，完成拔模特征 2 的创建。

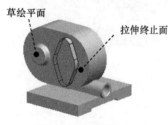

图 9.20　拉伸特征 6

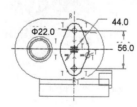

图 9.21　截面草图

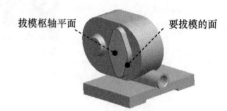

图 9.22　拔模特征 2

Step16. 创建图 9.23b 所示的倒圆角特征 3。选取图 9.23a 所示的边线为倒圆角的边线；倒圆角半径值为 3.0。

Step17. 创建图 9.24 所示的 DTM3 基准平面。单击 模型 功能选项卡 基准 ▾ 区域中的 "平面" 按钮 ▱，在模型树中选取 FRONT 基准平面为偏距参考面，在 "基准平面" 对话框中输入偏移距离值 118.0，单击该对话框中的 确定 按钮。

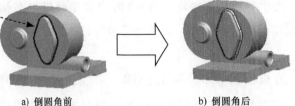

a) 倒圆角前　　　　　b) 倒圆角后

图 9.23　倒圆角特征 3

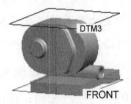

图 9.24　DTM3 基准平面

Step18.创建图 9.25 所示的拉伸特征 7。在 模型 功能选项卡的 形状 ▼ 区域中单击"拉伸"按钮 拉伸；选取图 9.25 所示的模型表面为草绘平面，接受系统默认的参考平面，方向为 下；绘制图 9.26 所示的截面草图，在操控板中选择拉伸类型为 ，选择基准平面 3 为拉伸终止面；单击操控板中的"确定"按钮 ，完成拉伸特征 7 的创建。

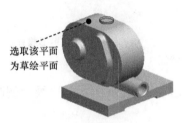

选取该平面
为草绘平面

图 9.25　拉伸特征 7

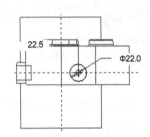

图 9.26　截面草图

Step19. 在零件模型中创建关系，其目的是使上步创建的拉伸凸台始终位于中间位置。

（1）选择 工具 选项卡 模型意图 ▼ 区域中的 d=关系 命令，系统弹出"关系"对话框。

（2）在模型树中单击 Step5 所创建的拉伸特征 2 和 Step18 所创建的拉伸特征 7，此时模型上显示出拉伸特征的所有尺寸参数符号，如图 9.27b 所示。

（3）在"关系"对话框的关系编辑区输入关系式"d52 = d12/2"；单击 确定 按钮，完成关系定义。

（4）单击 模型 选项卡中的"重新生成"按钮 ，再生模型。

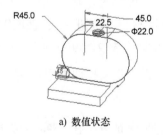

a) 数值状态　　　　　　　　　　b) 参数符号状态

图 9.27　显示参数符号

注意："d52 = d12/2"关系式代表的意义是"拉伸特征 7 的截面中心到左侧边线的距离值（图 9.26 中的尺寸 22.5）是拉伸特征 2 的截面中心距尺寸值（图 9.27 中的尺寸 45）的一

半"，读者在练习本步操作时，尺寸参数符号可能与图 9.27b 中显示的不完全相同，这是由于尺寸参数符号是系统根据建模过程自动赋予的，存在一定的随机性，在输入关系式时注意要输入与尺寸对应的参数符号。

Step20. 创建图 9.28b 所示的拔模特征 3。单击 模型 功能选项卡 工程 ▼ 区域中的 ⧉拔模 ▼ 按钮；按住 Ctrl 键，选取图 9.28a 所示的凸台的一周侧表面为要拔模的面；选取图 9.28a 所示的凸台的顶面为拔模枢轴平面，拔模方向向上；在"拔模角度"文本框中输入拔模角度值 −8.0；单击 ✓ 按钮，完成拔模特征 3 的创建。

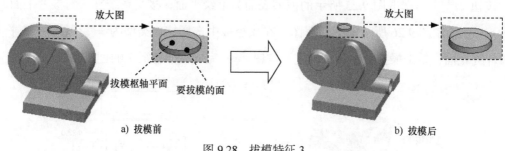

a) 拔模前   b) 拔模后

图 9.28   拔模特征 3

Step21. 创建图 9.29b 所示的倒圆角特征 4。选取图 9.29a 所示的边线为倒圆角的边线；倒圆角半径值为 2.5。

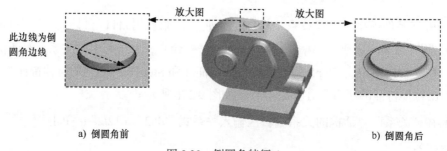

a) 倒圆角前   b) 倒圆角后

图 9.29   倒圆角特征 4

Step22. 创建图 9.30 所示的"移除材料"的拉伸特征 8。在 模型 功能选项卡的 形状 ▼ 区域中单击"拉伸"按钮 ⬦拉伸，按下"移除材料"按钮 ⬰；选取图 9.30 所示的模型表面为草绘平面，接受系统默认的参考平面及方向；选取图 9.31 所示的两个圆弧的边线为草绘参考，绘制图 9.31 所示的截面草图；在操控板中定义拉伸类型为 ⟟，输入深度值 33.0；单击 ✓ 按钮，完成拉伸特征 8 的创建。

Step23. 创建图 9.32 所示的"移除材料"的拉伸特征 9。在 模型 功能选项卡的 形状 ▼ 区域中单击"拉伸"按钮 ⬦拉伸，按下"移除材料"按钮 ⬰；选取图 9.32 所示的凸台的顶面为草绘平面，RIGHT 基准平面为参考平面，方向为 下 ；绘制图 9.33 所示的截面草图；在操控板中定义拉伸类型为 ⟟（到选定的），选择图 9.32 所示的基准轴 A_1 为拉伸终止位置参考；单击 ✔ 按钮，完成拉伸特征 9 的创建。

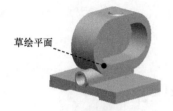

图 9.30 拉伸特征 8

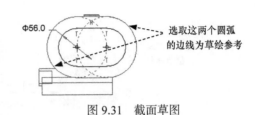

图 9.31 截面草图

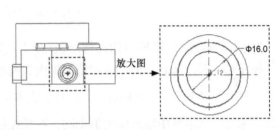

图 9.32 拉伸特征 9　　　　图 9.33 截面草图

Step24. 创建图 9.34 所示的螺纹修饰特征 1。

（1）单击 模型 功能选项卡中的 工程 ▼ 按钮，从系统弹出的菜单中选择 修饰螺纹 命令。

（2）选取要进行螺纹修饰的曲面。单击"螺纹"操控板中的 放置 按钮，选取图 9.34 所示的平面为要进行螺纹修饰的曲面。

（3）选取螺纹的起始曲面。单击"螺纹"操控板中的 深度 按钮，选取凸台的顶面为螺纹起始面。

（4）定义螺纹的长度方向和长度以及螺纹大径。完成上步操作后，模型上显示的螺纹深度方向箭头朝向实体内部，如方向错误，可以单击 ✗ 按钮反转方向；在 深度选项 区域的下拉列表中选择 ⊥ 到选定项 选项，然后选取图 9.35 所示的底面为螺纹修饰终止面；在 ∅ 文本框中输入螺纹大径值 18。

（5）定义螺纹节距。在 ⊓ 文本框中输入值 1。

（6）单击操控板中的 ✔ 按钮。

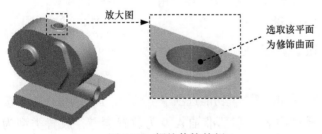

图 9.34 螺纹修饰特征 1

图 9.35 定义修饰终止面

Step25. 创建图 9.36b 所示的倒角特征 2。选取图 9.36a 所示的边线为倒角的边线；倒角值为 1.0。

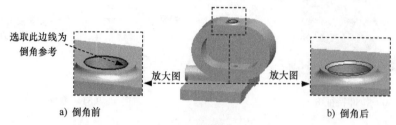

a) 倒角前　　　　　　　　　　　　　　　　　　b) 倒角后

图 9.36　倒角特征 2

Step26. 创建图 9.37 所示的孔特征 2。单击 模型 功能选项卡 工程 ▼ 区域中的 孔 按钮；按住 Ctrl 键，选取图 9.37 所示的模型内表面和基准轴 A_3 为孔的放置参考；在操控板中单击"螺孔"按钮，在图标 ⌀ 后面的文本框中输入值 16.0，选取孔的深度类型为 ，再在"深度"文本框中输入深度值 15.0；在操控板中单击 ✓ 按钮，完成孔特征 2 的创建。

Step27. 创建图 9.38 所示的旋转特征 1。

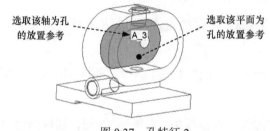

图 9.37　孔特征 2　　　　　　　　　　　　　图 9.38　旋转特征 1

（1）选择命令。单击 模型 功能选项卡 形状 ▼ 区域中的"旋转"按钮 旋转，在操控板中确认"实体"类型按钮 被按下，并按下"移除材料"按钮 。

（2）绘制截面草图。在图形区右击，从系统弹出的快捷菜单中选择 定义内部草绘... 命令；选取 TOP 基准平面为草绘平面，RIGHT 基准平面为参考平面，方向为 右；单击 草绘 按钮，绘制图 9.39 所示的截面草图（包括中心线）。

（3）定义旋转属性。在操控板中选择旋转类型为 ，在"角度"文本框中输入角度值 360.0，并按 Enter 键。

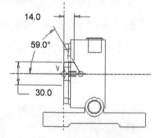

图 9.39　截面草图

（4）在操控板中单击"确定"按钮 ✓，完成旋转特征 1 的创建。

Step28. 创建图 9.40 所示的孔特征 3。单击 模型 功能选项卡 工程 ▼ 区域中的 孔 按钮；按住 Ctrl 键，选取图 9.40 所示的模型内表面和基准轴 A_9 为放置参考，放置类型为同轴；在操控板中单击"螺孔"按钮 ⊔，在 ∅ 后的文本框中输入值 22.0，定义孔的深度类型为 ⽢；在操控板中单击 ✔ 按钮，完成孔特征 3 的创建。

Step29. 创建图 9.41 所示的基准轴——A_10。单击 模型 功能选项卡 基准 ▾ 区域中的 ⁄ 轴 按钮；选择图 9.41 所示的侧表面为轴的放置参考，在"基准轴"对话框中将约束类型设置为 穿过；单击"基准轴"对话框中的 确定 按钮。

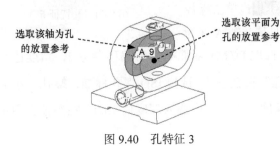

图 9.40　孔特征 3

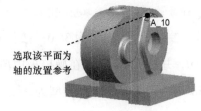

图 9.41　A_10 基准轴

Step30. 创建图 9.42 所示的孔特征 4。单击 模型 功能选项卡 工程 ▾ 区域中的 孔 按钮。选取图 9.42 所示凸台的顶面，按住 Ctrl 键，选取 Step29 所创建的基准轴 A_10 为放置参考，放置类型为 同轴；在操控板中单击"螺孔"按钮 ，选择 ISO 螺纹标准，螺钉尺寸选择 M8×1，定义孔的深度类型为 ⽢，再在"深度"文本框中输入深度值 15.0；在操控板中单击 ✔ 按钮，完成孔特征 4 的创建。

Step31. 创建图 9.43 所示的镜像特征 1。

（1）选取镜像特征。在模型树中选取孔特征 4 为要镜像的特征。

（2）选择"镜像"命令。单击 模型 功能选项卡 编辑 ▾ 区域中的"镜像"按钮 。

（3）定义镜像平面。选取 DTM1 基准平面为镜像平面。

（4）在操控板中单击 ✔ 按钮，完成镜像特征 1 的创建。

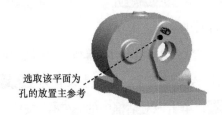

图 9.42　孔特征 4

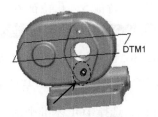

图 9.43　镜像特征 1

Step32. 创建图 9.44 所示的孔特征 5。单击 模型 功能选项卡 工程 ▾ 区域中的 孔 按钮；选取图 9.44 所示的模型前表面为主参考，放置类型为 径向；单击操控板中 偏移参照 下的 • 单击此处添加... 字符，选取基准轴 A_8 为偏移参考 1，半径值为 36.0，并按 Enter 键；按住 Ctrl 键，选取基准平面 DTM1 为偏移参考 2，角度值为 0.0，并按 Enter 键；在操控板中单击"螺孔"按钮 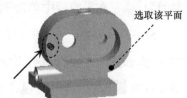，选择 ISO 螺纹标准，螺钉尺寸选择 M8×1，定义孔的深度类型为 ⬇，再在"深度"文本框中输入深度值 15.0，在操控板中单击 ✔ 按钮，完成孔特征 5 的创建。

图 9.44　孔特征 5

Step33. 创建图 9.45 所示的孔特征 6。单击 模型 功能选项卡 工程 ▾ 区域中的 🛚孔 按钮；选取图 9.45 所示模型的前表面为孔的放置主参考，放置类型为 径向 ；单击操控板中 偏移参照 下的 ●单击此处添加... 字符，选取基准轴 A_8 为偏移参考 1，半径值为 36.0；按住 Ctrl 键，选取 DTM1 基准平面为偏移参考 2，角度值为 90.0，并按 Enter 键；在操控板中单击"螺孔"按钮 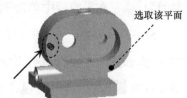，选择 ISO 螺孔标准，螺孔大小为 M8×1，定义孔的深度类型为 ⬇，再在"深度"文本框中输入深度值 15.0；在操控板中单击 ✔ 按钮，完成孔特征 6 的创建。

Step34. 创建图 9.46 所示的镜像特征 2。在模型树中选取孔特征 6 为镜像特征；选取 DTM1 基准平面为镜像平面；单击 ✔ 按钮，完成镜像特征 2 的创建。

图 9.45　孔特征 6

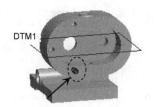

图 9.46　镜像特征 2

Step35. 创建组——组 G1。

（1）按住 Ctrl 键，在模型树中选取孔特征 5、孔特征 6 和镜像特征 2。

（2）单击 模型 功能选项卡中的 操作 ▾ 按钮，从系统弹出的菜单中选择 组 命令，此时孔特征 5、孔特征 6 和镜像特征 2 合并为 🗗组LOCAL GROUP ，单击 🗗组LOCAL GROUP ，将 🗗组LOCAL GROUP 重命名为 组G1，则完成组 G1 的创建。

Step36. 创建图 9.47 所示的基准平面 4。单击 模型 功能选项卡 基准 ▾ 区域中的"平面"按钮 ▱，系统弹出"基准平面"对话框；选择 A_5 基准轴，将约束设置为 穿过，按住 Ctrl 键，选择 TOP 基准平面，将约束设置为 平行；单击该对话框中的 确定 按钮。

Step37. 创建图 9.48 所示的镜像特征 3。在模型树中选取 组G1 为镜像特征；选取 DTM4 基准平面为镜像平面；单击 ✔ 按钮，完成镜像特征 3 的创建。

说明：当完成复制镜像后，图 9.48 所示的三个孔将包裹在镜像特征 3 中。

Step38. 创建图 9.49 所示的孔特征 7。单击 模型 功能选项卡 工程 ▾ 区域中的 🛚孔 按钮；选取图 9.49 所示的模型上表面为放置主参考，放置类型为 线性；单击操控板

中 偏移参照 下的 •单击此处添加… 字符，选取 RIGHT 基准平面为次参考 1，约束类型为 偏移，输入偏移值 55.0，按住 Ctrl 键，选取 TOP 基准平面为次参考 2，约束类型为 偏移，输入偏移值 38.0；在操控板中单击 "螺孔" 按钮 🟦，选择 ISO 螺纹标准，螺钉尺寸选择 M10×1.5，定义孔的深度类型为 ⬒；单击操控板中的孔的子类型 ⬒ 按钮，单击 形状，系统弹出图 9.50 所示的孔形状参数编辑器；在操控板中单击 ✔ 按钮，完成孔特征 7 的创建。

图 9.47　DTM4 基准平面

图 9.48　镜像特征 3

图 9.49　孔特征 7

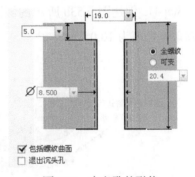

图 9.50　定义孔的形状

Step39. 创建图 9.51b 所示的阵列特征 1。

（1）选取阵列特征。在模型树中选中 "孔 7"，右击，选择 ⊞ 命令。

（2）选择阵列控制方式。在操控板的阵列控制方式下拉列表中选择 尺寸 选项。

（3）定义阵列增量。在操控板中单击 尺寸 选项卡，选取尺寸 55.0 作为第一方向阵列参考尺寸，在 方向1 区域的 增量 文本框中输入增量值 –110.0；单击以激活 方向2 区域，然后选取尺寸 38.0 作为第二方向阵列参考尺寸，在 方向2 区域的 增量 文本框中输入增量值 –76.0。

a) 阵列前

b) 阵列后

图 9.51　阵列特征 1

（4）定义阵列个数。在操控板的第一方向"阵列个数"文本框中输入值2，在第二方向"阵列个数"文本框中输入值2。

（5）在操控板中单击 ✓ 按钮，完成阵列特征1的创建。

Step40. 创建图9.52b所示的倒圆角特征5。选取图9.52a所示的边线为倒圆角的边线；倒圆角半径值为6.0。

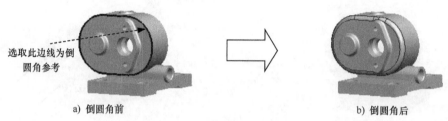

a) 倒圆角前　　　　　　　　　　　　　　　　b) 倒圆角后

图 9.52　倒圆角特征5

Step41. 创建图9.53b所示的倒圆角特征6。选取图9.53a所示的边线为倒圆角的边线；倒圆角半径值为10.0。

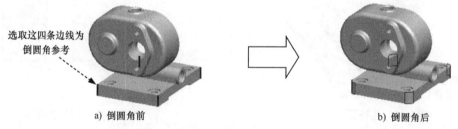

a) 倒圆角前　　　　　　　　　　　　　　　　b) 倒圆角后

图 9.53　倒圆角特征6

Step42. 创建图9.54b所示的倒圆角特征7。选取图9.54a所示的边线为倒圆角的边线；倒圆角半径值为2.0。

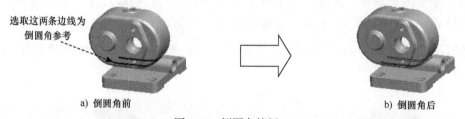

a) 倒圆角前　　　　　　　　　　　　　　　　b) 倒圆角后

图 9.54　倒圆角特征7

Step43. 创建图9.55b所示的倒圆角特征8。选取图9.55a所示的边线为倒圆角的边线；倒圆角半径值为3.0。

Step44. 创建图9.56b所示的倒圆角特征9。选取图9.56a所示的两条边线为倒圆角的边线；倒圆角半径值为3.0。

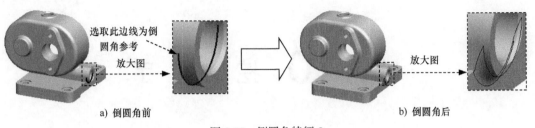

选取此边线为倒圆角参考

放大图

a) 倒圆角前

放大图

b) 倒圆角后

图 9.55　倒圆角特征 8

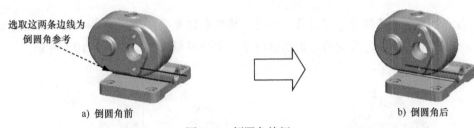

选取这两条边线为倒圆角参考

a) 倒圆角前

b) 倒圆角后

图 9.56　倒圆角特征 9

Step45. 创建图 9.57b 所示的倒圆角特征 10。选取图 9.57a 所示的边线为倒圆角的边线；倒圆角半径值为 3.0。

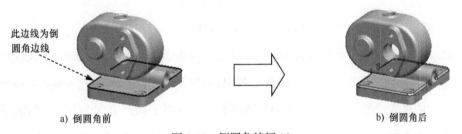

此边线为倒圆角边线

a) 倒圆角前

b) 倒圆角后

图 9.57　倒圆角特征 10

Step46. 创建图 9.58b 所示的倒圆角特征 11。选取图 9.58a 所示的边线为倒圆角的边线；倒圆角半径值为 1.5。

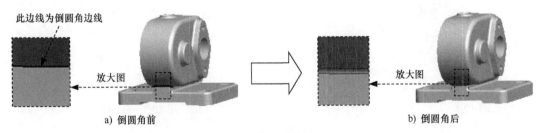

此边线为倒圆角边线

放大图

a) 倒圆角前

放大图

b) 倒圆角后

图 9.58　倒圆角特征 11

Step47. 保存零件模型文件。

实例 **10** 挖　掘　手

实例概述

本实例主要运用了拉伸、倒圆角、抽壳、阵列和镜像等命令，其中的主体造型是通过实体倒了一个大圆角后抽壳而成的，构思很巧妙。零件模型及模型树如图 10.1 所示。

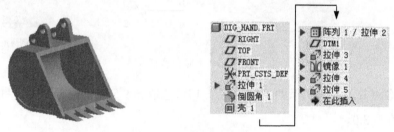

图 10.1　零件模型及模型树

Step1. 新建零件模型。模型命名为 DIG_HAND。

Step2. 创建图 10.2 所示的拉伸特征 1。单击 模型 功能选项卡 形状 ▼ 区域中的"拉伸"按钮 ⬚拉伸；在图形区右击，从系统弹出的快捷菜单中选择 定义内部草绘... 命令；选取 TOP 基准平面为草绘平面，选取 RIGHT 基准平面为参考平面，方向为 右；单击 草绘 按钮，绘制图 10.3 所示的截面草图；在操控板中定义拉伸类型为 ⊟，输入深度值 400.0；在操控板中单击"确定"按钮 ✓，完成拉伸特征 1 的创建。

图 10.2　拉伸特征 1

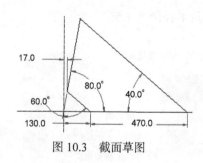

图 10.3　截面草图

Step3. 创建倒圆角特征 1。单击 模型 功能选项卡 工程 ▼ 区域中的 ⬚倒圆角 ▼ 按钮，选取图 10.4 所示的边线为倒圆角的边线；在"倒圆角半径"文本框中输入值 170.0。

Step4. 创建图 10.5b 所示的抽壳特征 1。单击 模型 功能选项卡 工程 ▼ 区域中的"壳"按钮 ⬚壳；选取图 10.5a 所示的面为移除面；在 厚度 文本框中输入壁厚值 20.0；在操控板

中单击 ✔ 按钮，完成抽壳特征 1 的创建。

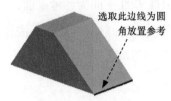

选取此边线为圆
角放置参考

图 10.4 倒圆角特征 1

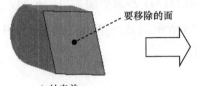

要移除的面

a) 抽壳前

图 10.5 抽壳特征 1

b) 抽壳后

Step5. 创建图 10.6 所示的拉伸特征 2。在 模型 功能选项卡的 形状 ▾ 区域中单击"拉伸"按钮 拉伸；选取图 10.7 所示的模型表面为草绘平面，RIGHT 基准平面为参考平面，方向为 右；绘制图 10.8 所示的截面草图；在操控板中定义拉伸类型为 ，输入深度值 40.0；单击 ✔ 按钮，完成拉伸特征 2 的创建。

图 10.6 拉伸特征 2

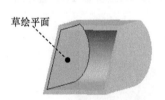

草绘平面

图 10.7 定义草绘平面

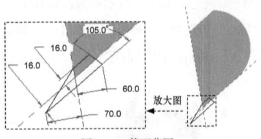

105.0°
16.0
16.0
60.0
70.0
放大图

图 10.8 截面草图

Step6. 创建图 10.9 所示的阵列特征 1。在模型树中单击选中 Step5 中所创建的拉伸特征 2 并右击，选择 命令；在"阵列"操控板的 选项 选项卡的下拉列表中选择 常规 选项；在操控板的阵列控制方式下拉列表中选择 方向 选项，选取图 10.10 所示的平面为阵列参考平面，单击 按钮调整方向；在操控板中输入第一方向阵列个数 5.0，间距值 80.0；在操控板中单击 ✔ 按钮，完成阵列特征 1 的创建。

Step7. 创建图 10.11 所示的 DTM1 基准平面。单击 模型 功能选项卡 基准 ▾ 区域中的"平面"按钮 ；在模型树中选取 TOP 基准平面为偏距参考面，在"基准平面"对话框中输入偏移距离值 192.0；单击该对话框中的 确定 按钮。

图 10.9 阵列特征 1

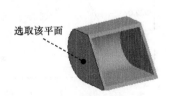

选取该平面

图 10.10 定义阵列参考平面

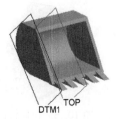

DTM1 TOP

图 10.11 DTM1 基准平面

Step8.创建图10.12所示的拉伸特征3。在 模型 功能选项卡的 形状 ▼ 区域中单击"拉伸"按钮 拉伸 ；选取DTM1基准平面为草绘平面，选取RIGHT基准平面为参考平面，方向为 右 ；绘制图10.13所示的截面草图；在操控板中定义拉伸类型为 非 ；单击 ✔ 按钮，完成拉伸特征3的创建。

图 10.12　拉伸特征 3

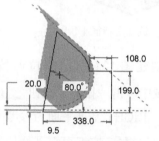

图 10.13　截面草图

Step9.创建图10.14b所示的镜像特征1。在模型树中选取拉伸特征3为镜像特征；单击 模型 功能选项卡 编辑 ▼ 区域中的"镜像"按钮 ；在图形区选取TOP基准平面为镜像平面；在操控板中单击 ✔ 按钮，完成镜像特征1的创建。

a) 镜像前

b) 镜像后

图 10.14　镜像特征 1

Step10.创建图10.15所示的拉伸特征4。在 模型 功能选项卡的 形状 ▼ 区域中单击"拉伸"按钮 拉伸 ；选取TOP基准平面为草绘平面，选取RIGHT基准平面为参考平面，方向为 右 ；绘制图10.16所示的截面草图；在操控板中定义拉伸类型为 日 ，输入深度值180；单击 ✔ 按钮，完成拉伸特征4的创建。

图 10.15　拉伸特征 4

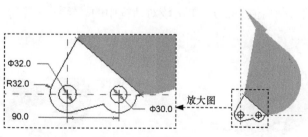

图 10.16　截面草图

Step11. 创建图 10.17 所示的拉伸特征 5。在 模型 功能选项卡的 形状 ▾ 区域中单击 "拉伸" 按钮 拉伸，按下 "移除材料" 按钮 ；选取图 10.18 所示的面为草绘平面和参考平面，方向为 右；绘制图 10.19 所示的截面草图；在操控板中定义拉伸类型为 ；单击 按钮，完成拉伸特征 5 的创建。

图 10.17 拉伸特征 5

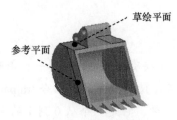

图 10.18 定义草绘平面

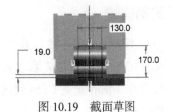

图 10.19 截面草图

Step12. 保存零件模型文件。

实例 **11** 通 风 管

实例概述

本实例的创建方法技巧性较强，主要有两个特点：其一，由两个固定了位置的接口端以及空间基准点来定义基准曲线；其二，使用关系式并结合 trajpar 函数来控制扫描截面参数的变化（trajpar 是 Creo 的内部轨迹函数，它是一个从 0 到 1 的变量，在扫描特征中，从扫描起始点开始，随轨迹长度的百分比呈线性变化，即在轨迹起点处 trajpar 的值为 0，终点处 trajpar 的值为 1），并由扫描曲面得到扫描轨迹。零件模型及模型树如图 11.1 所示。

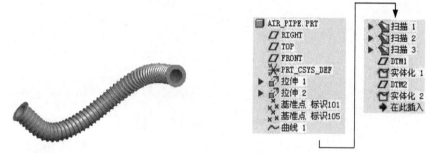

图 11.1　零件模型及模型树

Step1. 新建零件模型。模型命名为 AIR_PIPE。

Step2. 创建图 11.2 所示的拉伸特征 1。

（1）选择命令。单击 模型 功能选项卡 形状 ▼ 区域中的"拉伸"按钮 拉伸 。

（2）绘制截面草图。在图形区中右击，从系统弹出的快捷菜单中选择 定义内部草绘... 命令；选取 FRONT 基准平面为草绘平面，选取 RIGHT 基准平面为参考平面，方向为 右；单击 草绘 按钮，绘制图 11.3 所示的截面草图。

（3）定义拉伸属性。在操控板中选择拉伸类型为 日，输入深度值 5.0。

（4）在操控板中单击"确定"按钮 ✓，完成拉伸特征 1 的创建。

图 11.2　拉伸特征 1

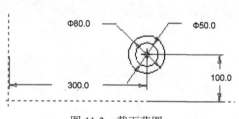

图 11.3　截面草图

Step3. 创建图 11.4 所示的拉伸特征 2。在 模型 功能选项卡的 形状 ▼ 区域中单击"拉伸"按钮 拉伸；选取 RIGHT 基准平面为草绘平面，选取 TOP 基准平面为参考平面，方向为 左；绘制图 11.5 所示的截面草图，在操控板中定义深度类型为 日，再在"深度"文本框中输入深度值 5.0；单击操控板中的"确定"按钮 ✓，完成拉伸特征 2 的创建。

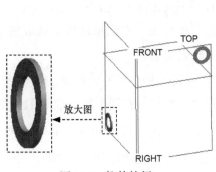

图 11.4 拉伸特征 2

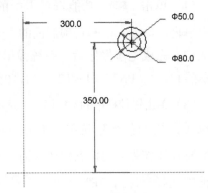

图 11.5 截面草图

Step4. 创建图 11.6 所示的基准点——PNT0。

（1）单击 模型 功能选项卡 基准 ▼ 区域中的 点 按钮，系统弹出"基准点"对话框；在绘图区选取图 11.6 所示的模型边线为点的放置参考。

（2）在"基准点"对话框 参考 区域的下拉列表中选择 居中 选项，然后单击"基准点"对话框中的 确定 按钮，完成 PNT0 基准点的创建。

Step5. 参考 Step4，用相同的方法创建基准点——PNT1，参见图 11.6。

Step6. 创建图 11.7 所示的基准点——PNT2 和 PNT3。

（1）单击 模型 功能选项卡 基准 ▼ 区域中的 点 按钮边小三角下的 偏移坐标系 命令，系统弹出"基准点"对话框；在图形区选取系统默认的坐标系 PRT_CSYS_DEF 为创建点的放置参考。

（2）在"基准点"对话框中单击 名称 下面的单元格，则该单元格中显示出 PNT2；分别在 X轴、Y轴 和 Z轴 下面的单元格中输入坐标值 120.00、-300.00 和 -350.00。

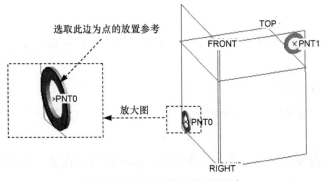

图 11.6 PNT0 和 PNT1 基准点

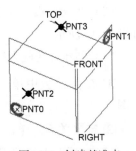

图 11.7 创建基准点

（3）单击"基准点"对话框中的 **确定** 按钮，完成 PNT2 基准点的创建。

（4）参考步骤（1）、（2），用同样的方法创建图 11.7 所示的 PNT3 基准点，分别在 X 轴 、Y 轴 和 Z 轴 下面的单元格中输入坐标值 280.00、52.00 和 –249.00。

Step7. 创建图 11.8 所示的基准曲线特征 1。

（1）单击 **模型** 功能选项卡中的 **基准 ▼** 按钮，从系统弹出的菜单中单击 ～曲线 ▶ 选项后面的 ▾ 按钮，然后选择 ～通过点的曲线 命令。

（2）完成上步操作后，系统弹出"曲线：通过点"操控板，在图形区依次选取图 11.8 所示的 PNT1、PNT3、PNT2 和 PNT0 四个基准点为曲线的经过点。

（3）单击操控板中的 终止条件 选项卡，在 曲线侧(C) 列表框中选择 起点 选项，在 终止条件(E) 下拉列表中选择 相切 选项，单击 相切于 下的文本框 ◎选择项 ，在图形区选取图 11.9 中的基准轴 A_1 作为与起始点相切的轴，方向不对可以单击 **反向(R)** 按钮调整；在 曲线侧(C) 列表框中选择 终点 ，在后面的 终止条件(E) 下拉列表中选择 相切 选项，单击 相切于 下的文本框 ◎选择项 ，在图形区选取图 11.9 中的基准轴 A_3 作为相切的轴，方向不对可以单击 **反向(R)** 按钮调整。

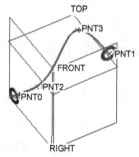
图 11.8 基准曲线特征 1

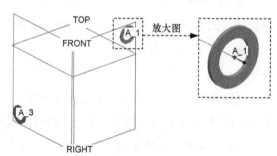
图 11.9 定义相切的轴和相切方向

（4）单击"曲线：通过点"操控板中的 ✔ 按钮，完成基准曲线特征 1 的创建。

Step8. 创建图 11.10 所示的可变截面扫描特征——扫描特征 1。

（1）单击 **模型** 功能选项卡 形状 ▼ 区域中的 扫描 ▼ 按钮，按下"曲面"类型按钮 □ 和"可变截面"按钮 。

（2）在操控板中单击 参考 按钮，选取基准曲线特征 1 作为扫描轨迹；扫描起始方向如图 11.11 所示。

（3）创建可变截面扫描特征的截面草图。

① 在操控板中单击"草绘"按钮 ，进入草绘环境后，绘制图 11.12 所示的截面草图。

② 定义关系。单击 **工具** 功能选项卡 模型意图 ▼ 区域中的 d=关系 按钮，在系统弹出的"关系"对话框中的编辑区输入关系：sd3=trajpar*360*50，单击 **确定** 按钮，此时截面

草图如图 11.13 所示。

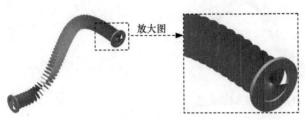

图 11.10 扫描特征 1

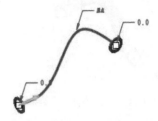

图 11.11 定义扫描轨迹

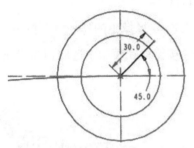

图 11.12 截面草图（添加关系前）

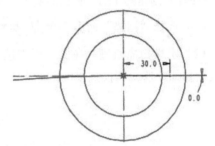

图 11.13 截面草图（添加关系后）

说明：绘制图 11.12 所示截面草图时不要直接绘制水平直线，要先绘制一条斜线，以便添加角度尺寸的关系式；尺寸 30.0 应标注直线的长度，而不是右侧的顶点与竖直方向参考之间的距离。关系式"sd3=trajpar*360*50"表示草图中直线与水平方向的夹角在扫描过程中沿着轨迹的长度不断增加，在 0°~18000° 内呈线性变化，因此，直线在扫描过程中会不断绕轨迹曲线进行旋转，所生成曲面的边线类似于折弯的弹簧，在后面的步骤中会使用该边线来创建零件中的弹簧管套的结构。读者在输入关系式时，草图中的角度尺寸对应的参数符号可能不是 sd3，这是由于尺寸参数符号是系统根据建模过程自动赋予的，存在一定的随机性，在输入关系式时注意要输入与尺寸对应的参数符号。

③ 完成后，在"草绘"操控板中单击 ✔ 按钮。

（4）单击 ✔ 按钮，完成扫描特征 1 的创建。

Step9. 创建图 11.14 所示的实体扫描特征——扫描特征 2。

（1）单击 模型 功能选项卡 形状 ▾ 区域中的 ⬥扫描 ▾ 按钮。

（2）定义扫描类型。在操控板中单击"实体"按钮 ▢ 以及"薄板"特征按钮 ▯。

（3）定义可变截面扫描的轨迹。选取基准曲线特征 1 作为扫描轨迹；扫描起始方向如图 11.15 所示。

（4）创建扫描特征的截面草图。在操控板中单击"草绘"按钮 ▨，进入草绘环境后，绘制图 11.16 所示的截面草图（直径为 60.0 的圆）；单击"确定"按钮 ✔，退出草绘。

（5）输入薄板厚度值 2.0，并按 Enter 键。

图 11.14 扫描特征 2

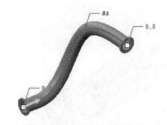

图 11.15 定义扫描轨迹

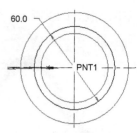

图 11.16 截面草图

（6）在操控板中单击"完成"按钮 ，完成扫描特征 2 的创建。

Step10. 创建图 11.17 所示的实体扫描特征——扫描特征 3。

（1）选择"扫描"命令。单击 模型 功能选项卡 形状 ▼ 区域中的 扫描 ▼ 按钮。

（2）定义扫描轨迹。在操控板中按下 按钮和 按钮；在模型中选取扫描特征 1 的边线为扫描轨迹；切换扫描的起始点如图 11.18 所示。

图 11.17 扫描特征 3

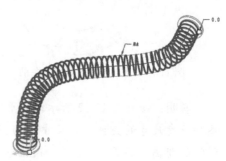

图 11.18 定义扫描轨迹

（3）创建扫描特征的截面草图。单击 按钮，系统自动进入草绘环境；绘制并标注图 11.19 所示的扫描截面草图；完成后单击"确定"按钮 。

（4）单击操控板中的 按钮，完成扫描特征 3 的创建。

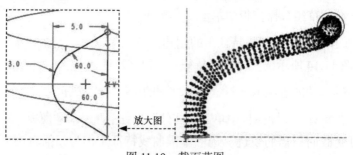

图 11.19 截面草图

Step11. 创建图 11.20 所示的 DTM1 基准平面。单击 模型 功能选项卡 基准 ▼ 区域中的"平面"按钮 ；选取图 11.21 所示的模型表面为参考平面，将约束类型设置为 穿过 ；单击"基准平面"对话框中的 确定 按钮。

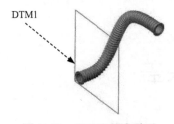

图 11.20 DTM1 基准平面

图 11.21 选取基准平面参考

Step12. 创建图 11.22b 所示的实体化切除特征 1。在模型中选取 DTM1 基准平面；单击 [实体化] 按钮，按下"移除材料"按钮 [ ]；调整图形区中的箭头使其指向要移除的实体；单击 [ ] 按钮，完成实体化切除特征 1 的创建。

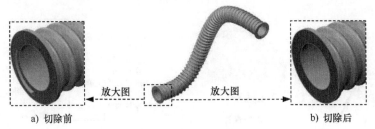

图 11.22 实体化切除特征 1

Step13. 参考 Step11 和 Step12，创建 DTM2 基准平面和实体化切除特征 2，将零件另一侧的多余部分去除。

Step14. 遮蔽曲线层和曲面层。

（1）选择导航命令卡中的 [ ] ➡ [层树 (L)] 命令，即可进入"层"的操作界面。

（2）在"层"的操作界面中选取曲线所在的层 [03 PRT ALL CURVES]，然后右击，从系统弹出的快捷菜单中选择 [隐藏] 命令，再次右击曲线所在的层 [03 PRT ALL CURVES]，从快捷菜单中选择 [保存状况] 命令。

（3）采用相同的方法，隐藏曲面所在的层 [06 PRT ALL SURFS]。

Step15. 保存零件模型文件。

实例 12　淋浴喷头盖

实例概述

本实例涉及多种零件特征，同时用到了初步的"曲面"命令，是做得比较巧妙的一个设计实例，其中的旋转曲面与加厚特征都是首次出现，而填充阵列的操作性比较强，需要读者用心体会。零件模型及模型树如图 12.1 所示。

图 12.1　零件模型及模型树

Step1. 新建零件模型。模型命名为 MUZZLE_COVER。

Step2. 创建图 12.2 所示的旋转特征 1。单击 模型 功能选项卡 形状 ▾ 区域中的"旋转"按钮 ◑ 旋转；在操控板中单击 □ 按钮；在图形区右击，从系统弹出的快捷菜单中选择 定义内部草绘 命令；选取 FRONT 基准平面为草绘平面，RIGHT 基准平面为参考平面，方向为 右；单击 草绘 按钮，绘制图 12.3 所示的截面草图（包括中心线）；在操控板中定义旋转类型为 ⊥，在"角度"文本框中输入角度值 360.0，并按 Enter 键；在操控板中单击"确定"按钮 ✓，完成旋转特征 1 的创建。

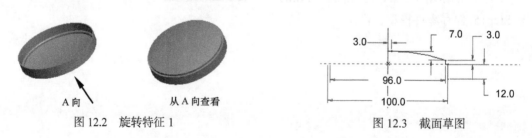

图 12.2　旋转特征 1　　　　　　　　　图 12.3　截面草图

Step3. 创建图 12.4b 所示的倒圆角特征 1。单击 模型 功能选项卡 工程 ▾ 区域中的 ◞ 倒圆角 ▾ 按钮，选取图 12.4a 所示的边线为倒圆角的边线；在"倒圆角半径"文本框中输入值 0.5。

Step4. 创建图 12.5 所示的倒圆角特征 2。选取图 12.5 所示的边线为倒圆角的边线；倒圆角半径值为 1.0。

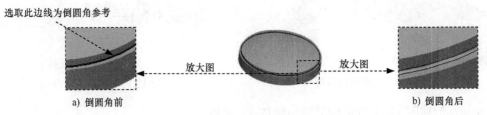

图 12.4 倒圆角特征 1

Step5. 创建图 12.6 所示的曲面加厚特征 1。在图形区中选取倒圆角之后的曲面为加厚的对象；单击 模型 功能选项卡 编辑 ▼ 区域中的 ⊏ 按钮，系统弹出"特征"操控板；在"厚度"文本框中输入薄板实体的厚度值 1.2，单击箭头调整加厚方向为指向曲面内部；单击按钮 ✔，完成曲面加厚特征 1 的创建。

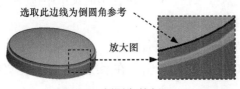

图 12.5 倒圆角特征 2

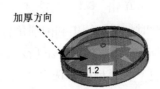

图 12.6 曲面加厚特征 1

Step6. 创建图 12.7 所示的特征——扫描特征 1。绘制扫描轨迹曲线。单击 模型 功能选项卡 基准 ▼ 区域中的"草绘"按钮 ，选取 FRONT 基准平面为草绘平面，选取 RIGHT 基准平面为参考平面，方向为 右；单击 草绘 按钮，系统进入草绘环境，进入草绘环境后，选取图 12.8 中的顶点为草绘参考，绘制图 12.8 所示的草图，单击按钮 ✔，退出草绘环境；单击 模型 功能选项卡 形状 ▼ 区域中的 扫描 ▼ 按钮；在操控板中确认"实体"按钮 □、"恒定截面"按钮 — 和"移除材料"按钮 被按下，在图形区中选取图 12.9 所示的扫描轨迹曲线，切换扫描的起始点，切换后的扫描轨迹曲线起始箭头如图 12.9 所示；在操控板中单击"创建或编辑扫描截面"按钮 ，系统自动进入草绘环境，绘制并标注扫描截面草图，如图 12.10 所示，完成截面草图的绘制和标注后，单击"确定"按钮 ✔；单击操控板中的 ✔ 按钮，完成扫描特征 1 的创建。

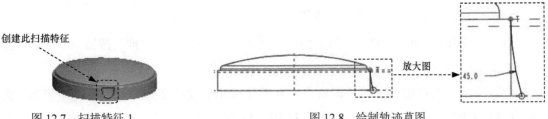

图 12.7 扫描特征 1

图 12.8 绘制轨迹草图

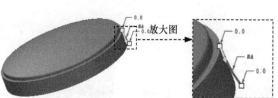

图 12.9　选取扫描轨迹

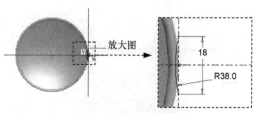

图 12.10　扫描特征截面草图

Step7. 创建图 12.11 所示的倒圆角特征 3。选取图 12.11 所示的边线为倒圆角的边线；倒圆角半径值为 0.2。

Step8. 创建组——组 G1。

（1）按住 Ctrl 键，在模型树中选取创建的扫描特征 1 和倒圆角特征 3。

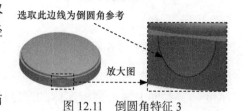

图 12.11　倒圆角特征 3

（2）单击 模型 功能选项卡中的 操作▾ 按钮，在系统弹出的菜单中选择 组 命令，此时扫描特征 1 和倒圆角特征 3 合并为 组LOCAL_GROUP 。

Step9. 创建图 12.12b 所示的"轴"阵列特征——阵列特征 1。

（1）在模型树中选中"组 LOCAL_GROUP"特征后右击，在系统弹出的快捷菜单中选择 ⊞ 命令。

（2）在操控板中选择 轴 选项，在模型中选择基准轴 A_1；在操控板中输入阵列的个数 20 和角度增量值 18.0，并按 Enter 键，如图 12.13 所示。

a) 阵列前　　　　　　　　b) 阵列后

图 12.12　阵列特征 1

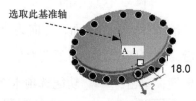

图 12.13　操作过程

（3）单击操控板中的 ✓ 按钮，完成阵列特征 1 的创建。

Step10. 创建图 12.14 所示的倒圆角特征 23。选取图 12.14 所示的边线为倒圆角的边线；倒圆角半径值为 0.2。

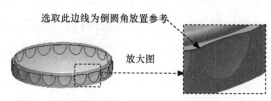

图 12.14　倒圆角特征 23

Step11. 创建图 12.15 所示的拉伸特征 1。

（1）选择命令。单击 模型 功能选项卡 形状▾ 区域中的"拉伸"按钮 拉伸，并按下"移除材料"按钮 。

（2）绘制截面草图。在图形区右击，从系统弹出的快捷菜单中选择 定义内部草绘… 命令；选取 TOP 基准平面为草绘平面，选取 RIGHT 基准平面为参考平面，方向为 上；单

击 草绘 按钮，绘制图 12.16 所示的截面草图。

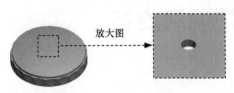

图 12.15　拉伸特征 1

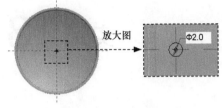

图 12.16　截面草图

（3）定义拉伸属性。在操控板中定义拉伸类型为 非，单击 % 按钮调整拉伸方向；移除材料方向如图 12.17 所示。

（4）在操控板中单击"完成"按钮 ✓，完成拉伸特征 1 的创建。

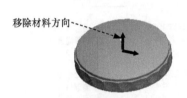

图 12.17　移除材料方向

a) 阵列前　　　　　　　　　　　b) 阵列后

图 12.18　阵列特征 2

Step12. 创建图 12.18b 所示的"填充"阵列特征——阵列特征 2。

（1）在模型树中右击 Step11 所创建的拉伸特征 1，从弹出的快捷菜单中选择 ⊞ 命令。

（2）在图 12.19 所示"阵列"操控板的阵列控制方式下拉列表中选择 填充 选项。

图 12.19　"阵列"操控板

（3）在图形区右击，选择 定义内部草绘… 命令。选取 TOP 基准平面为草绘平面，RIGHT 基准平面为参考平面，方向为 左 ；单击 草绘 按钮，进入草绘环境。

（4）进入草绘环境后，接受系统默认的参考平面和方向，绘制图 12.20 所示的填充阵列草图，单击"确定"按钮 ✓ 。

（5）"填充类型"各项参数的设置如图 12.19 所示，参数设置完成后，此时模型如图 12.21 所示。

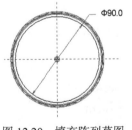

图 12.20　填充阵列草图

图 12.21　完成后的模型

（6）单击操控板中的 ✓ 按钮，完成阵列特征 2 的创建。

Step13. 保存零件模型文件。

实例 13 微波炉调温旋钮

实例概述

本实例是日常生活中常见的微波炉调温旋钮。设计时，首先创建实体旋转特征和基准曲线，通过"镜像"命令得到基准曲线，构建出边界混合曲面，再利用边界混合曲面来塑造实体，然后进行倒圆角、抽壳得到最终模型。零件模型及模型树如图 13.1 所示。

图 13.1 零件模型及模型树

Step1. 新建零件模型。模型命名为 GAS_OVEN_SWITCH。

Step2. 创建图 13.2 所示的旋转特征 1。

（1）选择命令。单击 模型 功能选项卡 形状 ▾ 区域中的"旋转"按钮 ⚬ 旋转 。

（2）绘制截面草图。在图形区右击，从系统弹出的快捷菜单中选择 定义内部草绘... 命令；选取 FRONT 基准平面为草绘平面，RIGHT 基准平面为参考平面，方向为 右 ；单击 草绘 按钮，绘制图 13.3 所示的截面草图（草图 1，包括中心线）。

说明：图 13.3 中 R38.0 的圆弧中心点在竖直的中心线上。

（3）定义旋转属性。在操控板中定义旋转类型为 ⊥ ，在"角度"文本框中输入角度值 360.0，并按 Enter 键。

（4）在操控板中单击"确定"按钮 ✔ ，完成旋转特征 1 的创建。

图 13.2 旋转特征 1

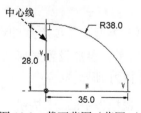

图 13.3 截面草图（草图 1）

Step3. 创建图 13.4 所示的草绘 1。

（1）选择命令。单击 模型 功能选项卡 基准 ▼ 区域中的"草绘"按钮 ⚙。

（2）定义草绘放置属性。选取 FRONT 基准平面为草绘平面，采用系统默认的草绘视图方向，RIGHT 基准平面为参考平面，方向为 右；单击 草绘 按钮，进入草绘环境。

（3）进入草绘环境后，绘制图 13.5 所示的草图，单击 ✓ 按钮。

说明：图 13.5 所示的草图中 R250.0 的圆弧是向下凹陷，圆心在竖直参考线上。

Step4. 创建图 13.6 所示的 DTM1 基准平面。

（1）选择命令。单击 模型 功能选项卡 基准 ▼ 区域中的"平面"按钮 ▱。

（2）定义平面参考。在模型树中选取 FRONT 基准平面为偏距参考面，在"基准平面"对话框中输入偏移距离值 35.0。

（3）单击该对话框中的 确定 按钮。

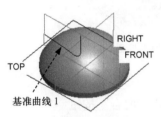

图 13.4　草绘 1（建模环境）

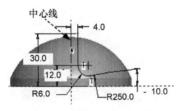

图 13.5　草绘 1（草绘环境）

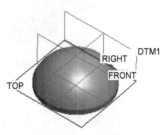

图 13.6　DTM1 基准平面

Step5. 创建图 13.7 所示的草绘 2。在 模型 功能选项卡的 形状 ▼ 区域中单击"草绘"按钮 ⚙；选取 DTM1 基准平面为草绘平面，选取 RIGHT 基准平面为参考平面，方向为 右；单击 草绘 按钮，选取图 13.7 所示的基准曲线 2 为草绘参考，绘制图 13.8 所示的草绘 2。

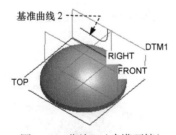

图 13.7　草绘 2（建模环境）

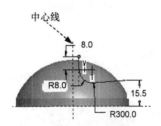

图 13.8　草绘 2（草绘环境）

Step6. 创建图 13.9b 所示的镜像特征 1。

（1）选取镜像特征。选取图 13.9a 所示的曲线为镜像特征。

（2）选择"镜像"命令。单击 模型 功能选项卡 编辑 ▼ 区域中的"镜像"按钮 ⯗。

（3）定义镜像平面。在图形区选取 FRONT 基准平面为镜像平面。

（4）在操控板中单击 ✓ 按钮，完成镜像特征 1 的创建。

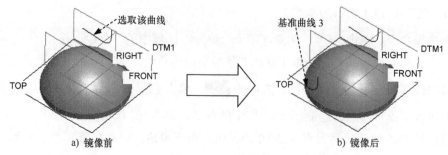

a) 镜像前　　　　　　　　　　　　　b) 镜像后

图 13.9　镜像特征 1

Step7. 创建图 13.10b 所示的边界曲面——边界混合 1。

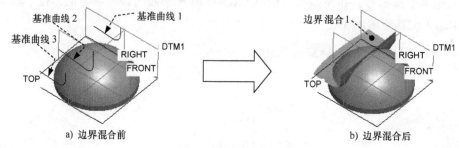

a) 边界混合前　　　　　　　　　　　　b) 边界混合后

图 13.10　边界混合 1

（1）选择命令。单击 模型 功能选项卡 曲面 ▼ 区域中的"边界混合"按钮 。

（2）定义第一方向的边界曲线。按住 Ctrl 键，依次选取基准曲线 1、基准曲线 2 和基准曲线 3（图 13.10a）为边界曲线。

（3）单击 控制点 按钮，在 拟合 下拉列表中选择 段至段 选项。

（4）在操控板中单击"完成"按钮 ✓，完成边界混合 1 的创建。

Step8. 创建图 13.11b 所示的镜像特征 2。选取图 13.11a 所示的边界混合 1 为镜像特征，选取 RIGHT 基准平面为镜像平面，单击 ✓ 按钮，完成镜像特征 2 的创建。

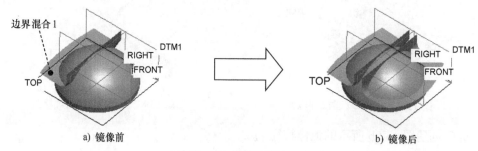

a) 镜像前　　　　　　　　　　　　b) 镜像后

图 13.11　镜像特征 2

Step9. 创建图 13.12b 所示的曲面实体化特征 1。

（1）选取实体化对象。选取图 13.12a 所示的边界混合 1。

（2）选择命令。单击 模型 功能选项卡 编辑 ▼ 区域中的 按钮，并按下"移除材料" 按钮 ▨。

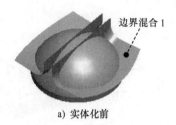
边界混合 1

a) 实体化前   b) 实体化后

图 13.12   曲面实体化特征 1

（3）确定要保留的实体。单击调整图形区中的箭头使其指向要移除的实体，如图 13.13 所示。

（4）单击按钮 ✓，完成曲面实体化特征 1 的创建。

Step10. 创建图 13.14b 所示的曲面实体化特征 2。选取图 13.14a 所示的边界混合 2 为实体化的对象；单击 ▭ 按钮，按下"移除材料"按钮 ▨；调整图形区中的箭头使其指向图 13.15 所示的要移除的实体；单击按钮 ✓，完成曲面实体化特征 2 的创建。

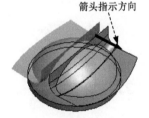
箭头指示方向

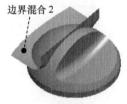
边界混合 2

a) 实体化前   b) 实体化后

图 13.13   定义箭头指示方向   图 13.14   曲面实体化特征 2

Step11. 创建图 13.16b 所示的倒圆角特征 1。单击 **模型** 功能选项卡 **工程 ▾** 区域中的 ◔ 倒圆角 ▾ 按钮，选取图 13.16a 所示的边线为倒圆角的边线；在"倒圆角半径"文本框中输入值 2.0。

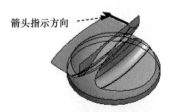
箭头指示方向

a) 倒圆角前   b) 倒圆角后

图 13.15   定义箭头指示方向   图 13.16   倒圆角特征 1

Step12. 创建倒圆角特征 2。选取图 13.17 所示的边线为倒圆角的边线；倒圆角半径值为 5.0。

Step13. 创建图 13.18b 所示的抽壳特征 1。

（1）选择命令。单击 **模型** 功能选项卡 **工程 ▾** 区域中的"壳"按钮 ▭ 壳。

（2）定义移除面。选取图 13.18a 所示的面为移除面。

（3）定义壁厚。在 厚度 文本框中输入壁厚值 1.5。

（4）在操控板中单击 ✔ 按钮，完成抽壳特征 1 的创建。

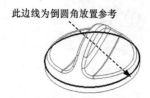

此边线为倒圆角放置参考

图 13.17　定义倒圆角的边线

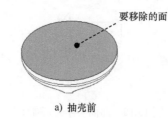

要移除的面

a) 抽壳前

b) 抽壳后

图 13.18　抽壳特征 1

Step14. 隐藏曲线层。选择导航命令卡中的 🗐▾ ➡ 层树(L) 命令；在层树中选取曲线所在的层 ⊞🗐 03 __ PRT ALL CURVES ，然后右击，从系统弹出的快捷菜单中选择 隐藏 命令；再次右击曲线所在的层 ⊞🗐 03 __ PRT ALL CURVES ，从系统弹出的快捷菜单中选择 保存状况 命令。

Step15. 保存零件模型文件。

实例 14 蝶 形 螺 母

实例概述

本实例介绍蝶形螺母的设计过程。在其设计过程中，运用了实体旋转、拉伸、倒圆角及螺旋扫描等命令，其中螺旋扫描的创建是需要掌握的重点，另外，倒圆角的顺序也是值得注意的地方。零件模型及模型树如图 14.1 所示。

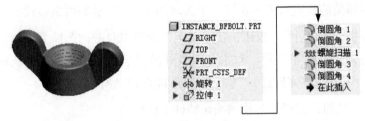

图 14.1 零件模型及模型树

Step1. 新建零件模型。模型命名为 INSTANCE_BFBOLT。

Step2. 创建图 14.2 所示的旋转特征 1。

（1）选择命令。单击 模型 功能选项卡 形状 ▼ 区域中的"旋转"按钮 旋转 。

（2）绘制截面草图。在图形区右击，从系统弹出的快捷菜单中选择 定义内部草绘... 命令；选取 FRONT 基准平面为草绘平面，RIGHT 基准平面为参考平面，方向为 右 ；单击 草绘 按钮，绘制图 14.3 所示的截面草图（包括中心线）；完成后，单击 ✔ 按钮，退出草绘环境。

（3）定义旋转属性。在操控板中定义旋转类型为 ⊥ ，在"角度"文本框中输入角度值 360.0，并按 Enter 键。

（4）在操控板中单击"确定"按钮 ✔ ，完成旋转特征 1 的创建。

图 14.2 旋转特征 1

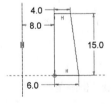

图 14.3 截面草图

图 14.4 拉伸特征 1

Step3. 创建图 14.4 所示的拉伸特征 1。

（1）选择命令。单击 模型 功能选项卡 形状 ▼ 区域中的"拉伸"按钮 拉伸 。

（2）绘制截面草图。在图形区右击，从系统弹出的快捷菜单中选择 定义内部草绘... 命令；选取 FRONT 基准平面为草绘平面，选取 RIGHT 基准平面为参考平面，方向为 右；单击 草绘 按钮，绘制图 14.5 所示的截面草图。

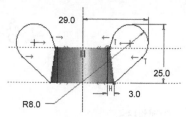

图 14.5　截面草图

（3）定义拉伸属性。在操控板中定义深度类型为 日，再在"深度"文本框中输入深度值 6.0。

（4）在操控板中单击"确定"按钮 ✓，完成拉伸特征 1 的创建。

Step4. 创建图 14.6b 所示的变半径倒圆角特征 1。

（1）单击 模型 功能选项卡 工程 ▼ 区域中的 ◯倒圆角 ▼ 按钮。

（2）选取倒圆角的放置参考。在模型上选取图 14.6a 所示的两条边线。

（3）在操控板中单击 集 按钮，在定义半径的栏中右击，选择 添加半径 命令。

（4）修改各顶点处的半径值。双击各顶点处的"半径"文本框，分别输入边线的上端半径值 1、下端半径值 5，完成后，"半径"界面如图 14.7 所示。

（5）单击 ✓ 按钮，完成变半径倒圆角特征 1 的创建。

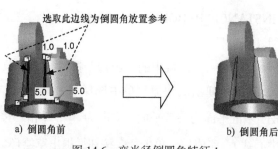

图 14.6　变半径倒圆角特征 1

图 14.7　"半径"界面

Step5. 参照 Step4，创建图 14.8b 所示的另一侧两条边线的变半径倒圆角特征 2。

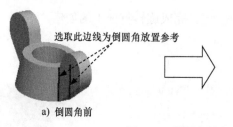

图 14.8　倒圆角特征 2

Step6. 创建图 14.9 所示的螺旋扫描特征 1。

（1）选择命令。单击 模型 功能选项卡 形状 ▼ 区域 ◯扫描 ▼ 按钮中的 ▼，从系统弹出的菜单中选择 螺旋扫描 命令，系统弹出"螺旋扫描"操控板。

（2）在操控板中确认"实体"按钮 ▢ 和"使用右手定则"按钮 ♪ 被按下，按下"移除材料"按钮 ▨ 。

（3）单击操控板中的 参考 按钮，在系统弹出的界面中单击

定义... 按钮，系统弹出"草绘"对话框。

（4）选取 FRONT 基准平面为草绘平面，选取 RIGHT 基准平面为参考平面，方向为 右 ；单击 草绘 按钮，系统进入草绘环境，绘制图 14.10 所示的螺旋扫描轨迹草绘。

图 14.9　螺旋扫描特征 1

（5）单击按钮 ✓ ，退出草绘环境。

（6）定义螺旋节距。在操控板的 ⦷ 8.0 ▾ 文本框中输入节距值 2.0，并按 Enter 键。

（7）创建螺旋扫描特征的截面草图。在操控板中单击按钮 ▨ ，系统进入草绘环境，绘制和标注图 14.11 所示的截面草图，然后单击草绘工具栏中的按钮 ✓ 。

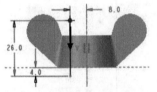

图 14.10　螺旋扫描轨迹草绘

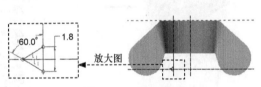

图 14.11　截面草图

（8）单击操控板中的 ✓ 按钮，完成螺旋扫描特征 1 的创建。

Step7. 创建图 14.12b 所示的倒圆角特征 3。选取图 14.12a 所示的边线为倒圆角放置参考，倒圆角半径值为 1.0。

图 14.12　倒圆角特征 3

Step8. 创建图 14.13b 所示的倒圆角特征 4。选取图 14.13a 所示的边线为倒圆角放置参考，倒圆角半径值为 1.0。

图 14.13　倒圆角特征 4

Step9. 保存零件模型文件。

实例 15 修正液笔盖

实例概述

  本实例是一个修正液笔盖的设计，其总体上没有复杂的特征，但设计思路十分精巧，主要运用了旋转、偏移、阵列、拔模和倒圆角等命令，其中偏移特征的使用值得读者注意。零件模型及模型树如图 15.1 所示。

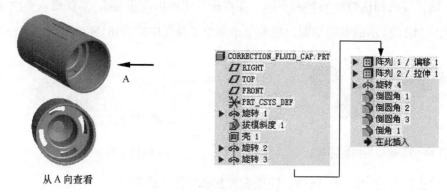

图 15.1　零件模型及模型树

Step1. 新建零件模型。模型命名为 CORRECTION_FLUID_CAP。

Step2. 创建图 15.2 所示的旋转特征 1。单击 模型 功能选项卡 形状 ▼ 区域中的"旋转"按钮 ◆ 旋转 ；在图形区右击，从系统弹出的快捷菜单中选择 定义内部草绘... 命令；选取 FRONT 基准平面为草绘平面，RIGHT 基准平面为参考平面，方向为 右 ；单击 草绘 按钮，绘制图 15.3 所示的旋转中心线和截面草图；在操控板中选择旋转类型为 ⊥ ，在"角度"文本框中输入角度值 360.0，并按 Enter 键；在操控板中单击"确定"按钮 ✓ ，完成旋转特征 1 的创建。

图 15.2　旋转特征 1

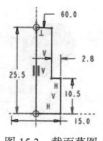

图 15.3　截面草图

Step3. 创建拔模特征1。单击 模型 功能选项卡 工程 ▼ 区域中的 拔模 ▼ 按钮；在操控板中单击 参考 选项卡，激活 拔模曲面 文本框，选取图15.4所示的模型表面为拔模曲面；激活 拔模枢轴 文本框，选取图15.4所示的模型表面为拔模枢轴平面；定义图15.5所示的拔模方向，在文本框中输入拔模角度值1.0；在操控板中单击 ✓ 按钮，完成拔模特征1的创建。

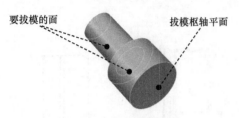

要拔模的面　　拔模枢轴平面

图15.4　定义拔模参考

拔模方向箭头

图15.5　定义拔模方向

Step4. 创建图15.6b所示的抽壳特征1。单击 模型 功能选项卡 工程 ▼ 区域中的 "壳" 按钮 回壳；选取图15.6a所示的面为移除面；在 厚度 文本框中输入壁厚值0.5；在操控板中单击 ✓ 按钮，完成抽壳特征1的创建。

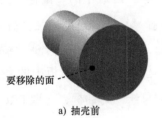

要移除的面

a) 抽壳前

b) 抽壳后

图15.6　抽壳特征1

Step5. 创建图15.7所示的旋转特征2。单击 模型 功能选项卡 形状 ▼ 区域中的 "旋转" 按钮 旋转；按下 "移除材料" 按钮 ；选取FRONT基准平面为草绘平面，RIGHT基准平面为参考平面，方向为 右；单击 草绘 按钮，绘制图15.8所示的旋转中心线和特征截面草图；在操控板中选择旋转类型为 ，在 "角度" 文本框中输入角度值360.0；单击 ✓ 按钮，完成旋转特征2的创建。

图15.7　旋转特征2

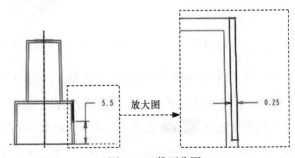

5.5　　放大图　　0.25

图15.8　截面草图

Step6. 创建图 15.9 所示的旋转特征 3。单击 模型 功能选项卡 形状 ▼ 区域中的"旋转"按钮 ⬥旋转；选取 FRONT 基准平面为草绘平面，RIGHT 基准平面为参考平面，方向为 右；单击 草绘 按钮，绘制图 15.10 所示的旋转中心线和特征截面草图；在操控板中选择旋转类型为 ⬧，在"角度"文本框中输入角度值 360.0；单击 ✔ 按钮，完成旋转特征 3 的创建。

图 15.9　旋转特征 3

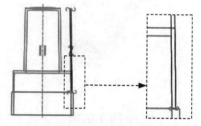

图 15.10　截面草图

Step7. 在实体表面上创建图 15.11 所示的局部偏移特征——偏移特征 1。选取图 15.12 所示的特征表面为偏移对象；单击 模型 功能选项卡 编辑 ▼ 区域中的"偏移"按钮 🔲，系统弹出"偏移"操控板；在操控板的偏移类型栏中选择 ▣（即带有斜度的偏移）；单击操控板中的 选项 按钮，在下拉列表中选择 垂直于曲面 选项，然后选中 侧曲面垂直于 区域中的 ⦿ 曲面 单选项，选取 侧面轮廓 区域中的 ⦿ 直 单选项；单击操控板中的 参考 按钮，在系统弹出的界面中单击 定义... 按钮；系统弹出"草绘"对话框，选取 FRONT 基准平面为草绘平面，RIGHT 基准平面为参考平面，方向为 上；单击对话框中的 草绘 按钮，绘制图 15.13 所示的截面草图；完成后单击 ✔ 按钮，退出草绘环境；在操控板中输入偏移值 0.25、斜角值 0.0，调整偏移方向使偏移区域凸出实体表面；单击操控板中的 ✔ 按钮，完成偏移特征 1 的创建。

图 15.11　偏移特征 1

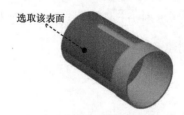

选取该表面

图 15.12　定义偏移对象

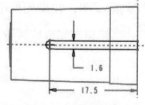

图 15.13　截面草图

Step8. 创建图 15.14b 所示的阵列特征 1。在模型树中选择 ▢偏移 1 特征后右击，选择 ⊞ 命令；在阵列操控板的 选项 选项卡的下拉列表中选择 常规 选项；在"阵列"操控板的下拉列表中选择 轴 选项；选取图 15.14a 中的轴 A_1 为阵列中心轴；在"阵列"操控板中输入阵列个数 15 和角度增量值 24.0；在操控板中单击 ✔ 按钮，完成阵列特征 1 的创建。

a) 阵列前　　　　　　b) 阵列后

图 15.14　阵列特征 1

Step9. 创建图 15.15 所示的"移除材料"——拉伸特征 1。单击 模型 功能选项卡 形状 ▼ 区域中的"拉伸"按钮 拉伸 ，在操控板中按下"移除材料"按钮 ；在图形区右击，从系统弹出的快捷菜单中选择 定义内部草绘… 命令；选取图 15.16 所示的模型表面为草绘平面，FRONT 基准平面为参考平面，方向为 左 ；单击 草绘 按钮，绘制图 15.17 所示的截面草图；在操控板中选择拉伸类型为 （穿透）；在操控板中单击"完成"按钮 ，完成拉伸特征 1 的创建。

图 15.15　拉伸特征 1

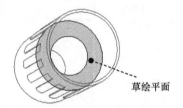

草绘平面

图 15.16　草绘平面

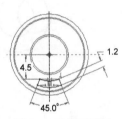

1.2
4.5
45.0°

图 15.17　截面草图

Step10. 创建图 15.18b 所示的阵列特征 2。在模型树中选择 拉伸1 特征后右击，选择 命令；在操控板的阵列类型下拉列表中选择 轴 选项；选取轴 A_1 为阵列中心轴；在"阵列"操控板中输入阵列个数 4，尺寸增量值 90.0；单击"确定"按钮 ，完成阵列特征 2 的创建。

a) 阵列前

b) 阵列后

图 15.18　阵列特征 2

Step11. 创建图 15.19 所示的旋转特征 4。单击 模型 功能选项卡 形状 ▼ 区域中的"旋转"按钮 旋转 ；选取 FRONT 基准平面为草绘平面，RIGHT 基准平面为参考平面，方向为 下 ；单击 草绘 按钮，绘制图 15.20 所示的截面草图（包括中心线）；在操控板中选择

旋转类型为 ⚑，在"角度"文本框中输入角度值 360.0；单击 ✔ 按钮，完成旋转特征 4 的创建。

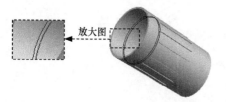

图 15.19　旋转特征 4

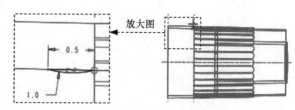

图 15.20　截面草图

Step12. 创建图 15.21b 所示的倒圆角特征 1。单击 模型 功能选项卡 工程 ▼ 区域中的 🔘 倒圆角 ▼ 按钮，按住 Ctrl 键，选取图 15.21a 所示的三条边线为倒圆角的边线；在"倒圆角半径"文本框中输入值 0.4。

a) 倒圆角前　　　　　　　　　　　　　　　　　　　　b) 倒圆角后

图 15.21　倒圆角特征 1

Step13. 创建图 15.22b 所示的倒圆角特征 2。选取图 15.22a 所示的边线为倒圆角的边线；倒圆角半径值为 0.2。

a) 倒圆角前　　　　　　　　　　　　　　　　　　　　b) 倒圆角后

图 15.22　倒圆角特征 2

Step14. 创建图 15.23b 所示的倒圆角特征 3。单击 模型 功能选项卡 工程 ▼ 区域中的 🔘 倒圆角 ▼ 按钮；按住 Ctrl 键，在模型上选取图 15.23a 所示的两条边线；在操控板中单击 集 按钮，在该界面中单击 完全倒圆角 按钮；在操控板中单击"完成"按钮 ✔，完成倒圆角特征 3 的创建。

Step15. 创建图 15.24 所示的倒圆角特征 4。参考 Step14 的方法，选取图 15.25 所示的边线为倒圆角放置参考，完成倒圆角特征 4 的创建。

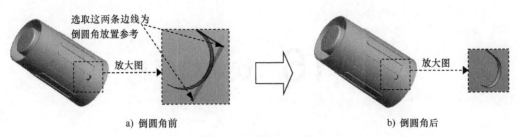

图 15.23 倒圆角特征 3

图 15.24 倒圆角特征 4

图 15.25 定义倒圆角放置参考

Step16. 创建图 15.26b 所示的倒角特征 1。单击 模型 功能选项卡 工程 ▾ 区域中的 倒角 ▾ 按钮，选取图 15.26a 所示的边线为倒角的边线；设置倒角方案，在操控板中选取倒角方案 D x D，输入 D 值 2.0。

图 15.26 倒角特征 1

Step17. 保存零件模型文件。

实例 **16** 饮水机手柄

实例概述

该实例主要运用了如下一些命令：实体拉伸、草绘、旋转和扫描等。其中手柄的连接弯曲杆处是通过扫描特征创建而成的，构思很巧妙。零件模型及模型树如图 16.1 所示。

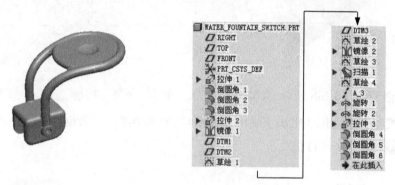

图 16.1　零件模型及模型树

Step1. 新建零件模型。模型命名为 WATER_FOUNTAIN_SWITCH。

Step2. 创建图 16.2 所示的拉伸特征 1。单击 模型 功能选项卡 形状 ▾ 区域中的"拉伸"按钮 拉伸 ；在图形区右击，从系统弹出的快捷菜单中选择 定义内部草绘... 命令；选取 RIGHT 基准平面为草绘平面，选取 TOP 基准平面为参考平面，方向为 左 ；单击 草绘 按钮，绘制图 16.3 所示的截面草图；在操控板中选择深度类型为 ⊟ ，输入深度值 30.0；在操控板中单击"确定"按钮 ✔ ，完成拉伸特征 1 的创建。

图 16.2　拉伸特征 1

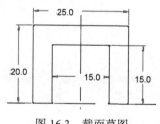

图 16.3　截面草图

Step3. 创建图 16.4b 所示的倒圆角特征 1。单击 模型 功能选项卡 工程 ▾ 区域中的 倒圆角 ▾ 按钮，选取图 16.4a 所示的两条边线为倒圆角的边线；在"倒圆角半径"文本框中输入值 10.0。

a) 倒圆角前　　　　　　　　　　　　　　　　　b) 倒圆角后

选取这两条边线
为倒圆角参考

图 16.4　倒圆角特征 1

Step4. 创建图 16.5b 所示的倒圆角特征 2。选取图 16.5a 所示的两条边线为倒圆角的边线；倒圆角半径值为 5.0。

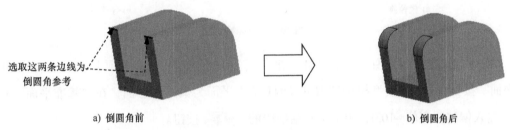

选取这两条边线为
倒圆角参考

a) 倒圆角前　　　　　　　　　　　　　　　　　b) 倒圆角后

图 16.5　倒圆角特征 2

Step5. 创建图 16.6b 所示的倒圆角特征 3。选取图 16.6a 所示的两条边线为倒圆角的边线；倒圆角半径值为 3.0。

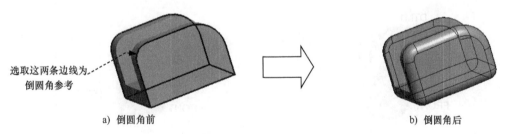

选取这两条边线为
倒圆角参考

a) 倒圆角前　　　　　　　　　　　　　　　　　b) 倒圆角后

图 16.6　倒圆角特征 3

Step6. 创建图 16.7 所示的拉伸特征 2。在 模型 功能选项卡的 形状 ▼ 区域中单击 "拉伸" 按钮 拉伸；选取图 16.7 所示的面为草绘平面，接受系统默认的草绘参考，绘制图 16.8 所示的截面草图；在操控板中定义拉伸类型为 ，输入深度值 4.0；单击 按钮，完成拉伸特征 2 的创建。

Step7. 创建图 16.9b 所示的镜像特征 1。在模型树中选取 Step6 所创建的拉伸特征 2 为镜像特征；单击 模型 功能选项卡 编辑 ▼ 区域中的 "镜像" 按钮 ；在图形区选取 TOP 基准平面为镜像平面；在操控板中单击 按钮，完成镜像特征 1 的创建。

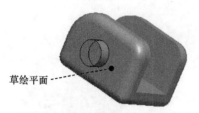

图 16.7　拉伸特征 2

图 16.8　截面草图

a) 镜像前

b) 镜像后

图 16.9　镜像特征 1

Step8. 创建图 16.10 所示的 DTM1 基准平面。单击 模型 功能选项卡 基准 ▾ 区域中的"平面"按钮 ；在模型树中选取 FRONT 基准平面为偏距参考面，在"基准平面"对话框中输入偏移距离值 −10.0；单击该对话框中的 确定 按钮。

Step9. 创建图 16.11 所示的 DTM2 基准平面。单击 模型 功能选项卡 基准 ▾ 区域中的"平面"按钮 ；在模型树中选取 FRONT 基准平面为偏距参考面，在"基准平面"对话框中输入偏移距离值 50.0；单击该对话框中的 确定 按钮。

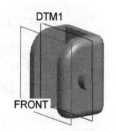

图 16.10　DTM1 基准平面

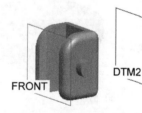

图 16.11　DTM2 基准平面

Step10. 创建图 16.12 所示的草绘 1。单击 模型 功能选项卡 基准 ▾ 区域中的"草绘"按钮 ，系统弹出"草绘"对话框；选取 RIGHT 基准平面为草绘平面，TOP 基准平面为参考平面，方向为 左，单击"草绘"对话框中的 草绘 按钮；进入草绘环境后，绘制图 16.13 所示的草绘 1，完成后单击 ✔ 按钮。

Step11. 创建图 16.14b 所示的 DTM3 基准平面。单击 模型 功能选项卡 基准 ▾ 区域中的"平面"按钮 ；选取 TOP 基准平面与草绘 1 为参考，在"基准平面"对话框中输入偏移角度值 −15.0，单击该对话框中的 确定 按钮。

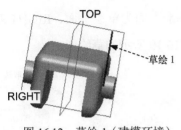

图 16.12 草绘 1（建模环境）

图 16.13 草绘 1（草绘环境）

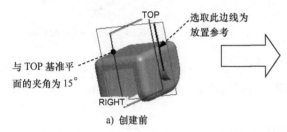

图 16.14 DTM3 基准平面

Step12. 创建图 16.15 所示的草绘 2。单击 模型 功能选项卡 形状 ▾ 区域中的"草绘"按钮 ，系统弹出"草绘"对话框；选取 DTM3 基准平面为草绘平面，FRONT 基准平面为参考平面，方向为 下 ；选取图 16.16 所示的 DTM2 为草绘参考，利用"样条曲线"命令绘制图 16.16 所示的草绘 2。

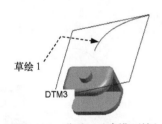

图 16.15 草绘 2（建模环境）

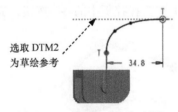

图 16.16 草绘 2（草绘环境）

Step13. 创建图 16.17b 所示的镜像特征 2。按住 Ctrl 键，在模型树中选取草绘 1 和草绘 2 为镜像特征。选取 TOP 基准平面为镜像平面，单击 按钮，完成镜像特征 2 的创建。

a）镜像前

b）镜像后

图 16.17 镜像特征 2

Step14. 创建图 16.18 所示的草绘 3。单击 模型 功能选项卡 形状 ▾ 区域中的"草绘"

按钮 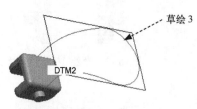，系统弹出"草绘"对话框；选取 DTM2 基准平面为草绘平面，RIGHT 基准平面为参考平面，方向为 左；单击 草绘 按钮，绘制图 16.19 所示的草绘 3。

图 16.18　草绘 3（建模环境）

图 16.19　草绘 3（草绘环境）

Step15. 创建图 16.20 所示的扫描特征 1。

（1）选择"扫描"命令。单击 模型 功能选项卡 形状 ▾ 区域中的 扫描 ▾ 按钮。

（2）定义扫描轨迹。

① 在操控板中确认"实体"按钮 □ 和"恒定截面"按钮 ⊨ 被按下。

② 在图形区中按住 Shift 键，选取图 16.21 所示的扫描轨迹曲线。

（3）创建扫描特征的截面草图。

① 在操控板中单击"创建或编辑扫描截面"按钮 ，系统自动进入草绘环境。

② 绘制并标注扫描截面草图，如图 16.22 所示。

③ 完成截面的绘制和标注后，单击 ✓ 按钮。

（4）单击操控板中的 ✓ 按钮，完成扫描特征 1 的创建。

图 16.20　扫描特征 1

图 16.21　定义扫描轨迹

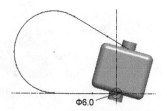

图 16.22　截面草图

Step16. 创建图 16.23 所示的草绘 4。单击 模型 功能选项卡 形状 ▾ 区域中的"草绘"按钮 ；选取 DTM2 基准平面为草绘平面，RIGHT 基准平面为参考平面，方向为 右；单击 草绘 按钮，进入草绘环境后，选取草绘 3 为草绘参考，绘制图 16.24 所示的几何点，此点为圆弧对应的圆心，完成后单击 ✓ 按钮。

图 16.23　草绘 4

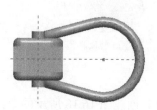

图 16.24　截面草图

Step17. 创建图 16.25b 所示的基准轴——A_3。

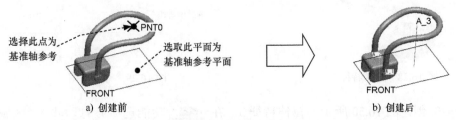

图 16.25　基准轴 A_3

（1）单击 模型 功能选项卡 基准 ▾ 区域中的 ╱轴 按钮，系统弹出"基准轴"对话框。

（2）定义约束。选取图 16.25a 所示的基准点 PNT0 为参考，定义其约束类型为 穿过，按住 Ctrl 键，再选取 FRONT 基准平面为参考，定义其约束类型为 法向，如图 16.25a 所示。

（3）单击该对话框中的 确定 按钮，完成基准轴 A_3 的创建。

Step18. 创建图 16.26 所示的旋转特征 1。

（1）选择命令。单击 模型 功能选项卡 形状 ▾ 区域中的"旋转"按钮 ◆旋转。

（2）绘制截面草图。在图形区右击，从系统弹出的快捷菜单中选择 定义内部草绘... 命令；选取 TOP 基准平面为草绘平面，RIGHT 基准平面为参考平面，方向为 左；单击 草绘 按钮，绘制图 16.27 所示的截面草图（包括中心线）。

（3）定义旋转属性。在操控板中选择旋转类型为 ⊥，在"角度"文本框中输入角度值 360.0，并按 Enter 键。

（4）在操控板中单击"完成"按钮 ✓，完成旋转特征 1 的创建。

图 16.26　旋转特征 1

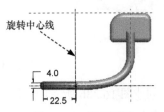

图 16.27　截面草图

Step19. 创建图 16.28 所示的旋转特征 2。在 模型 功能选项卡的 形状 ▾ 区域中单击"旋转"按钮 ◆旋转，在操控板中按下"移除材料"按钮 ◢；选取 TOP 基准平面为草绘平面，RIGHT 基准平面为参考平面，方向为 下；单击 草绘 按钮，绘制图 16.29 所示的截面草图（包括中心线）；在操控板中选择旋转类型为 ⊥，在"角度"文本框中输入角度值 360.0；单击 ✓ 按钮，完成旋转特征 2 的创建。

图 16.28　旋转特征 2

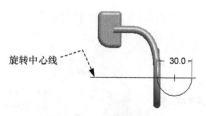

图 16.29　截面草图

Step20. 创建图 16.30 所示的拉伸特征 3。在 模型 功能选项卡的 形状 ▼ 区域中单击"拉伸"按钮 拉伸，在操控板中按下"移除材料"按钮 ；选取 TOP 基准平面为草绘平面，选取 RIGHT 基准平面为参考平面，方向为 下 ；绘制图 16.31 所示的截面草图，在操控板中定义拉伸类型为 ，输入深度值 100；单击 按钮，完成拉伸特征 3 的创建。

图 16.30　拉伸特征 3

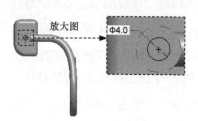

图 16.31　截面草图

Step21. 创建图 16.32b 所示的倒圆角特征 4。选取图 16.32a 所示的边线为倒圆角的边线；倒圆角半径值为 2.0。

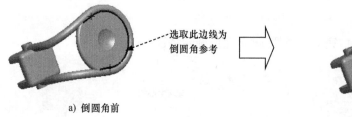

a) 倒圆角前　　　　　　　　　　　　　　　　　　　b) 倒圆角后

图 16.32　倒圆角特征 4

Step22. 创建图 16.33b 所示的倒圆角特征 5。选取图 16.33a 所示的边线为倒圆角的边线；倒圆角半径值为 1.0。

a) 倒圆角前　　　　　　　　　　　　　　　　　　　b) 倒圆角后

图 16.33　倒圆角特征 5

Step23. 创建图 16.34b 所示的倒圆角特征 6。选取图 16.34a 所示的边线为倒圆角的边线；倒圆角半径值为 0.5。

图 16.34　倒圆角特征 6

Step24. 保存零件模型文件。

实例 17 削 笔 器

实例概述

本实例讲述的是削笔器（铅笔刀）的设计过程，首先通过旋转、镜像、拉伸等命令设计出模型的整体轮廓，再通过"扫描"命令设计出最终模型。零件模型及模型树如图 17.1 所示。

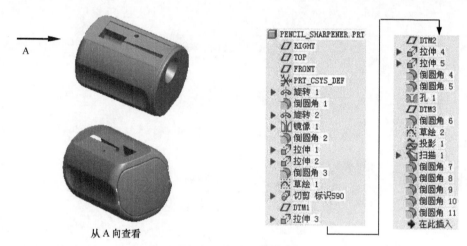

图 17.1　零件模型及模型树

Step1. 新建零件模型。模型命名为 PENCIL_SHARPENER。

Step2. 创建图 17.2 所示的旋转特征 1。单击 模型 功能选项卡 形状 ▾ 区域中的"旋转"按钮 ⚬⚬ 旋转；在图形区右击，从系统弹出的快捷菜单中选择 定义内部草绘... 命令；选取 TOP 基准平面为草绘平面，RIGHT 基准平面为参考平面，方向为 右；单击 草绘 按钮，绘制图 17.3 所示的截面草图（包括中心线）；在操控板中选择旋转类型为 ⊥，在"角度"文本框中输入角度值 360.0，并按 Enter 键；在操控板中单击"确定"按钮 ✓，完成旋转特征 1 的创建。

图 17.2　旋转特征 1

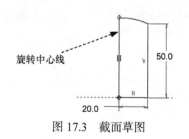

图 17.3　截面草图

Step3. 创建图 17.4b 所示的倒圆角特征 1。单击 模型 功能选项卡 工程 ▼ 区域中的 倒圆角 ▼ 按钮，选取图 17.4a 所示的边线为倒圆角的边线；在"倒圆角半径"文本框中输入值 5.0。

a) 倒圆角前   b) 倒圆角后

图 17.4 倒圆角特征 1

Step4. 创建图 17.5 所示的旋转特征 2。在 模型 功能选项卡的 形状 ▼ 区域中单击"旋转"按钮 ◇ 旋转 ，在操控板中按下"移除材料"按钮 ◢ ；选取 RIGHT 基准平面为草绘平面，TOP 基准平面为参考平面，方向为 下 ；单击 草绘 按钮，绘制图 17.6 所示的截面草图（包括中心线）；在操控板中选择旋转类型为 ⊥ ，在"角度"文本框中输入角度值 360.0；单击 ✔ 按钮，完成旋转特征 2 的创建。

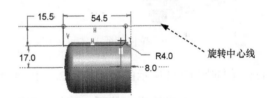

图 17.5 旋转特征 2   图 17.6 截面草图

Step5. 创建图 17.7b 所示的镜像特征 1。选取 Step4 所创建的旋转特征 2 为镜像特征；单击 模型 功能选项卡 编辑 ▼ 区域中的"镜像"按钮 ▷◁ ；在图形区选取 TOP 基准平面为镜像平面；在操控板中单击 ✔ 按钮，完成镜像特征 1 的创建。

a) 镜像前   b) 镜像后

图 17.7 镜像特征 1

Step6. 创建图 17.8b 所示的倒圆角特征 2。选取图 17.8a 所示的两条边线为倒圆角的边线；倒圆角半径值为 2.0。

a) 倒圆角前　　　　　　　　　　　　　　　　b) 倒圆角后

图 17.8　倒圆角特征 2

Step7. 创建图 17.9 所示的拉伸特征 1。单击 模型 功能选项卡 形状 ▼ 区域中的"拉伸"按钮 拉伸，在操控板中按下"移除材料"按钮 ；在图形区右击，从系统弹出的快捷菜单中选择 定义内部草绘... 命令；选取图 17.9 所示的模型表面为草绘平面，接受系统默认的参考平面，方向为 下；单击 草绘 按钮，绘制图 17.10 所示的截面草图；在操控板中选择拉伸类型为 �🔲（穿透），单击 按钮调整拉伸切除方向；在操控板中单击"完成"按钮 ，完成拉伸特征 1 的创建。

该平面为草绘平面

图 17.9　拉伸特征 1

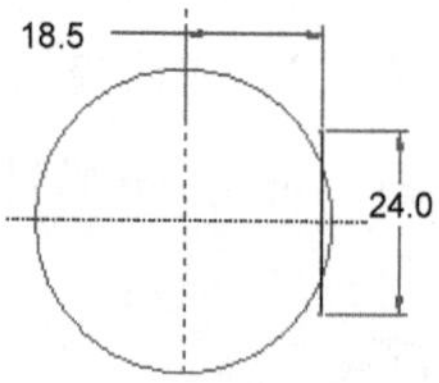

18.5

24.0

图 17.10　截面草图

Step8. 创建图 17.11 所示的拉伸特征 2。在 模型 功能选项卡的 形状 ▼ 区域中单击"拉伸"按钮 拉伸，在操控板中按下"移除材料"按钮 ；选取图 17.11 所示的模型表面为草绘平面，接受系统默认的参考平面，方向为 上；绘制图 17.12 所示的截面草图；在操控板中定义拉伸类型为 ，输入深度值 2.0，单击 按钮调整拉伸切除方向；单击 按钮，完成拉伸特征 2 的创建。

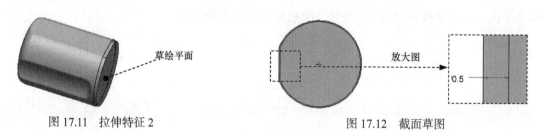

草绘平面

图 17.11　拉伸特征 2

放大图

0.5

图 17.12　截面草图

Step9. 创建图 17.13b 所示的倒圆角特征 3。选取图 17.13a 所示的边线为倒圆角的边线，倒圆角半径值为 3.0。

Step10. 创建图 17.14 所示的草绘 1。单击 模型 功能选项卡 基准 ▼ 区域中的"草绘"按钮 ，系统弹出"草绘"对话框；选取 TOP 基准平面为草绘平面，单击 反向 按钮，选取 FRONT 基准平面为参考平面，方向为 左；单击"草绘"对话框中的 草绘 按钮；进入草绘环境后，绘制图 17.15 所示的草绘 1，完成后单击 ✔ 按钮。

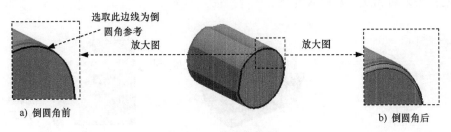

图 17.14　草绘 1

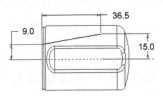

图 17.15　草绘 1（截面草图）

Step11. 创建图 17.16 所示的混合切削特征。在 模型 功能选项卡的 形状▾ 下拉菜单中选择 ⎘混合 命令；在操控板中确认"混合为实体"按钮 □、"移除材料"按钮 ⌀ 和"与草绘截面混合"按钮 ☑ 被按下；单击"混合"选项卡中的 截面 按钮，在系统弹出的界面中选中 ◉ 草绘截面 单选项，单击 定义... 按钮；然后在绘图区选取图 17.17 所示的平面为草绘平面，其他为默认参考；单击 草绘 按钮，进入草绘环境后，选取曲线草绘1 的两个终点为草绘参考，绘制图 17.17 所示的第一个截面草图；单击"混合"选项卡中的 截面 按钮，选中 ◉ 截面 2 选项，定义"草绘平面位置定义方式"类型为 ◉ 偏移尺寸，偏移自"截面 1"的偏移距离值为 –30，单击 草绘... 按钮；选取曲线草绘1 的两个终点为草绘参考，绘制图 17.17 所示的第二个截面草图；单击工具栏中的 ✔ 按钮，退出草绘环境；单击 ✔ 按钮，完成混合切削特征的创建。

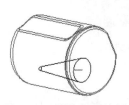

图 17.16　混合切削特征

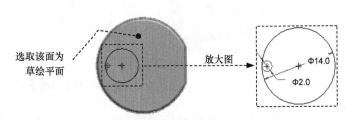

图 17.17　截面草图

Step12.　创建图 17.18 所示的 DTM1 基准平面。单击 模型 功能选项卡 基准▾ 区域中的"平面"按钮 □；选取图 17.19 所示的面为偏距参考面，在"基准平面"对话框中输入偏移距离值 2.0；单击该对话框中的 确定 按钮。

说明： 若方向相反，应输入负值。

图 17.18　DTM 1 基准平面

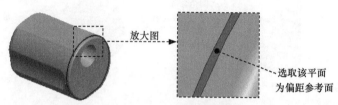

图 17.19　定义偏移参考

Step13. 创建图 17.20 所示的拉伸特征 3。在 模型 功能选项卡的 形状 ▼ 区域中单击"拉伸"按钮 拉伸，在操控板中按下"移除材料"按钮 □；选取 DTM1 基准平面为草绘平面，接受系统默认的平面为参考平面，方向为 左；绘制图 17.21 所示的截面草图，在操控板中定义拉伸类型为 非（穿透）；单击 ✓ 按钮，完成拉伸特征 3 的创建。

图 17.20　拉伸特征 3

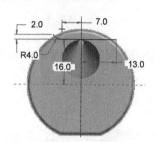

图 17.21　截面草图

Step14. 创建图 17.22b 所示的 DTM2 基准平面。单击 模型 功能选项卡 基准 ▼ 区域中的"平面"按钮 □，在模型树中选取 DTM1 基准平面为偏距参考面，在"基准平面"对话框中输入偏移距离值 40.0，单击该对话框中的 确定 按钮。

a) 创建前

b) 创建后

图 17.22　DTM 2 基准平面

Step15. 创建图 17.23 所示的拉伸特征 4。在 模型 功能选项卡的 形状 ▼ 区域中单击"拉伸"按钮 拉伸，将"移除材料"按钮 □ 按下；选取 DTM2 基准平面为草绘平面，接受系统默认的参考平面，方向为 上；绘制图 17.24 所示的截面草图，将深度类型设置为 ⊥，选取图 17.23 所示的面为拉伸边界；单击 ✓ 按钮，完成拉伸特征 4 的创建。

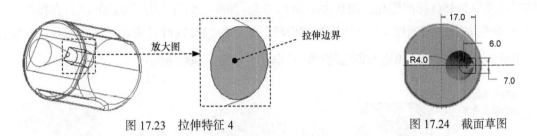

图 17.23 拉伸特征 4　　　　　　　　　　图 17.24 截面草图

Step16. 创建图 17.25 所示的拉伸特征 5。在 模型 功能选项卡的 形状 ▼ 区域中单击 "拉伸" 按钮 ⬜拉伸，将 "移除材料" 按钮 ⬜ 按下；选取 DTM1 基准平面为草绘平面，接受系统默认的参考平面，方向为 右；绘制图 17.26 所示的截面草图，将深度类型设置为 ㅂ，选取图 17.25 所示的面为拉伸边界；单击 ✓ 按钮，完成拉伸特征 5 的创建。

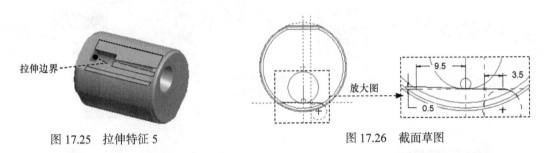

图 17.25 拉伸特征 5　　　　　　　　　　图 17.26 截面草图

Step17. 创建图 17.27b 所示的倒圆角特征 4。选取图 17.27a 所示的边线为倒圆角的边线；倒圆角半径值为 1.0。

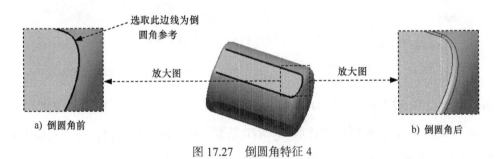

图 17.27 倒圆角特征 4

Step18. 创建图 17.28b 所示的倒圆角特征 5。选取图 17.28a 所示的边线为倒圆角的边线；倒圆角半径值为 0.5。

Step19. 创建图 17.29 所示的孔特征——孔特征 1。单击 模型 功能选项卡 工程 ▼ 区域中的 ⊓孔 按钮；选取图 17.30 所示的平面为主参考；选择放置类型为 线性；按住 Ctrl 键，选取图 17.30 所示的面和 FRONT 基准平面为次参考，偏移参数值如图 17.31 所示；在操控板中按下 "创建标准孔" 按钮 🗐，按下 "攻螺纹" 按钮 ⊕，并确认 "添加埋头孔" 按

钮 和 "添加沉孔" 按钮 为弹起状态；按下 "钻孔肩部深度" 按钮 ，设置标准孔的螺纹类型为 ISO 标准螺孔，螺孔大小 M3×0.5，深度类型为 ，深度值 4.0；在操控板中单击 形状 按钮，按照图 17.32 所示的 "形状" 界面中的参数设置来定义孔的形状；在操控板中单击 ✓ ∞ 按钮，预览所创建的特征；单击 "确定" 按钮 ✓。

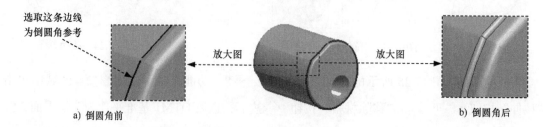

图 17.28　倒圆角特征 5

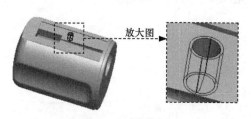

图 17.29　孔特征 1

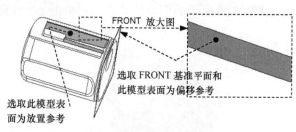

图 17.30　定义孔的放置

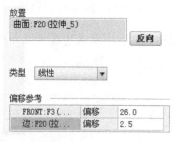

图 17.31　定义偏移参数

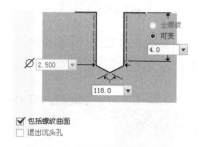

图 17.32　螺孔形状参数设置

Step20. 创建图 17.33b 所示的 DTM3 基准平面。单击 模型 功能选项卡 基准 ▼ 区域中的 "平面" 按钮 ，在模型树中选取 FRONT 基准平面为偏距参考面，在 "基准平面" 对话框中输入偏移距离值 55.0，单击该对话框中的 确定 按钮。

图 17.33　DTM3 基准平面

Step21. 创建图 17.34b 所示的倒圆角特征 6。选取图 17.34a 所示的边线为倒圆角的边线；倒圆角半径值为 0.5。

选取此边线为倒圆角参考

放大图　　　　　放大图

a) 倒圆角前　　　　　　　　　　　　　b) 倒圆角后

图 17.34　倒圆角特征 6

Step22. 创建图 17.35 所示的草绘 2。单击 模型 功能选项卡 形状 ▾ 区域中的"草绘"按钮 ，系统弹出"草绘"对话框；选取 DTM3 基准平面为草绘平面，RIGHT 基准平面为参考平面，方向为 右 ；绘制图 17.36 所示的截面草图。

图 17.35　草绘 2

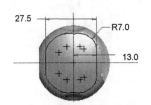

27.5　　　　　R7.0

13.0

图 17.36　草绘 2（截面草图）

Step23. 创建图 17.37 所示的投影曲线 1。选取草绘曲线 2，单击 模型 功能选项卡 编辑 ▾ 区域中的"投影"按钮 ；选取要在其上投影的曲面，图 17.38 所示为所要投影的面；选取 DTM3 基准平面为投影方向参考，投影方向如图 17.38 所示；在操控板中单击按钮 ，完成投影曲线 1 的创建。

图 17.37　投影曲线 1

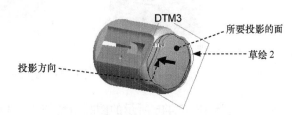

DTM3

所要投影的面

草绘 2

投影方向

图 17.38　定义投影方向

Step24. 创建图 17.39 所示的扫描特征 1。单击 模型 功能选项卡 形状 ▾ 区域中的 扫描 ▾ 按钮，在操控板中按下 按钮；在图形区中选取图 17.40 所示的扫描轨迹曲线；在操控板中单击"创建或编辑扫描截面"按钮 ，系统自动进入草绘环境，绘制并标注扫描截面草图，如图 17.41 所示，完成截面草图的绘制和标注后，

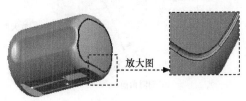

放大图

图 17.39　扫描特征 1

单击"确定"按钮 ；单击操控板中的 按钮，完成扫描特征 1 的创建。

图 17.40 定义扫描轨迹

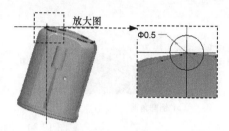

图 17.41 截面草图

Step25. 创建图 17.42b 所示的倒圆角特征 7。选取图 17.42a 所示的边线为倒圆角的边线；倒圆角半径值为 1.0。

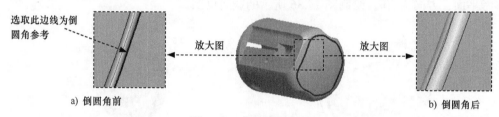

图 17.42 倒圆角特征 7

Step26. 创建图 17.43b 所示的倒圆角特征 8。选取图 17.43a 所示的边线为倒圆角的边线；倒圆角半径值为 0.5。

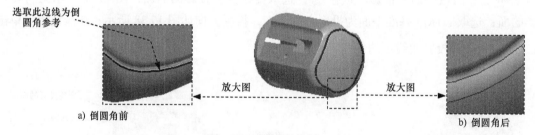

图 17.43 倒圆角特征 8

Step27. 创建图 17.44b 所示的倒圆角特征 9。选取图 17.44a 所示的边线为倒圆角的边线；倒圆角半径值为 0.2。

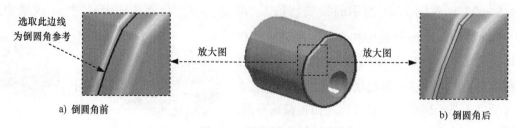

图 17.44 倒圆角特征 9

Step28. 创建图 17.45b 所示的倒圆角特征 10。选取图 17.45a 所示的边线为倒圆角的边线；倒圆角半径值为 2.0。

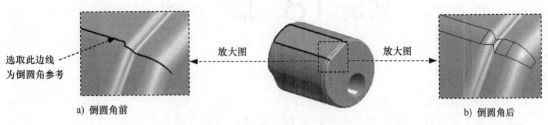

选取此边线
为倒圆角参考

a) 倒圆角前

b) 倒圆角后

图 17.45 倒圆角特征 10

Step29. 创建图 17.46b 所示的倒圆角特征 11。选取图 17.46a 所示的边线为倒圆角的边线；倒圆角半径值为 0.2。

选取此边线为倒
圆角参考

a) 倒圆角前

b) 倒圆角后

图 17.46 倒圆角特征 11

Step30. 保存零件模型文件。

实例 **18** 插 头

实例概述

本实例主要讲述了一款插头的设计过程，该设计过程中运用了拉伸、扫描、边界混合、基准点、基准面、阵列、旋转和曲面合并等命令。其中阵列的操作技巧性较强，需要读者用心体会。零件模型及模型树如图 18.1 所示。

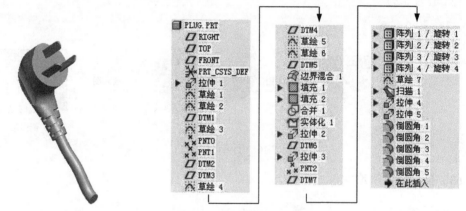

图 18.1 零件模型及模型树

Step1. 新建零件模型。模型命名为 PLUG。

Step2. 创建图 18.2 所示的拉伸特征 1。

（1）选择命令。单击 模型 功能选项卡 形状 ▼ 区域中的"拉伸"按钮 拉伸 。

（2）绘制截面草图。在图形区右击，从系统弹出的快捷菜单中选择 定义内部草绘... 命令；选取 TOP 基准平面为草绘平面，选取 RIGHT 基准平面为参考平面，方向为 右 ；单击 草绘 按钮，绘制图 18.3 所示的截面草图。

（3）定义拉伸属性。在操控板中选择拉伸类型为 上，输入深度值 10.0。

（4）在操控板中单击"确定"按钮 ✓ ，完成拉伸特征 1 的创建。

图 18.2 拉伸特征 1

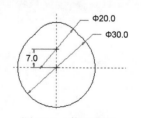

图 18.3 截面草图

Step3. 创建图 18.4 所示的草绘 1。

（1）单击 模型 功能选项卡 基准 ▾ 区域中的"草绘"按钮 ，系统弹出"草绘"对话框。

（2）定义草绘截面放置属性。选取 RIGHT 基准平面为草绘平面，TOP 基准平面为参考平面，方向为 上 ；单击"草绘"对话框中的 草绘 按钮。

（3）进入草绘环境后，绘制图 18.4 所示的草绘 1，完成后单击 ✔ 按钮。

Step4. 创建图 18.5 所示的草绘 2。单击"草绘"按钮 ，系统弹出"草绘"对话框；选取 RIGHT 基准平面为草绘平面，选取 TOP 基准平面为参考平面，方向为 上 ；绘制图 18.5 所示的草绘 2。

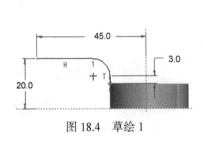

图 18.4 草绘 1

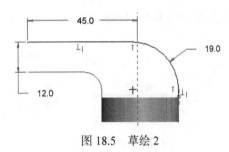

图 18.5 草绘 2

Step5. 创建图 18.6 所示的 DTM1 基准平面。

（1）选择命令。单击 模型 功能选项卡 基准 ▾ 区域中的"平面"按钮 。

（2）定义平面参考。在模型树中选取 FRONT 基准平面为参考面，在对话框中选择约束类型为 平行 ；按住 Ctrl 键，选取草绘 1 的终点（图 18.6）为参考，在"基准平面"对话框中选择约束类型为 穿过 。

（3）单击该对话框中的 确定 按钮。

Step6. 创建图 18.7 所示的草绘 3。

（1）单击 模型 功能选项卡 基准 ▾ 区域中的"草绘"按钮 ，系统弹出"草绘"对话框。

（2）定义草绘截面放置属性。选取图 18.7 所示的曲面 1 为草绘平面，选取 RIGHT 基准平面为参考平面，方向为 下 ；单击"草绘"对话框中的 草绘 按钮。

（3）进入草绘环境后，通过"投影"命令绘制图 18.7 所示的截面草图（草绘 3），完成后单击 ✔ 按钮。

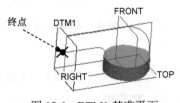

图 18.6 DTM1 基准平面

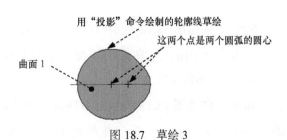

图 18.7 草绘 3

Step7. 创建图 18.8 所示的基准点——PNT0。

（1）单击 模型 功能选项卡 基准 ▾ 区域中的 点 按钮，系统弹出"基准点"对话框。

（2）选取图 18.8 所示的草绘 1 上的圆弧，在该曲线上立即出现一个基准点 PNT0.

（3）在"基准点"对话框中选择基准点的定位方式为 比率，并在 偏移 文本框中输入基准点的定位比率值 0.6。

（4）单击对话框中的 确定 按钮，完成基准点 PNT0 的创建。

Step8. 创建图 18.9 所示的基准点 PNT1。单击"创建基准点"按钮 点 ▾ ，选取图 18.9 所示的草绘 2 为基准点的放置参考；选择基准点的定位方式为 比率，输入定位比率值 0.75；完成后单击 确定 按钮。

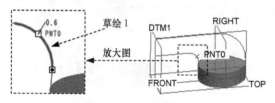

图 18.8 PNT0 基准点

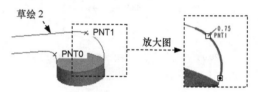

图 18.9 PNT1 基准点

Step9. 创建图 18.10 所示的 DTM2 基准平面。单击 模型 功能选项卡 基准 ▾ 区域中的"平面"按钮 ⧄ ，选取 PNT0 基准点为参考，定义约束类型为 穿过；按住 Ctrl 键，选取 FRONT 基准平面为参考，定义约束类型为 平行；单击该对话框中的 确定 按钮。

Step10. 创建图 18.11 所示的 DTM3 基准平面。单击 模型 功能选项卡 基准 ▾ 区域中的"平面"按钮 ⧄ ，选取基准点 PNT1 为参考，定义约束类型为 穿过；按住 Ctrl 键，选取 FRONT 基准平面为参考，定义约束类型为 平行；单击该对话框中的 确定 按钮。

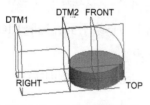

图 18.10 DTM2 基准平面

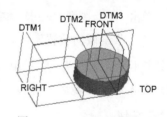

图 18.11 DTM3 基准平面

Step11. 创建图 18.12 所示的草绘 4。在操控板中单击"草绘"按钮 ；选取 DTM2 基准平面为草绘平面，选取 RIGHT 基准平面为参考平面，方向为 右；单击 草绘 按钮，绘制图 18.12 所示的草绘 4。

Step12. 创建图 18.13 所示的 DTM4 基准平面。单击 模型 功能选项卡 基准 ▾ 区域中的"平面"按钮 ⧄ ，选取基准点 PNT1 为参考，定义约束类型为 穿过；再选取 Step11 所绘制的草绘 4，定义约束类型为 穿过 ；单击该对话框中的 确定 按钮。

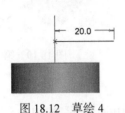

图 18.12 草绘 4

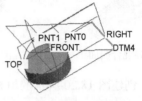

图 18.13 DTM4 基准平面

Step13. 创建图 18.14 所示的草绘 5。在操控板中单击"草绘"按钮 ；选取 DTM4 基准平面为草绘平面，RIGHT 基准平面为参考平面，方向为 上 ；单击 草绘 按钮，以基准点 PNT0 和 PNT1 为参考绘制图 18.14 所示的草绘 5（圆）。

Step14. 创建图 18.15 所示的草绘 6。单击"草绘"按钮 ，系统弹出"草绘"对话框；选取 DTM1 基准平面为草绘平面，RIGHT 基准平面为参考平面，以草绘 1 和草绘 2 的端点为参考绘制图 18.15 所示的草绘 6（圆）。

Step15. 创建图 18.16 所示的 DTM5 基准平面。单击 模型 功能选项卡 基准 ▼ 区域中的"平面"按钮 ，在模型树中选取 TOP 基准平面为偏距参考面，在对话框中输入偏移距离值 13.0，单击该对话框中的 确定 按钮。

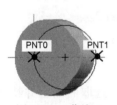

图 18.14 草绘 5

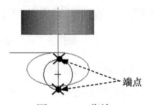

图 18.15 草绘 6

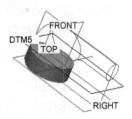

图 18.16 DTM5 基准平面

Step16. 创建图 18.17 所示的边界混合曲面 1。

（1）选择命令。单击 模型 功能选项卡 曲面 ▼ 区域中的"边界混合"按钮 。

（2）选取边界曲线。在操控板中单击 曲线 按钮，系统弹出"曲线"界面，按住 Ctrl 键，依次选取图 18.18 所示的草绘 3、草绘 5 和草绘 6 为第一方向曲线；单击"第二方向"区域中的 单击此处添加项 字符，然后按住 Ctrl 键，依次选取图 18.19 所示的草绘 1 和草绘 2 为第二方向的两条曲线。

（3）设置边界条件。在操控板中单击 约束 按钮，在"约束"界面中将"方向 1"的"第一条链"和"最后一条链"的"条件"设置为 垂直 。

（4）在操控板中单击按钮 ，预览所创建的曲面，确认无误后，单击 ✔ 按钮，完成边界混合曲面 1 的创建。

图 18.17　边界混合曲面 1

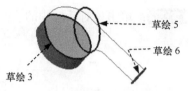

图 18.18　第一方向曲线

草绘 5
草绘 6
草绘 3

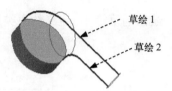

图 18.19　第二方向曲线

草绘 1
草绘 2

Step17. 创建图 18.20 所示的填充曲面 1。

（1）选择命令。单击 模型 功能选项卡 曲面 ▾ 区域中的 填充 按钮。

（2）选取草绘 3 为参考。

（3）在操控板中单击按钮 ✔，完成填充曲面 1 的创建。

Step18. 创建图 18.21 所示的填充曲面 2。单击 填充 按钮；选取草绘 6 为参考，单击 ✔ 按钮，完成填充曲面 2 的创建。

图 18.20　填充曲面 1

图 18.21　填充曲面 2

Step19. 创建曲面合并特征 1。

（1）选取合并对象。按住 Ctrl 键，选取边界混合曲面 1 和填充曲面 2。

（2）选择命令。单击 模型 功能选项卡 编辑 ▾ 区域中的 按钮。

（3）单击按钮 ✔，完成曲面合并特征 1 的创建。

Step20. 将曲面合并特征 1 与填充曲面 1 进行合并。按住 Ctrl 键，选取曲面合并特征 1 和填充曲面 1，单击 按钮，单击 ✔ 按钮，完成曲面合并特征 2 的创建。

Step21. 创建曲面实体化特征 1。

（1）选取实体化对象。选取 Step20 所创建的曲面合并特征 2。

（2）选择命令。单击 模型 功能选项卡 编辑 ▾ 区域中的 按钮。

（3）单击 ✔ 按钮，完成曲面实体化特征 1 的创建。

Step22. 创建图 18.22 所示的拉伸"移除材料"特征——拉伸特征 2。在操控板中单击"拉伸"按钮 拉伸；选取 FRONT 基准平面为草绘平面，选取 RIGHT 基准平面为参考平面，方向为 下；单击 草绘 按钮，绘制图 18.23 所示的截面草图，单击 ✔ 按钮；单击 选项 按钮，设定 侧 1 的拉伸类型为 穿透，侧 2 的拉伸类型为 穿透，单击"移除材料"按钮 ；单击 ✔ 按钮，完成拉伸特征 2 的创建。

Step23. 创建图 18.24 所示的 DTM6 基准平面。单击 模型 功能选项卡 基准 ▾ 区域中的"平面"按钮 ▱，在模型树中选取 TOP 基准平面为偏距参考面，在对话框中输入偏移距离值 8，单击该对话框中的 确定 按钮。

图 18.22 拉伸特征 2

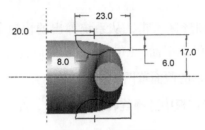

图 18.23 截面草图

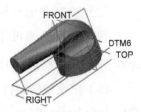

图 18.24 DTM6 基准平面

Step24. 创建图 18.25 所示的拉伸特征 3。在操控板中单击"拉伸"按钮 拉伸；选取 DTM6 基准平面为草绘平面，选取 RIGHT 基准平面为参考平面，方向为 右；单击 草绘 按钮，绘制图 18.26 所示的截面草图，在操控板中定义拉伸类型为 ，单击"移除材料"按钮 ▱；单击 ✓ 按钮，完成拉伸特征 3 的创建。

图 18.25 拉伸特征 3

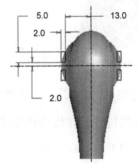

图 18.26 截面草图

Step25. 创建图 18.27 所示的基准点——PNT2。单击 模型 功能选项卡 基准 ▾ 区域中的"创建基准点"按钮 点；选取草绘 6 为放置参考；选择约束为"居中"；单击 确定 按钮，完成 PNT2 基准点的创建。

Step26. 创建图 18.28 所示的 DTM7 基准平面。单击 模型 功能选项卡 基准 ▾ 区域中的"平面"按钮 ▱，选取 PNT2 基准点为参考，定义约束类型为 穿过；按住 Ctrl 键选取 TOP 基准平面为参考，定义约束类型为 平行，单击该对话框中的 确定 按钮。

图 18.27 PNT2 基准点

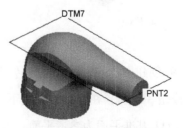

图 18.28 DTM7 基准平面

Step27. 创建图 18.29 所示的旋转特征 1。

（1）选择命令。单击 模型 功能选项卡 形状▼ 区域中的"旋转"按钮 旋转，单击"移除材料"按钮。

（2）绘制截面草图。在图形区右击，从系统弹出的快捷菜单中选择 定义内部草绘... 命令；选取 DTM7 基准平面为草绘平面，RIGHT 基准平面为参考平面，方向为 右；单击 草绘 按钮，绘制图 18.30 所示的截面草图（包括中心线）。

（3）定义旋转属性。在操控板中选择旋转类型为，在"角度"文本框中输入角度值 90，并按 Enter 键。

（4）在操控板中单击"确定"按钮，完成旋转特征 1 的创建。

图 18.29　旋转特征 1

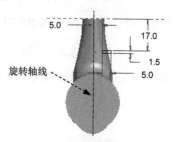

图 18.30　截面草图

Step28. 创建图 18.31b 所示的阵列特征 1。

（1）选取阵列特征。在模型树中选取"旋转 1"后右击，选择 命令。

（2）定义阵列类型。在"阵列"操控板 选项 选项卡的下拉列表中选择 常规 选项。

（3）选择阵列控制方式。在"阵列"操控板中选取 方向 选项；选取填充曲面 2 为参考方向。

（4）定义阵列个数。输入第一方向的阵列成员数 3；输入第一方向的阵列成员之间的间距值 6.0。

（5）在操控板中单击 按钮，完成阵列特征 1 的创建。

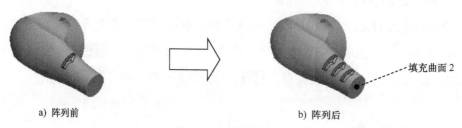

a) 阵列前　　　　　　　　　　b) 阵列后

图 18.31　阵列特征 1

Step29. 创建图 18.32 所示的旋转"移除材料"特征——旋转特征 2。在操控板中单击"旋转"按钮 旋转，在操控板中按下"移除材料"按钮；选取 DTM7 基准平面为草绘平面，RIGHT 基准平面为参考平面，方向为 右；单击 草绘 按钮，绘制图 18.33 所示的截面草图（包括中心线）；在操控板中选取深度类型为 ，输入旋转角度值90；单击 ✓ 按钮，完成旋转特征2的创建。

图18.32 旋转特征2

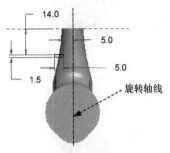

图18.33 截面草图

Step30. 创建图18.34b所示的阵列特征2。在模型树中选取"旋转2"后右击，选择 ⊞ 命令；在"阵列"操控板 选项 选项卡的下拉列表中选择 常规 选项；在"阵列"操控板中选取 方向 选项；选取填充曲面2为参考方向；输入第一方向的阵列成员数3；输入第一方向的阵列成员之间的间距值6，单击 ✓ 按钮，完成阵列特征2的创建。

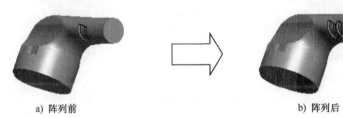

a) 阵列前　　　　　　　　　　b) 阵列后

图18.34 阵列特征2

Step31. 创建图18.35所示的旋转"移除材料"特征——旋转特征3。截面草图如图18.36所示，操作步骤参见Step27。

图18.35 旋转特征3

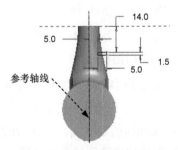

图18.36 截面草图

Step32. 创建图18.37b所示的阵列特征3。操作步骤参见Step28。

Step33. 创建图18.38所示的旋转"移除材料"特征——旋转特征4。截面草图如图18.39所示，操作步骤参见Step27。

Step34. 创建图18.40b所示的阵列特征4。操作步骤参见Step28。

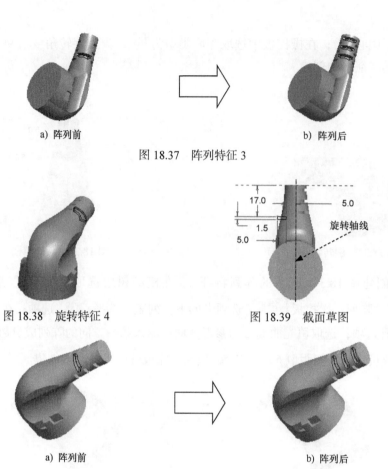

a) 阵列前   b) 阵列后

图 18.37　阵列特征 3

图 18.38　旋转特征 4   图 18.39　截面草图

a) 阵列前   b) 阵列后

图 18.40　阵列特征 4

Step35. 创建图 18.41 所示的草绘 7。单击"草绘"按钮 ，系统弹出"草绘"对话框；选取 RIGHT 基准平面为草绘平面，FRONT 基准平面为参考平面，方向为 右 ；绘制图 18.41 所示的草绘 7。

Step36. 创建扫描特征 1。

（1）选择"扫描"命令。单击 模型 功能选项卡 形状 ▼ 区域中的 扫描 ▼ 按钮。

（2）定义扫描轨迹。

① 在操控板中确认"实体"按钮 □ 和"恒定截面"按钮 ╪ 被按下。

② 在图形区中选取草绘 7 为扫描轨迹曲线。

③ 切换扫描的起始点，切换后的扫描轨迹曲线如图 18.42 所示。

（3）创建扫描特征的截面草图。

① 在操控板中单击"创建或编辑扫描截面"按钮 ，系统自动进入草绘环境。

② 绘制并标注扫描截面草图，如图 18.43 所示。

③ 完成截面草图的绘制和标注后，单击"确定"按钮 ✓ 。

（4）单击操控板中的 ✓ 按钮，完成扫描特征 1 的创建。

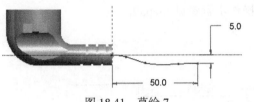

图 18.41　草绘 7

图 18.42　切换后的扫描轨迹曲线

图 18.43　截面草图

Step37. 创建图 18.44 所示的拉伸特征 4。在操控板中单击"拉伸"按钮 拉伸；选取图 18.44 所示的模型表面为草绘平面，RIGHT 基准平面为参考平面，方向为 下 ；单击 草绘 按钮，绘制图 18.45 所示的截面草图；在操控板中定义拉伸类型为 ，输入深度值 22.0；单击 按钮，完成拉伸特征 4 的创建。

图 18.44　拉伸特征 4

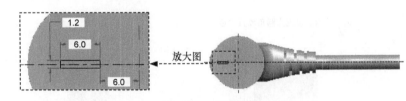

图 18.45　截面草图

Step38. 创建图 18.46 所示的拉伸特征 5。在操控板中单击"拉伸"按钮 拉伸；单击 使用先前的 按钮，系统进入草绘环境，绘制图 18.47 所示的截面草图；在操控板中定义拉伸类型为 ，输入深度值 22.0；单击 按钮调整拉伸方向，单击 按钮，完成拉伸特征 5 的创建。

图 18.46　拉伸特征 5

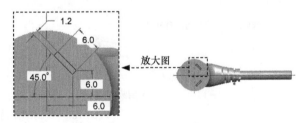

图 18.47　截面草图

Step39. 创建图 18.48b 所示的倒圆角特征 1。单击 模型 功能选项卡 工程 ▼ 区域中的 倒圆角 ▼ 按钮，按住 Ctrl 键，选取图 18.48a 所示的两条边线为倒圆角的边线；在操控板中单击 集 按钮，在系统弹出的界面中单击 完全倒圆角 按钮；单击"完成"按钮 。

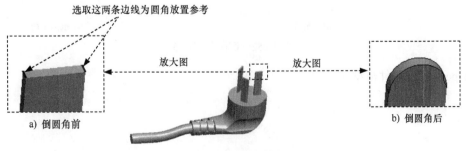

图 18.48　倒圆角特征 1

Step40. 创建图 18.49b 所示的倒圆角特征 2。操作步骤参见 Step39。

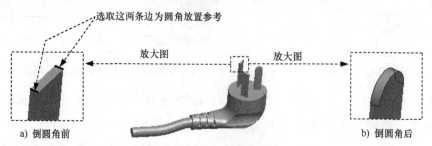

图 18.49　倒圆角特征 2

Step41. 创建图 18.50b 所示的倒圆角特征 3。操作步骤参见 Step39。

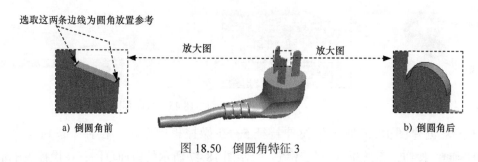

图 18.50　倒圆角特征 3

Step42. 创建图 18.51b 所示的倒圆角特征 4。按住 Ctrl 键，选取图 18.51a 所示的边线为倒圆角的边线；输入倒圆角半径值 0.5。

图 18.51　倒圆角特征 4

Step43. 创建图 18.52b 所示的倒圆角特征 5。操作步骤参见 Step42。

图 18.52　倒圆角特征 5

Step44. 保存零件模型文件。

实例 **19** 叶　　轮

实例概述

本实例的关键点是创建叶片，首先利用复制和偏距方式创建曲面，再利用这些曲面及创建的基准平面，结合草绘、投影等方式创建所需要的基准曲线，由这些基准曲线创建边界混合曲面，最后通过加厚、阵列等命令完成整个模型。零件模型及模型树如图 19.1 所示。

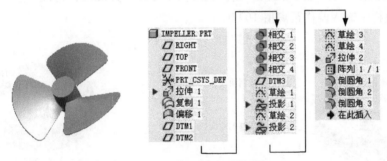

图 19.1　零件模型及模型树

Step1. 新建零件模型。模型命名为 IMPELLER。

Step2. 创建图 19.2 所示的实体拉伸特征——拉伸特征 1。

（1）选择命令。单击 模型 功能选项卡 形状▾ 区域中的"拉伸"按钮 拉伸。

（2）绘制截面草图。在图形区右击，从系统弹出的快捷菜单中选择 定义内部草绘... 命令；选取 FRONT 基准平面为草绘平面，选取 RIGHT 基准平面为参考平面，方向为 右；单击 草绘 按钮，绘制图 19.3 所示的截面草图。

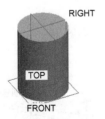

图 19.2　拉伸特征 1

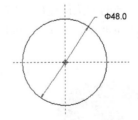

图 19.3　截面草图

（3）定义拉伸属性。在操控板中选择拉伸类型为 ，输入深度值 65.0。

（4）在操控板中单击"确定"按钮 ，完成拉伸特征 1 的创建。

Step3. 创建复制曲面 1。

（1）选取复制对象。在屏幕下方的"智能选取"栏中选择"几何"选项，按住 Ctrl 键，选取图 19.4 所示的圆柱的外表面。

（2）选择命令。单击 模型 功能选项卡 操作 ▼ 区域中的"复制"按钮 🖳，然后单击"粘贴"按钮 🖺 ▼。

（3）单击 ✔ 按钮，完成复制曲面 1 的创建。

Step4. 创建图 19.5 所示的偏移曲面 1。

（1）选取偏移对象。选取图 19.5 所示的曲面为要偏移的曲面。

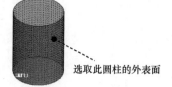

选取此圆柱的外表面

图 19.4 定义复制面组

（2）选择命令。单击 模型 功能选项卡 编辑 ▼ 区域中的 🔲偏移 按钮。

（3）定义偏移参数。在操控板的偏移类型栏中选择"标准偏移特征"选项 ▥，在操控板的偏移数值栏中输入偏移距离值 102.0。

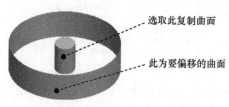

选取此复制曲面

此为要偏移的曲面

图 19.5 偏移曲面 1

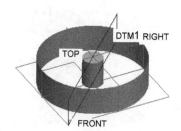

图 19.6 DTM1 基准平面

（4）单击 ✔ 按钮，完成偏移曲面 1 的创建。

Step5. 创建图 19.6 所示的 DTM1 基准平面。

（1）选择命令。单击 模型 功能选项卡 基准 ▼ 区域中的"平面"按钮 ▱。

（2）定义平面参考。选择基准轴 A_1，将约束设置为 穿过；按住 Ctrl 键，选取 TOP 基准平面，将约束设置为 偏移，输入旋转值 −45.0。

（3）单击该对话框中的 确定 按钮。

Step6. 用相同的方法创建图 19.7 所示的 DTM2 基准平面。

Step7. 用曲面求交的方法创建图 19.8 所示的相交曲线——相交 1。

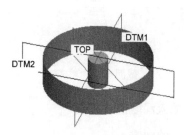

图 19.7 DTM2 基准平面

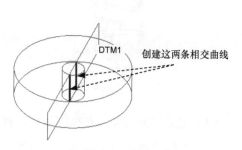

创建这两条相交曲线

图 19.8 相交 1

（1）在模型中选取圆柱的外表面。

（2）单击 模型 功能选项卡 编辑 ▾ 区域中的"相交"按钮 ，系统弹出"曲面相交"操控板。

（3）按住 Ctrl 键，选取图中的 DTM1 基准平面，系统将生成图 19.8 所示的相交曲线，然后单击操控板中的"完成"按钮 。

Step8. 用曲面求交的方法创建图 19.9 所示的相交曲线——相交 2。在模型中选取偏移曲面 1；单击"相交"按钮 ，选取图中的 DTM1 基准平面，系统将生成图 19.9 所示的相交曲线；单击 按钮。

Step9. 用曲面求交的方法创建图 19.10 所示的相交曲线——相交 3。在模型中选取圆柱的外表面；单击"相交"按钮 ，选取图中的基准平面 DTM2，系统将生成图 19.10 所示的相交曲线；单击 按钮。

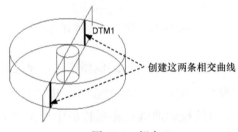

图 19.9 相交 2

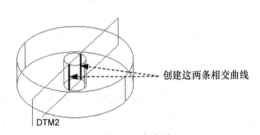

图 19.10 相交 3

Step10. 用曲面求交的方法创建图 19.11 所示的相交曲线——相交 4。在模型中选取偏移曲面 1；单击"相交"按钮 ，选取图中的 DTM2 基准平面，系统将生成图 19.11 所示的相交曲线；单击 按钮。

Step11. 创建图 19.12 所示的 DTM3 基准平面。单击 模型 功能选项卡 基准 ▾ 区域中的"平面"按钮 ，在模型树中选取 TOP 基准平面为偏距参考面；然后在"基准平面"对话框的 平移 文本框中输入值 150.0，并按 Enter 键；单击该对话框中的 确定 按钮。

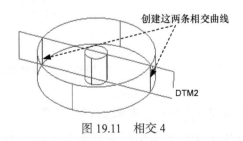

图 19.11 相交 4

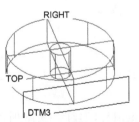

图 19.12 DTM3 基准平面

Step12. 创建图 19.13 所示的草绘 1。

（1）单击 模型 功能选项卡 基准 ▾ 区域中的"草绘"按钮 ⬙，系统弹出"草绘"对话框。

（2）定义草绘截面放置属性。选取 DTM3 基准平面为草绘平面，RIGHT 基准平面为参考平面，方向为 下 ；单击"草绘"对话框中的 草绘 按钮。

（3）进入草绘环境后，绘制图 19.14 所示的草绘 1，完成后单击 ✓ 按钮。

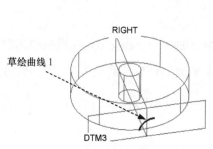

图 19.13　草绘 1（建模环境）

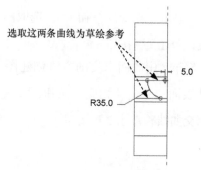

图 19.14　草绘 1（草绘环境）

Step13. 创建图 19.15 所示的投影曲线——投影 1。在图 19.13 所示的模型中选取草绘曲线 1；单击 模型 功能选项卡 编辑 ▾ 区域中的"投影"按钮 ⊠，此时系统弹出"投影"操控板；选取圆柱的外表面，系统会产生图 19.15 所示的投影曲线；在操控板中单击"完成"按钮 ✓ 。

Step14. 创建图 19.16 所示的草绘 2。在操控板中单击"草绘"按钮 ⬙；选取 DTM3 基准平面为草绘平面，选取 RIGHT 基准平面为参考平面，方向为 下 ；单击 草绘 按钮，绘制图 19.17 所示的草绘 2。

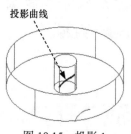

图 19.15　投影 1

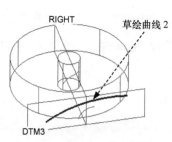

图 19.16　草绘 2（建模环境）

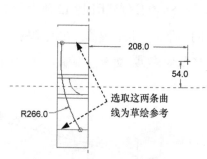

图 19.17　草绘 2（草绘环境）

Step15. 创建图 19.18 所示的投影曲线——投影 2。选取草绘曲线 2，单击 模型 功能选项卡 编辑 ▾ 区域中的"投影"按钮 ⊠；选取图 19.18 所示的偏移曲面，系统会产生图 19.18 所示的投影曲线；在操控板中单击"完成"按钮 ✓ 。

Step16. 创建图 19.19 所示的草绘 3。单击"草绘"按钮 ⚯，系统弹出"草绘"对话框；选取 DTM1 基准平面为草绘平面，FRONT 基准平面为参考平面，方向为 上 ；绘制图 19.20 所示的草绘 3。

Step17. 创建图 19.21 所示的草绘 4。单击"草绘"按钮 ⚯，系统弹出"草绘"对话框；选取 DTM2 基准平面为草绘平面，选取 FRONT 基准平面为参考平面，方向为 上 ；绘制图 19.22 所示的草绘 4。

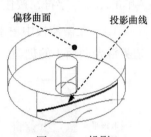

图 19.18 投影 2

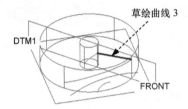

图 19.19 草绘 3（建模环境）

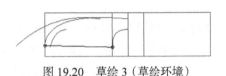

图 19.20 草绘 3（草绘环境）

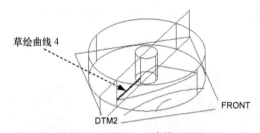

图 19.21 草绘 4（建模环境）

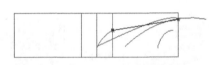

图 19.22 草绘 4（草绘环境）

Step18. 为了使屏幕简洁，将部分曲线和曲面隐藏起来。

（1）隐藏偏移曲面 1。在模型树中单击 ⚯偏移 1 ，再右击，在弹出的快捷菜单中选择 隐藏 命令。

（2）用相同的方法隐藏相交 1、相交 2、相交 3、相交 4、草绘 1 和草绘 2。

Step19. 创建图 19.23 所示的拉伸特征 2。在操控板中单击"拉伸"按钮 ⬚拉伸 ；选取图 19.23 所示的圆柱的底面为草绘平面，RIGHT 基准平面为参考平面，方向为 下 ；单击 草绘 按钮，绘制图 19.24 所示的截面草图；在操控板中定义拉伸类型为 ⬚ ，选取图 19.23 所示的圆柱的顶面为拉伸终止面；单击 ⚯ 按钮调整拉伸方向，单击 ✔ 按钮，完成拉伸特征 2 的创建。

注意： 创建拉伸特征 2 的目的是使后面的叶片曲面加厚、叶片阵列、倒圆角等操作能顺利完成，否则，这些操作可能失败。

Step20. 创建图 19.25 所示的边界混合曲面 1。

（1）选择命令。单击 模型 功能选项卡 曲面 ▾ 区域中的"边界混合"按钮 ⚯ 。

（2）选取边界曲线。在操控板中单击 曲线 按钮，系统弹出"曲线"界面，按住 Ctrl

键，依次选取投影曲线 1 和投影曲线 2 为第一方向边界曲线；单击"第二方向"区域中的"单击此 ..."字符，按住 Ctrl 键，依次选择草绘 3 和草绘 4 为第二方向边界曲线。

（3）在操控板中单击按钮 ，预览所创建的曲面，确认无误后，单击 ✔ 按钮，完成边界混合曲面 1 的创建。

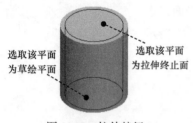

图 19.23 拉伸特征 2

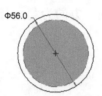

图 19.24 截面草图

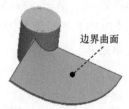

图 19.25 边界混合曲面 1

Step21. 创建图 19.26b 所示的曲面加厚特征 1。

（1）选取加厚对象。选取图 19.26a 所示的曲面为要加厚的对象。

（2）选择命令。单击 模型 功能选项卡 编辑 ▾ 区域中的 加厚 按钮。

（3）定义加厚参数。在操控板中输入厚度值 3.0，调整加厚方向如图 19.27 所示。

（4）单击 ✔ 按钮，完成加厚操作。

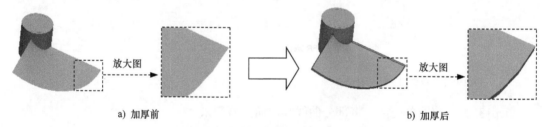

a) 加厚前   b) 加厚后

图 19.26 曲面加厚特征 1

Step22. 为了进行叶片的阵列，创建组特征——组 1。

（1）按住 Ctrl 键，在模型树中选取 Step20 和 Step21 所创建的边界混合曲面 1 和曲面加厚特征 1。

（2）单击 模型 功能选项卡 操作 ▾ 区域中的 分组 按钮。此时边界混合曲面 1 和曲面加厚特征 1 合并为 组LOCAL_GROUP_2，先单击 组LOCAL_GROUP_2，然后右击，将 组LOCAL_GROUP_2 重命名为 组1，完成组 1 的创建。

Step23. 创建图 19.28b 所示的"轴"阵列特征——阵列特征 1。

（1）在模型树中单击 组1 后右击，在弹出的快捷菜单中选取 田 命令，系统弹出"阵列"操控板。

（2）在操控板中选择 轴 选项，在模型中选取基准轴 A_1；在操控板中输入阵列的个数 3，按 Enter 键；输入角度增量值为 120.0，并按 Enter 键。

（3）单击操控板中的"完成"按钮 ✔，完成阵列特征 1 的创建。

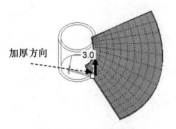

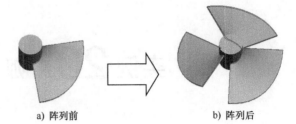

图 19.27 加厚方向

图 19.28 阵列特征 1

Step24. 创建图 19.29b 所示的倒圆角特征 1。单击 模型 功能选项卡 工程 ▼ 区域中的 ⚪ 倒圆角 ▼ 按钮，选取图 19.29a 所示的六条边线为倒圆角的边线；在"倒圆角半径"文本框中输入值 15.0。

图 19.29 倒圆角特征 1

Step25. 创建图 19.30b 所示的倒圆角特征 2。选取图 19.30a 所示的六条边线为倒圆角的边线；输入倒圆角半径值 1.0。

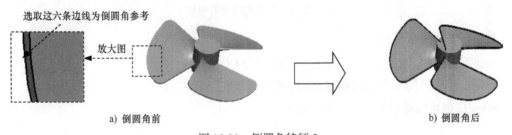

图 19.30 倒圆角特征 2

Step26. 创建图 19.31b 所示的倒圆角特征 3。选取图 19.31a 所示的三条边线为倒圆角的边线；输入倒圆角半径值 2.0。

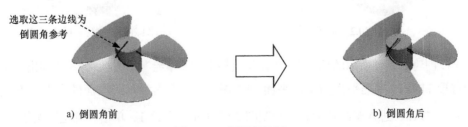

图 19.31 倒圆角特征 3

Step27. 保存零件模型文件。

实例 20 咖 啡 壶

实例概述

本实例是一个典型的运用一般曲面和 ISDX 曲面综合建模的实例。其建模思路：先用一般的曲面创建咖啡壶的壶体，然后用 ISDX 曲面创建咖啡壶的手柄；进入 ISDX 模块后，先创建 ISDX 曲线并对其进行编辑，然后再用这些 ISDX 曲线构建 ISDX 曲面。通过本实例的学习，读者可认识到，ISDX 曲面造型的关键是 ISDX 曲线，只有高质量的 ISDX 曲线才能获得高质量的 ISDX 曲面。零件模型及模型树如图 20.1 所示。

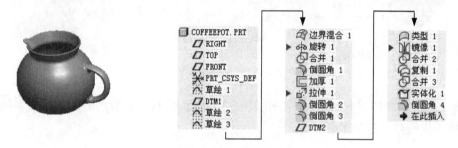

图 20.1　零件模型及模型树

Task1. 新建模型文件

新建零件模型。新建一个零件模型，命名为 COFFEEPOT。

Task2. 用一般的曲面创建咖啡壶的壶体（图 20.2）

Stage1. 创建咖啡壶的壶口（图 20.3）

用一般的曲面创建咖啡壶的壶体

图 20.2　创建壶体

图 20.3　创建咖啡壶的壶口

Step1. 创建图 20.4 所示的草绘 1。单击工具栏上的"草绘"按钮 ，系统弹出"草绘"对话框；选取 FRONT 基准平面为草绘平面，RIGHT 基准平面为草绘平面的参考，方向为 右 ；单击 草绘 按钮；进入草绘环境后，绘制图 20.5 所示的草绘 1；单击"确定"按钮 。

Step2. 创建图 20.6 所示的 DTM1 基准平面。单击 模型 功能选项卡 基准 ▼ 区域中的"平面"按钮 ；在模型树中选取 FRONT 基准平面为偏距参考面，在"基准平面"对话框中输入偏移距离值 45.0；单击该对话框中的 **确定** 按钮。

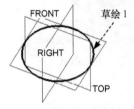

图 20.4　草绘 1（建模环境）

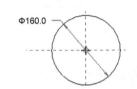

图 20.5　草绘 1（草绘环境）

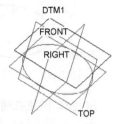

图 20.6　DTM1 基准平面

Step3. 创建图 20.7 所示的草绘 2。在操控板中单击"草绘"按钮 ；选取 DTM1 基准平面为草绘平面，选取 RIGHT 基准平面为参考平面，方向为 右 ；单击 **草绘** 按钮，绘制图 20.8 所示的草绘 2。

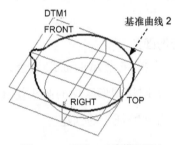

图 20.7　草绘 2（建模环境）

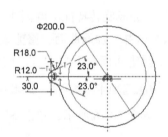

图 20.8　草绘 2（草绘环境）

Step4. 创建图 20.9 所示的草绘 3。在操控板中单击"草绘"按钮 ；选取 TOP 基准平面为草绘平面，选取 RIGHT 基准平面为参考平面，方向为 左 ；单击 **草绘** 按钮，选取基准曲线 1 和基准曲线 2 为草绘参考，然后绘制图 20.10 所示的草绘 3。

Step5. 创建图 20.11 所示的边界混合曲面 1。单击 **模型** 功能选项卡 曲面 ▼ 区域中的"边界混合"按钮 ；在操控板中单击 **曲线** 按钮，系统弹出"曲线"界面，按住 Ctrl 键，依次选取基准曲线 2 和基准曲线 1（图 20.12）为第一方向边界曲线；单击"第二方向"区域中的"单击此 ..."字符，然后按住 Ctrl 键，依次选取基准曲线 3_1 和基准曲线 3_2（图 20.13）为第二方向边界曲线；在操控板中单击按钮 ，预览所创建的曲面，确认无误后，单击 ✔ 按钮，完成边界混合曲面 1 的创建。

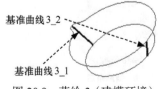

图 20.9　草绘 3（建模环境）

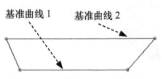

图 20.10　草绘 3（草绘环境）

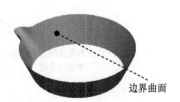

图 20.11　边界混合曲面 1

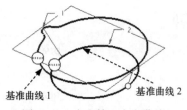

基准曲线 1　　　　基准曲线 2

图 20.12　定义第一方向曲线

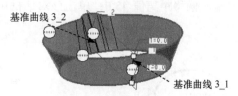

基准曲线 3_2

基准曲线 3_1

图 20.13　定义第二方向曲线

Stage2. 创建咖啡壶的壶身（图 20.14）

单击 模型 功能选项卡 形状 ▼ 区域中的 "旋转" 按钮 ◆旋转，按下操控板中的 "曲面" 类型按钮 ；在图形区右击，从系统弹出的快捷菜单中选择 定义内部草绘... 命令；选取 TOP 基准平面为草绘平面，RIGHT 基准平面为参考平面，方向为 左 ；单击 草绘 按钮，先选取图 20.15 所示的顶点作为草绘参考，绘制图 20.15 所示的截面草图；在操控板中选择旋转类型为 ，在 "角度" 文本框中输入角度值 360.0，并按 Enter 键；在操控板中单击 ✓ 按钮，完成旋转特征 1 的创建。

Stage3. 合并、加厚曲面、修剪模型、对模型进行倒圆角

Step1. 创建曲面合并特征 1。按住 Ctrl 键，选取图 20.16 所示的面组为合并对象；单击 模型 功能选项卡 编辑 ▼ 区域中的 按钮；单击调整图形区中的箭头使其指向要保留的部分，如图 20.16 所示；单击 ✓ 按钮，完成曲面合并特征 1 的创建。

图 20.14　创建壶身

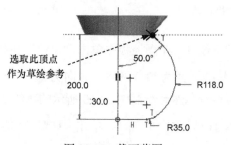

选取此顶点作为草绘参考

50.0°

200.0

R118.0

30.0

R35.0

图 20.15　截面草图

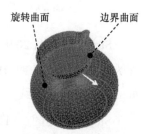

旋转曲面　　　边界曲面

图 20.16　选取曲面

Step2. 创建图 20.17b 所示的倒圆角特征 1。单击 模型 功能选项卡 工程 ▼ 区域中的 ◇倒圆角 ▼ 按钮，选取图 20.17a 所示的边线为倒圆角的边线；在 "倒圆角半径" 文本框中输入值 15.0。

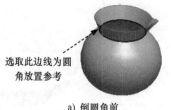

选取此边线为圆角放置参考

a) 倒圆角前

b) 倒圆角后

图 20.17　倒圆角特征 1

Step3. 创建曲面加厚特征 1。选取合并 1 为要加厚的面组；单击 【模型】 功能选项卡 【编辑 ▼】 区域中的 按钮；在操控板中输入厚度值 5.0，加厚方向如图 20.18 所示；单击 按钮，完成曲面加厚特征 1 的操作。

Step4. 创建图 20.19 所示的拉伸特征 1。单击 【模型】 功能选项卡 【形状 ▼】 区域中的 "拉伸" 按钮 【拉伸】。在操控板中确认 "移除材料" 按钮 被按下；在图形区右击，从系统弹出的快捷菜单中选择 【定义内部草绘…】 命令；选取 TOP 基准平面为草绘平面，选取 RIGHT 基准平面为参考平面，方向为 【下】；单击 【草绘】 按钮，绘制图 20.20 所示的截面草图；在操控板中选择拉伸类型为 【日】，深度值为 300.0；在操控板中单击 "确定" 按钮 ，完成拉伸特征 1 的创建。

图 20.18　曲面加厚特征 1

图 20.19　拉伸特征 1

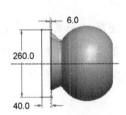

图 20.20　截面草图

Step5. 创建图 20.21 所示的倒圆角特征 2。选取图 20.21 所示的边线为圆角放置参考；倒圆角半径值为 1.5。

Step6. 创建图 20.22 所示的倒圆角特征 3。选取图 20.22 所示的边线为圆角放置参考；倒圆角半径值为 2.0。

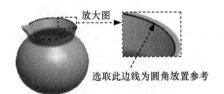

图 20.21　倒圆角特征 2

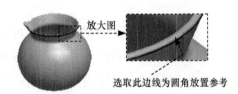

图 20.22　倒圆角特征 3

Task3. 用 **ISDX** 曲面创建咖啡壶的手柄（图 20.23）

Stage1. 创建图 **20.24** 所示的基准平面——**DTM2**

图 20.23　用 ISDX 曲面创建咖啡壶的手柄

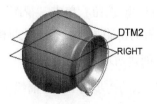

图 20.24　DTM2 基准平面

单击 模型 功能选项卡 基准 ▾ 区域中的"平面"按钮 ▱；在模型树中选取 RIGHT 基准平面为偏距参考面，在"基准平面"对话框中输入偏移距离值 60.0；单击该对话框中的 确定 按钮。

Stage2. 创建图 20.25 所示的造型曲面特征——类型 1

Step1. 进入造型环境。单击 模型 功能选项卡 曲面 ▾ 区域中的 ⌓造型 按钮，系统弹出 样式 操控板并进入造型环境。

Step2. 创建图 20.26 所示的 ISDX 曲线 1。

（1）设置活动平面。单击 样式 操控板中的 ▱ 按钮（或在图形区空白处右击，在系统弹出的快捷菜单中选择 ▦ 设置活动平面(E) 命令），选取图 20.27 所示的 TOP 基准平面为活动平面。

注意：如果活动平面的栅格太疏或太密，可选择下拉菜单 操作 ▾ ➡ ☷ 首选项 命令，在"造型首选项"对话框的 ─栅格─ 区域中调整 间距 值；也可以取消选中 ☐ 显示栅格 复选框使栅格不显示。

ISDX 曲线 1

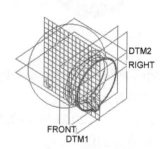
DTM2
RIGHT
FRONT
DTM1

图 20.25　类型 1　　　图 20.26　ISDX 曲线 1　　　图 20.27　设置 TOP 基准平面为活动平面

（2）设置模型显示状态。完成以上操作后，模型如图 20.27 所示，显然这样的显示状态很难进行 ISDX 曲线的创建。为了使图面清晰和查看方便，进行如下模型显示状态设置。

① 单击"视图"工具栏中的按钮 ⚡，取消选中基准轴和基准点的显示。

② 选择下拉菜单 操作 ▾ ➡ ☷ 首选项 命令，在"造型首选项"对话框的 ─栅格─ 区域中取消选中 ☐ 显示栅格 复选框，关闭"造型首选项"对话框。

③ 在模型树中右击 TOP 基准平面，然后从系统弹出的快捷菜单中选择 隐藏 命令。

④ 在图形区右击，从系统弹出的快捷菜单中选择 ⟲ 活动平面方向 命令（或单击"视图"工具栏中的 ⟳ 按钮）单击"视图"工具栏中的"显示样式"按钮 ▱，选择 ⬡ 消隐 选项，将模型设置为消隐显示状态，此时模型如图 20.28 所示。

（3）创建初步的 ISDX 曲线 1。单击"曲线"按钮 〜；在操控板中按下 ⟿ 按钮；绘制图 20.29 所示的初步的 ISDX 曲线 1，然后单击操控板中的 ✔ 按钮。

（4）对照曲线的曲率图，编辑初步的 ISDX 曲线 1。

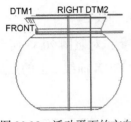

图 20.28　活动平面的方向

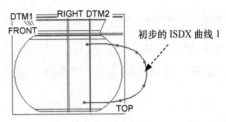

图 20.29　初步的 ISDX 曲线 1

① 单击 曲线编辑 按钮，选取图 20.29 所示的初步的 ISDX 曲线 1，此时系统显示"造型：曲线编辑"操控板。

② 单击"造型：曲线编辑"操控板中的 Ⅱ 按钮，当 Ⅱ 按钮变为 ▶ 时，在图形区空白处单击鼠标，确保未选中任何几何，再单击"曲率"按钮 ，系统弹出"曲率"对话框，然后选取图 20.29 所示的 ISDX 曲线 1，在对话框 比例 区域的文本框中输入数值 100.0。在 快速 ▼ 下拉列表中选择 已保存 选项，然后单击"曲率"对话框中的 ✓ 按钮，退出"曲率"对话框。

注意：如果曲率图太大或太密，可在"曲率"对话框中调整 质量 滑块和 比例 滚轮。

③ 单击操控板中的 ▶ 按钮，完成曲率选项的设置。

④ 对照图 20.30 所示的曲率图，对 ISDX 曲线 1 上的几个点进行拖拉编辑。此时可观察到曲线的曲率图随着点的移动而即时变化。

（5）完成编辑后，单击操控板中的 ✓ 按钮。

（6）单击 分析 ▼ 按钮，然后选择 删除所有曲率 ，关闭曲线曲率的显示。

Step3. 创建图 20.31 所示的 ISDX 曲线 2。

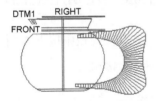

图 20.30　ISDX 曲线 1 的曲率图

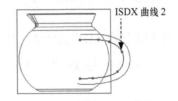

图 20.31　创建 ISDX 曲线 2

（1）设置活动平面。活动平面仍然是 TOP 基准平面。

（2）设置模型显示状态。在图形区右击，从系统弹出的快捷菜单中选择 活动平面方向 命令；单击"视图"工具栏中的"显示样式"按钮 ，选择 消隐 选项，将模型设置为消隐显示状态。

（3）创建初步的 ISDX 曲线 2。单击"曲线"按钮 ；在操控板中按下 按钮；绘制图 20.32 所示的初步的 ISDX 曲线 2，然后单击操控板中的 ✓ 按钮。

（4）对照曲线的曲率图，编辑初步的 ISDX 曲线 2。

① 单击 ⚙ 曲线编辑 按钮，选取图 20.32 所示的初步的 ISDX 曲线 2。

② 单击操控板中的 ▮▮ 按钮，然后单击"曲率"按钮 ⚙，对照图 20.33 所示的曲率图（在"曲率"对话框的 比例 文本框中输入数值 100.0），对 ISDX 曲线 2 上的点进行拖拉编辑。

图 20.32　初步的 ISDX 曲线 2

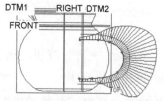

图 20.33　ISDX 曲线 2 的曲率图

（5）完成编辑后，单击操控板中的"完成"按钮 ✔。

Step4. 创建图 20.34 所示的 ISDX 曲线 3。

（1）设置活动平面。单击 ▣ 按钮，选取 DTM2 基准平面为活动平面，如图 20.35 所示。

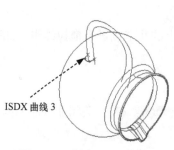

图 20.34　创建 ISDX 曲线 3

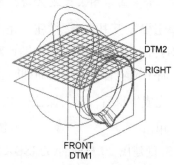

图 20.35　设置 DTM2 为活动平面

（2）创建初步的 ISDX 曲线 3。单击"曲线"按钮 〰；在操控板中按下 ⬦ 按钮，绘制图 20.36 所示的初步的 ISDX 曲线 3，然后单击操控板中的 ✔ 按钮。

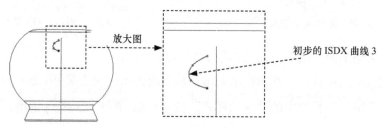

图 20.36　初步的 ISDX 曲线 3

（3）编辑初步的 ISDX 曲线 3。单击 ⚙ 曲线编辑 按钮，单击图 20.36 中初步的 ISDX 曲线 3；按住 Shift 键，分别将 ISDX 曲线 3 的左、右两个端点拖移到 ISDX 曲线 1 和 ISDX 曲线 2 上，直到这两个端点变成小叉"×"，如图 20.37 所示。

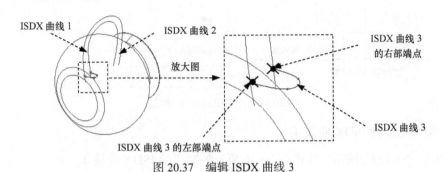

图 20.37 编辑 ISDX 曲线 3

（4）设置 ISDX 曲线 3 的两个端点的法向约束。

① 单击 Ⅱ 按钮，在模型树中右击 TOP 基准平面，然后从系统弹出的快捷菜单中选择 取消隐藏 命令，再单击 ▶ 按钮。

② 选取 ISDX 曲线 3 的左端点，单击操控板上的 相切 按钮，在 约束 区域的 第一 下拉列表中选择 法向 选项，选取 TOP 基准平面作为法向平面，在 长度 文本框中输入该端点切线的长度值 18.0，并按 Enter 键。

③ 同样选取 ISDX 曲线 3 的右端点，进行相同的操作。

注意：切线的长度值不是一个确定的值，读者可根据具体情况设定长度值。由于在后面的操作中需对创建的 ISDX 曲面进行镜像，镜像中心平面正是 TOP 基准平面，为了使镜像前后的两个曲面光滑连接（相切），这里必须对 ISDX 曲线 3 的左、右两个端点设置法向约束，否则镜像前后的两个曲面连接处会有一道明显不光滑的"痕迹"。

（5）对照曲线的曲率图，进一步编辑 ISDX 曲线 3。对照图 20.38 所示的曲率图（注意：此时在 比例 区域的文本框中输入数值 25.0），对 ISDX 曲线 3 上的点进行拖拉编辑。

（6）完成编辑后，单击操控板中的"完成"按钮 ✔。

Step5. 创建图 20.39 所示的 ISDX 曲线 4。

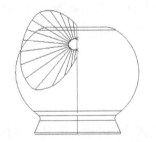
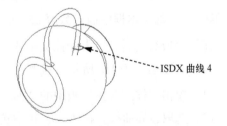

图 20.38 ISDX 曲线 3 的曲率图   图 20.39 创建 ISDX 曲线 4

（1）设置活动平面。活动平面仍然是 DTM2 基准平面。

（2）创建初步的 ISDX 曲线 4。单击 ～ 按钮，在操控板中选中"曲线类型"按钮 ▱，绘制图 20.40 所示的初步的 ISDX 曲线 4，然后单击操控板中的 ✔ 按钮。

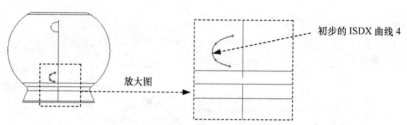

图 20.40　初步的 ISDX 曲线 4

（3）编辑初步的 ISDX 曲线 4。

① 单击 🖊曲线编辑 按钮，单击图 20.40 所示的初步的 ISDX 曲线 4。

② 按住 Shift 键，分别将 ISDX 曲线 4 的左、右两个端点拖移到 ISDX 曲线 1 和 ISDX 曲线 2 上，直到这两个端点变成小叉"×"，如图 20.41 所示。

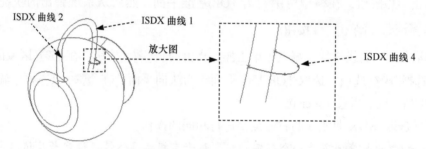

图 20.41　编辑 ISDX 曲线 4

（4）设置 ISDX 曲线 4 的两个端点的法向约束。

① 选取 ISDX 曲线 4 的左端点，单击操控板上的 相切 按钮，在 约束 区域的 第一 下拉列表中选择 法向 选项，选取 TOP 基准平面作为法向平面，在 长度 文本框中输入该端点切线的长度值 23.0，并按 Enter 键。

② 选取 ISDX 曲线 4 的右端点，单击操控板上的 相切 按钮，在 约束 区域的 第一 下拉列表中选择 法向 选项，选取 TOP 基准平面作为法向平面，端点切线的长度值为 23.0。

（5）对照曲线的曲率图，进一步编辑 ISDX 曲线 4。对照图 20.42 所示的曲率图（注意：在 比例 区域的文本框中输入数值 25.0），对 ISDX 曲线 4 上的点进行拖拉编辑。

（6）完成编辑后，单击操控板中的"完成"按钮 ✓。

Step6. 创建图 20.43b 所示的造型曲面。

（1）单击"样式"操控板中的"曲面"按钮 📖。

（2）选取边界曲线。在图 20.43a 中选取 ISDX 曲线 1，然后按住 Ctrl 键，依次选取 ISDX 曲线 2、ISDX 曲线 3 和 ISDX 曲线 4，此时系统便以这四条 ISDX 曲线为边界形成一个 ISDX 曲面。

（3）在"曲面创建"操控板中单击"确定"按钮 ✓。

Step7. 退出造型环境。单击"样式"操控板中的 ✓ 按钮。

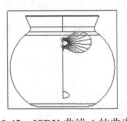

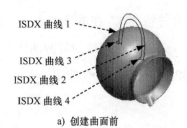

ISDX 曲线 1

ISDX 曲线 3

ISDX 曲线 2

ISDX 曲线 4

造型曲面

a) 创建曲面前

图 20.42 ISDX 曲线 4 的曲率图

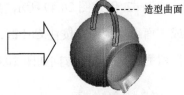

b) 创建曲面后

图 20.43 创建造型曲面

Stage3. 镜像、合并造型曲面

Step1. 创建图 20.44b 所示的造型曲面的镜像——镜像特征 1。选取要镜像的造型曲面，单击 模型 功能选项卡 编辑 ▼ 区域中的 "镜像" 按钮 ，选取为 TOP 镜像平面基准平面，单击操控板中的 ✔ 按钮。

Step2. 将 Step1 所创建的镜像后的面组与源面组合并，创建合并特征 2。

（1）按住 Ctrl 键，选取图 20.45 所示的要合并的两个曲面。

（2）单击 模型 功能选项卡 编辑 ▼ 区域中的 合并 按钮，单击 ✔ 按钮。

选取这两个曲面

a) 镜像前

b) 镜像后

图 20.44 镜像特征 1

图 20.45 合并特征 2

Stage4. 创建复制曲面，将其与面组 1 合并，然后将合并后的面组实体化

将模型旋转到图 20.46 所示的视角状态，从咖啡壶的壶口看去，可以看到面组 1 已经探到里面。下面将从模型上创建一个复制曲面，将该复制曲面 1 与合并特征 2 进行合并，得到一个封闭的面组（图 20.47）。

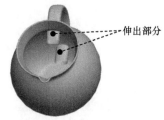

伸出部分

图 20.46 旋转视角方向后

图 20.47 合并曲面后

Step1. 创建复制曲面——复制曲面 1。按住 Ctrl 键，选取图 20.48 所示的模型的外表面；单击 模型 功能选项卡 操作 ▼ 区域中的 "复制" 按钮 ，然后单击 "粘贴" 按钮 ▼；单击操控板中的 ✔ 按钮。

Step2. 创建图 20.49 所示的合并特征 3。在屏幕下方的"智能选取"栏中选择"几何"或"面组"选项；按住 Ctrl 键，选取 Step1 创建的复制曲面 1 和面组 1；单击 回合并 按钮，保留侧的箭头指示方向如图 20.49 所示，单击 ✓ 按钮。

图 20.48 复制曲面 1

图 20.49 合并特征 3

Step3. 创建图 20.50 所示的曲面实体化特征 1。选取要将其变成实体的面组，即选取 Step2 中合并的面组 2，如图 20.50 所示；单击 模型 功能选项卡 编辑 ▾ 区域中的 □实体化 按钮；单击 ✓ 按钮。

Stage5. 倒圆角及文件存盘

Step1. 创建图 20.51b 所示的倒圆角特征 4。选取图 20.51a 所示的两条边线为圆角放置参考。在"倒圆角半径"文本框中输入值 10.0。

图 20.50 实体化特征 1

a) 倒圆角前

b) 倒圆角后

图 20.51 倒圆角特征 4

Step2. 保存零件模型文件。

实例 21 鼠 标 盖

实例概述

本实例的建模思路是先创建几条草绘曲线，然后通过绘制的草绘曲线构建曲面，最后将构建的曲面加厚以及添加圆角等特征实现构建模型，其中用到的命令有边界混合、填充、修剪、合并以及加厚等。零件模型及模型树如图 21.1 所示。

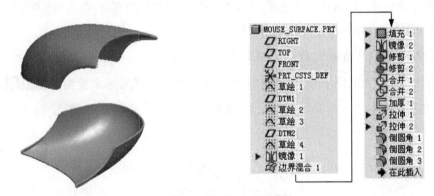

图 21.1　零件模型及模型树

Step1. 新建零件模型。模型命名为 MOUSE_SURFACE。

Step2. 创建图 21.2 所示的草绘 1。在操控板中单击"草绘"按钮 ；选取 FRONT 基准平面作为草绘平面，选取 RIGHT 基准平面为参考平面，方向为 右 ；单击 草绘 按钮，绘制图 21.3 所示的草绘 1。

Step3. 创建图 21.4 所示 DTM1 基准平面。单击 模型 功能选项卡 基准 ▾ 区域中的"平面"按钮 ；选取图 21.4 所示的点作为参考，定义约束类型为 穿过 ，再选取 TOP 基准平面为参考平面，定义约束类型为 平行 ；单击该对话框中的 确定 按钮。

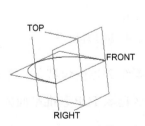

图 21.2　草绘 1（建模环境）

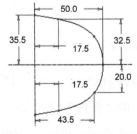

图 21.3　草绘 1（草绘环境）

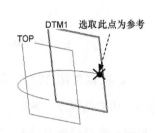

图 21.4　DTM1 基准平面

Step4. 创建图 21.5 所示的草绘 2。在操控板中单击"草绘"按钮 ；选取 DTM1 基准平面作为草绘平面，选取 RIGHT 基准平面为参考平面，方向为 右；单击 草绘 按钮，绘制图 21.6 所示的草绘 2。

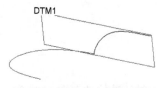

图 21.5　草绘 2（建模环境）

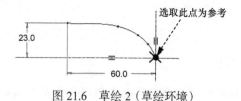

图 21.6　草绘 2（草绘环境）

Step5. 创建图 21.7 所示的草绘 3。在操控板中单击"草绘"按钮 ；选取 TOP 基准平面作为草绘平面，选取 RIGHT 基准平面为参考平面，方向为 右；单击 草绘 按钮，选取图 21.8 所示的两个点作为参考，绘制图 21.8 所示的草绘 3。

Step6. 创建图 21.9 所示的 DTM2 基准平面。单击 模型 功能选项卡 基准 ▼ 区域中的"平面"按钮 □，选取图 21.9 所示的两个点作为参考，定义约束类型为 穿过，再选取 RIGHT 基准平面为参考，定义约束类型为 平行，单击该对话框中的 确定 按钮。

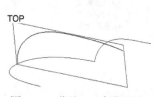

图 21.7　草绘 3（建模环境）

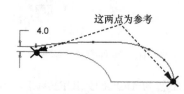

图 21.8　草绘 3（草绘环境）

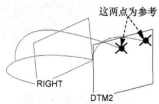

图 21.9　DTM2 基准平面

Step7. 创建图 21.10 所示的草绘 4。在操控板中单击"草绘"按钮 ；选取 DTM2 基准平面作为草绘平面，选取 TOP 基准平面为参考平面，方向为 左；单击 草绘 按钮，选取图 21.11 所示的两个点为参考；绘制图 21.11 所示的草绘 4。

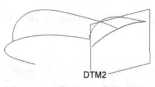

图 21.10　草绘 4（建模环境）

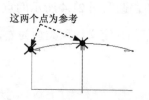

图 21.11　草绘 4（草绘环境）

Step8. 创建图 21.12b 所示的镜像特征 1。在模型树中选取草绘 2 为镜像特征；单击 模型 功能选项卡 编辑 ▼ 区域中的"镜像"按钮 ；在图形区选取 TOP 基准平面为镜像平面；在操控板中单击 ✔ 按钮，完成镜像特征 1 的创建。

a) 镜像前

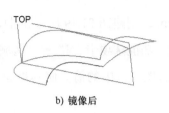

b) 镜像后

图 21.12　镜像特征 1

Step9. 创建图 21.13 所示的边界混合曲面 1。单击 模型 功能选项卡 曲面 ▾ 区域中的 "边界混合"按钮 ；在操控板中单击 曲线 按钮，系统弹出"曲线"界面，按住 Ctrl 键，依次选取图 21.14 所示的三条曲线为第一方向的曲线；单击"第二方向"区域中的"单击此 ..."字符，然后按住 Ctrl 键，依次选取图 21.15 所示的两条曲线为第二方向的曲线；在操控板中单击按钮 ，预览所创建的曲面，确认无误后，单击 ✔ 按钮，完成边界混合曲面 1 的创建。

图 21.13　边界混合曲面 1

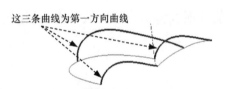

图 21.14　第一方向曲线

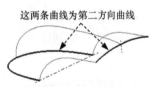

图 21.15　第二方向曲线

Step10. 创建图 21.16 所示的填充曲面 1。单击 模型 功能选项卡 曲面 ▾ 区域中的 填充 按钮；在图形区右击，从系统弹出的快捷菜单中选择 定义内部草绘... 命令；选取 DTM1 基准平面为草绘平面，选取 RIGHT 基准平面为参考平面，方向为 右 ；单击 草绘 按钮，绘制图 21.17 所示的截面草图；在操控板中单击按钮 ✔ ，完成填充曲面 1 的创建。

图 21.16　填充曲面 1

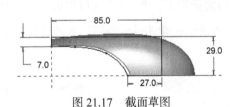

图 21.17　截面草图

Step11. 创建图 21.18b 所示的镜像特征 2。在模型树中选取填充曲面 1 为镜像特征；选取 TOP 基准平面为镜像平面；单击 ✔ 按钮，完成镜像特征 2 的创建。

a) 镜像前

b) 镜像后

图 21.18　镜像特征 2

Step12. 创建图 21.19 所示的曲面修剪特征 1。选取图 21.20 所示的要修剪的面组；单击 模型 功能选项卡 编辑 ▼ 区域中的 "修剪" 按钮 ；选取图 21.20 所示的修剪对象；单击调整图形区中的箭头使其指向要保留的部分；单击 ✔ 按钮，完成曲面修剪特征 1 的创建。

图 21.19　曲面修剪特征 1　　　　　　　　图 21.20　选取修剪对象

Step13. 创建图 21.21 所示的曲面修剪特征 2。详细步骤请参见 Step12。

Step14. 创建图 21.22 所示的曲面合并特征 1。按住 Ctrl 键，选取图 21.23 所示的面组为合并对象；单击 模型 功能选项卡 编辑 ▼ 区域中的 按钮；单击 ✔ 按钮，完成曲面合并特征 1 的创建。

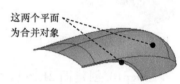

图 21.21　曲面修剪特征 2　　　　图 21.22　曲面合并特征 1　　　　图 21.23　定义合并曲面

Step15. 创建图 21.24 所示的曲面合并特征 2。详细步骤请参见 Step14。

Step16. 创建图 21.25 所示的曲面加厚特征 1。选取曲面合并特征 2 为要加厚的面组；单击 模型 功能选项卡 编辑 ▼ 区域中的 按钮；在操控板中输入厚度值 1.5，调整加厚方向如图 21.26 所示；单击 ✔ 按钮，完成加厚操作。

图 21.24　曲面合并特征 2　　　　图 21.25　曲面加厚特征 1　　　　图 21.26　曲面加厚方向

Step17. 创建图 21.27 所示的拉伸特征 1。单击 模型 功能选项卡 形状 ▼ 区域中的 "拉伸" 按钮 拉伸，在操控板中确认 "移除材料" 按钮 被按下；在图形区右击，从系统弹出的快捷菜单中选择 定义内部草绘... 命令；选取 FRONT 基准平面为草绘平面，选取 RIGHT 基准平面为参考平面，方向为 左；单击 草绘 按钮，绘制图 21.28 所示的截面草图；在操控板中选择拉伸类型为 ；在操控板中单击 "完成" 按钮 ✔，完成拉伸特征 1 的创建。

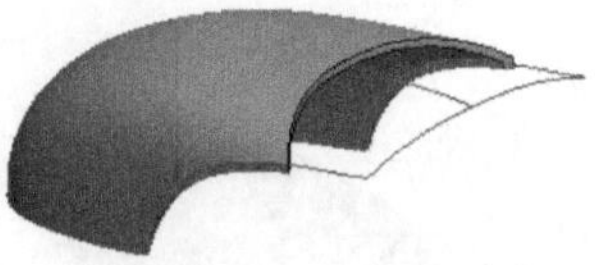

图 21.27 拉伸特征 1

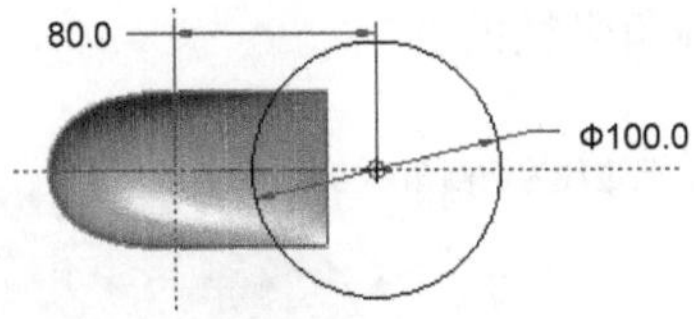

图 21.28 截面草图

Step18. 创建图 21.29 所示的拉伸特征 2。在操控板中单击“拉伸”按钮 拉伸，在操控板中确认“移除材料”按钮 被按下；选取 TOP 基准平面为草绘平面，选取 RIGHT 基准平面为参考平面，方向为 上；绘制图 21.30 所示的截面草图；在操控板中单击 选项 按钮，将 侧 1 和 侧 2 的深度类型都选为 ；单击 ✓ 按钮，完成拉伸特征 2 的创建。

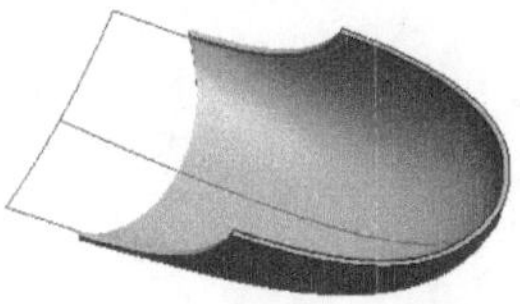

图 21.29 拉伸特征 2

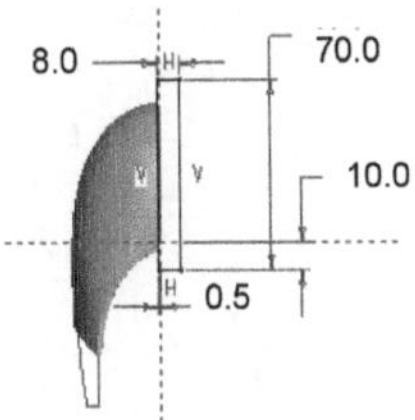

图 21.30 截面草图

Step19. 创建图 21.31b 所示的倒圆角特征 1。单击 模型 功能选项卡 工程 ▾ 区域中的 倒圆角 ▾ 按钮，选取图 21.31a 所示的四条边线为倒圆角的边线；在“倒圆角半径”文本框中输入值 2.0。

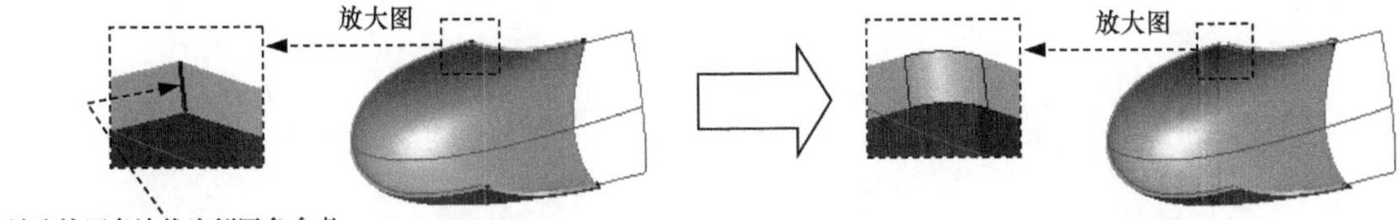

a) 倒圆角前 b) 倒圆角后

图 21.31 倒圆角特征 1

Step20. 创建图 21.32b 所示的倒圆角特征 2。选取图 21.32a 所示的两条边线为倒圆角的边线；输入倒圆角半径值 1.0。

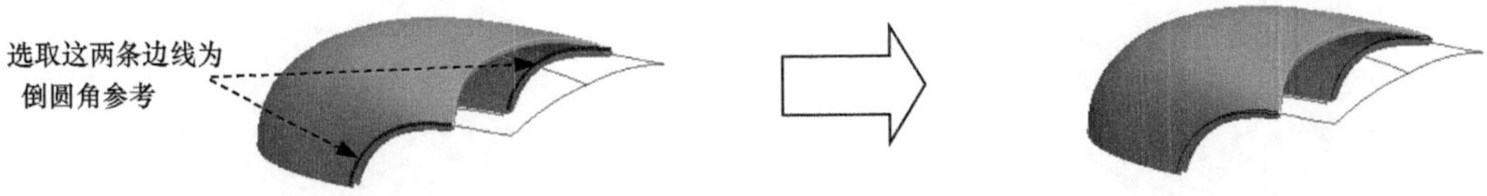

a) 倒圆角前 b) 倒圆角后

图 21.32 倒圆角特征 2

Step21. 创建图 21.33b 所示的倒圆角特征 3。选取图 21.33a 所示的边线为倒圆角的边线；

输入倒圆角半径值 0.5。

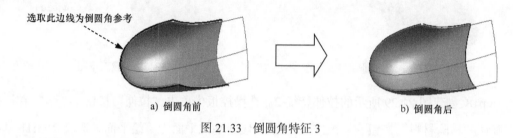

选取此边线为倒圆角参考

a) 倒圆角前　　　　　　　　　　　　b) 倒圆角后

图 21.33　倒圆角特征 3

Step22. 保存零件模型文件。

实例 22 皮 靴 鞋 面

实例概述

本实例主要介绍了扫描曲面和边界曲面的应用技巧。先用"扫描"命令构建模型的一个曲面，然后通过镜像命令产生另一侧曲面，模型的前后曲面则为边界曲面。练习时，注意扫描曲面与边界曲面是如何相切过渡的。零件模型及模型树如图 22.1 所示。

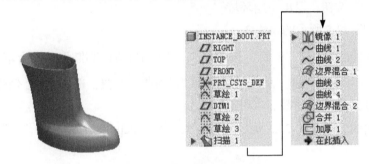

图 22.1 零件模型及模型树

Step1. 新建零件模型。模型命名为 INSTANCE_BOOT。

Step2. 创建图 22.2 所示的草绘特征——草绘 1。

（1）单击"草绘"按钮 ，系统弹出"草绘"对话框。

（2）选取 FRONT 基准平面为草绘平面，RIGHT 基准平面为参考平面，方向为 右，单击 草绘 按钮，进入草绘环境。

（3）进入草绘环境后，接受默认的参考，绘制图 22.2 所示的截面草图（草绘 1）。

（4）单击 ✔ 按钮，退出草绘环境。

Step3. 创建图 22.3 所示的 DTM1 基准平面。

（1）选择命令。单击 模型 功能选项卡 基准 ▾ 区域中的"平面"按钮 。

（2）定义平面参考。在模型树中选取 FRONT 基准平面为偏距参考面，定义约束类型为 偏移，在"基准平面"对话框中输入偏移距离值 40.0。

（3）单击该对话框中的 确定 按钮。

Step4. 创建图 22.4 所示的草绘 2。

（1）在操控板中单击"草绘"按钮 ；选取 DTM1 基准平面作为草绘平面，选取 RIGHT 基准平面为参考平面，方向为 右；单击 草绘 按钮，选取 Step2 创建的草绘曲线 1 为参考，绘制图 22.4 所示的截面草图（草绘 2）。

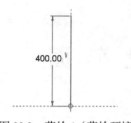

图 22.2　草绘 1（草绘环境）

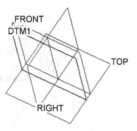

图 22.3　DTM1 基准平面

（2）转换曲线。在草绘环境中选取图 22.4 所示的草绘 2 中的所有实线图元，单击 **草绘** 功能选项卡 **操作 ▾** 区域后的 ▾ 按钮，在系统弹出的菜单中选择 **转换为 ▸** ➡ **样条** 命令，将草绘曲线 2 转换为样条曲线。

（3）单击 ✔ 按钮，退出草绘环境。

Step5. 创建图 22.5 所示的草绘 3。

（1）在操控板中单击"草绘"按钮 ；选取 DTM1 基准平面作为草绘平面，选取 RIGHT 基准平面为参考平面，方向为 **右**；单击 **草绘** 按钮，选取 Step2 创建的草绘曲线 1 为参考，绘制图 22.5 所示的截面草图（草绘 3）。

（2）转换曲线。选取图 22.5 所示的草绘 3，参考 Step4 的步骤，将草绘曲线 3 转换为样条曲线。

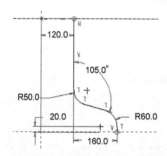

图 22.4　草绘 2（草绘环境）

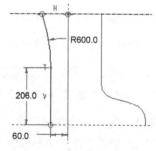

图 22.5　草绘 3（草绘环境）

Step6. 创建图 22.6 所示的扫描特征 1。

（1）选择"扫描"命令。单击 **模型** 功能选项卡 **形状 ▾** 区域中的 **扫描 ▾** 按钮。

（2）定义扫描轨迹。

① 在操控板中确认 按钮和 按钮被按下。

② 在图形区中选取图 22.7 所示的原点轨迹，再按住 Ctrl 键，依次选取轨迹 1 和轨迹 2。

③ 单击箭头调整扫描轨迹起始方向如图 22.7 所示。

（3）创建扫描特征的截面草图。

① 在操控板中单击"创建或编辑扫描截面"按钮 ，系统自动进入草绘环境。

② 绘制并标注图 22.8 所示的扫描截面草图。

③完成截面草图的绘制和标注后，单击"确定"按钮 ✓。

（4）单击操控板中的 ✓ 按钮，完成扫描特征 1 的创建。

图 22.6　扫描特征 1

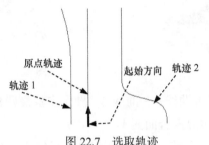

原点轨迹　　起始方向　轨迹 2
轨迹 1

图 22.7　选取轨迹

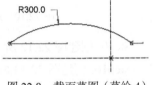

R300.0

图 22.8　截面草图（草绘 4）

Step7. 创建图 22.9b 所示的曲面的镜像——镜像特征 1。

（1）选取要镜像的对象。选取图 22.9a 所示的曲面为要镜像的对象。

（2）选择"镜像"命令。单击 模型 功能选项卡 编辑 ▾ 区域中的"镜像"按钮 ⅅⅭ 。

（3）定义镜像中心平面。选取 FRONT 基准平面为镜像中心平面。

（4）单击"镜像"操控板中的 ✓ 按钮，完成镜像特征 1 的创建。

选取该曲面

a) 镜像前　　　　　　　　　　　　　　　　　　b) 镜像后

图 22.9　镜像特征 1

Step8. 创建图 22.10 所示的曲线 1。

（1）单击 模型 功能选项卡中的 基准 ▾ 按钮，在系统弹出的菜单中单击 ～ 曲线 ▶ 选项后面的 ▸ ，然后选择 ～ 通过点的曲线 命令。

（2）完成上步操作后，系统弹出"曲线：通过点"操控板，在图形区依次选取图 22.10 中的两个点为曲线的经过点。

（3）单击操控板中的 终止条件 选项卡，在 曲线侧 (C) 列表框中选择 起点 ，在后面的 终止条件 (E) 下拉列表中选择 相切 选项，单击 相切于 文本框中的 ● 选择项 ，在图形区选中图 22.11 所示的相应边线作为起始点的相切曲线，在 曲线侧 (C) 列表框中选择 终点 选项，在后面的 终止条件 (E) 下拉列表中选择 相切 选项，单击 相切于 下的文本框 ● 选择项 ，在图形区选取 22.11 所示的相应边线作为终点的相切曲线。

说明：如果相切方向错误，可以单击 反向 (E) 按钮调整。

（4）单击"曲线：通过点"操控板中的 ✓ 按钮，完成曲线 1 的创建。

图 22.10　曲线 1

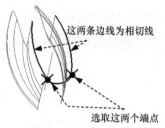

图 22.11　操作过程

Step9. 创建图 22.12 所示的基准曲线——曲线 2。操作步骤参见 Step8。

Step10. 创建图 22.13 所示的边界混合曲面 1。

注意： 在创建边界混合曲面 1 之前要先隐藏草绘 1、草绘 2 和草绘 3，否则有可能无法顺利添加曲面相切约束。

（1）选择命令。单击 模型 功能选项卡 曲面 ▾ 区域中的"边界混合"按钮 。

（2）选取边界曲线。在操控板中单击 曲线 按钮，系统弹出"曲线"界面，按住 Ctrl 键，依次选取图 22.13 所示的曲线 1 和曲线 2；单击"第二方向"区域中的"单击此 ..."字符，然后按住 Ctrl 键，依次选择图 22.13 所示的曲线 3 和曲线 4。

（3）设置边界条件。在操控板中单击 约束 按钮，在"约束"界面中将"方向 2"的"第一条链"和"最后一条链"的"条件"设置为 相切 ，然后单击下方的"图元"区域，选取 Step6 所创建的扫描特征 1 和 Step7 创建的镜像特征 1 为约束对象。

（4）在操控板中单击按钮 ，预览所创建的曲面，确认无误后，单击 ✔ 按钮，完成边界混合曲面 1 的创建。

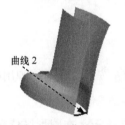

图 22.12　曲线 2

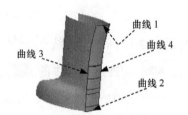

图 22.13　边界混合曲面 1

Step11. 创建图 22.14 所示的两条基准曲线——曲线 3 和曲线 4。操作步骤参见 Step8。

Step12. 创建图 22.15 所示的边界曲面——边界混合曲面 2。操作步骤参见 Step10。

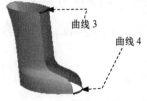

图 22.14　曲线 3 和曲线 4

图 22.15　边界混合曲面 2

Step13. 创建图 22.16 所示的曲面合并特征 1。

（1）选取合并对象。按住 Ctrl 键，选取图形区中所有的面组为合并对象。

（2）选择命令。单击 模型 功能选项卡 编辑▼ 区域中的 "合并" 按钮 。

（3）单击 ✔ 按钮，完成曲面合并特征 1 的创建。

Step14. 创建图 22.17 所示的曲面加厚特征 1。

（1）选取加厚对象。选取曲面合并特征 1 为要加厚的面组。

（2）选择命令。单击 模型 功能选项卡 编辑▼ 区域中的 按钮。

（3）定义加厚参数。在操控板中单击 选项 按钮，选择偏距类型为 垂直于曲面 ；在操控板中输入厚度值 3.0，调整加厚方向如图 22.17 所示。

（4）单击 ✔ 按钮，完成加厚操作。

图 22.16 曲面合并特征 1

加厚方向

图 22.17 曲面加厚特征 1

Step15. 保存零件模型文件。

实例 23 控制面板

实例概述

本实例充分运用了曲面实体化、边界混合、投影、扫描、镜像、阵列及抽壳等命令。读者在学习设计此零件的过程中应灵活运用这些命令，注意方向的选择以及参考的选择。零件模型如图 23.1 所示。

Step1. 新建零件模型。模型命名为 PANEL。

Step2. 创建图 23.2 所示的拉伸特征 1。单击 模型 功能选项卡 形状 ▼ 区域中的"拉伸"按钮 拉伸；在图形区右击，从系统弹出的快捷菜单中选择 定义内部草绘… 命令；选取 FRONT 基准平面为草绘平面，选取 RIGHT 基准平面为参考平面，方向为 右；单击 草绘 按钮，绘制图 23.3 所示的截面草图；在操控板中选择拉伸类型为 苹，输入深度值 40.0；在操控板中单击"确定"按钮 ✓，完成拉伸特征 1 的创建。

从 A 向查看

图 23.1 零件模型

图 23.2 拉伸特征 1

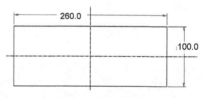

图 23.3 截面草图

Step3. 创建图 23.4b 所示的倒圆角特征 1。单击 模型 功能选项卡 工程 ▼ 区域中的 倒圆角 ▼ 按钮，选取图 23.4a 所示的两条边线为倒圆角的边线；在"倒圆角半径"文本框中输入值 8.0。

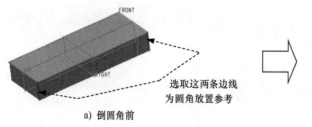

选取这两条边线为圆角放置参考

a) 倒圆角前

b) 倒圆角后

图 23.4 倒圆角特征 1

Step4. 创建图 23.5 所示的草绘 1。单击"草绘"按钮 ，系统弹出"草绘"对话框；选取图 23.5 所示的模型表面为草绘平面，RIGHT 基准平面为参考平面，方向为 右，单击 草绘 按钮进入草绘环境；进入草绘环境后，绘制图 23.6 所示的截面草图；单击"完成"按钮 ✔，退出草绘环境。

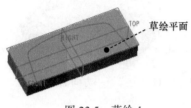

图 23.5 草绘 1

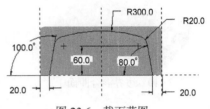

图 23.6 截面草图

Step5. 创建图 23.7b 所示的 DTM1 基准平面。单击 模型 功能选项卡 基准 ▼ 区域中的"平面"按钮 ▱；在模型树中选取 FRONT 基准平面为偏距参考面，在"基准平面"对话框中输入偏移距离值 10.0；单击该对话框中的 确定 按钮。

a) 创建前

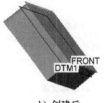

b) 创建后

图 23.7 DTM1 基准平面

Step6. 创建图 23.8 所示的草绘 2。在操控板中单击"草绘"按钮 ；选取 DTM1 基准平面作为草绘平面，选取 RIGHT 基准平面为参考平面，方向为 左；单击 草绘 按钮，单击草绘工具条中的"投影"按钮 ▢，选取要创建的边，绘制图 23.9 所示的截面草图（草绘 2）。

图 23.8 草绘 2

图 23.9 截面草图（草绘 2）

Step7. 创建图 23.10 所示的边界混合曲面 1。单击 模型 功能选项卡 曲面 ▼ 区域中的"边界混合"按钮 ▧；在操控板中单击 曲线 按钮，系统弹出"曲线"界面，按住 Ctrl 键，依次选取图 23.11 所示的草绘 1 和草绘 2 为第一方向的曲线；在操控板中单击

约束 按钮，在"约束"界面中将"方向1"的"第一条链"和"最后一条链"的"条件"设置为 自由；在操控板中单击 ∞ 按钮，预览所创建的曲面，确认无误后，单击 ✔ 按钮，完成边界混合曲面1的创建。

图 23.10 边界混合曲面 1

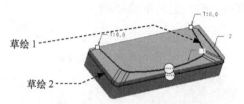

图 23.11 定义第一方向曲线

Step8. 创建图 23.12b 所示的曲面实体化特征 1。在模型树中选取 Step7 所创建的边界混合曲面 1 为实体化对象；单击 模型 功能选项卡 编辑 ▾ 区域中的 🗔 按钮，并按下"移除材料"按钮 🗂；单击调整图形区中的箭头使其指向要保留的实体一侧；单击 ✔ 按钮，完成曲面实体化特征 1 的创建。

a) 实体化前

b) 实体化后

图 23.12 曲面实体化特征 1

Step9. 创建图 23.13 所示的拉伸特征 2。在操控板中单击"拉伸"按钮 🗔 拉伸；按下 🗔 按钮，选取图 23.14 所示的模型表面为草绘平面，选取 RIGHT 基准平面为参考平面，方向为 右；单击 草绘 按钮，绘制图 23.15 所示的截面草图；在操控板中定义拉伸类型为 🗗，输入深度值 100.0；单击 ✔ 按钮，完成拉伸特征 2 的创建。

图 23.13 拉伸特征 2

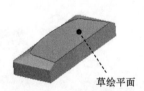

图 23.14 定义草绘平面

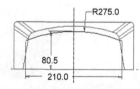

图 23.15 截面草图

Step10. 创建图 23.16 所示的草绘 3。在操控板中单击"草绘"按钮 🗔；选取图 23.17 所示的面为草绘平面和参考平面，方向为 上；单击 草绘 按钮，选取图 23.18 所示的点 1 和点 2 为草绘参考，绘制图 23.18 所示的截面草图（草绘 3）。

图 23.16 草绘 3（建模环境）

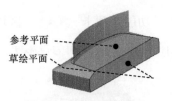

图 23.17 定义草绘参考

Step11. 创建图 23.19 所示的 DTM2 基准平面。单击 模型 功能选项卡 基准 ▾ 区域中的"平面"按钮 ⬜，在模型树中选取 FRONT 基准平面为放置参考，将其设置为 平行；按住 Ctrl 键，选取图 23.19 所示的草绘 3 的终点为放置参考，将其设置为 穿过；单击该对话框中的 确定 按钮。

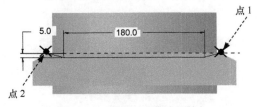

图 23.18 草绘 3（草绘环境）

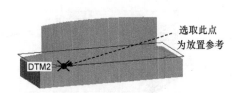

图 23.19 DTM2 基准平面

Step12. 创建图 23.20 所示的草绘 4。在操控板中单击"草绘"按钮 ◳；选取图 23.17 所示的面为草绘平面和参考平面，方向为 上；单击 草绘 按钮，选取图 23.21 所示的点 1 和点 2 为草绘参考，绘制图 23.21 所示的截面草图（草绘 4）。

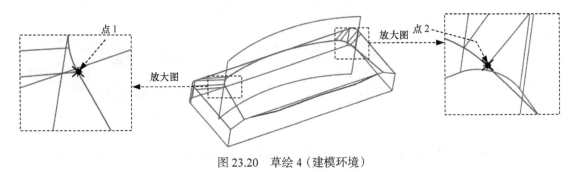

图 23.20 草绘 4（建模环境）

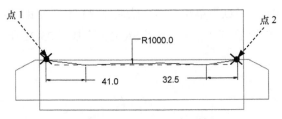

图 23.21 草绘 4（草绘环境）

Step13. 创建图 23.22 所示的投影曲线——投影 1。在模型树中选取 Step12 所创建的草绘 4，

单击 模型 功能选项卡 编辑 ▼ 区域中的"投影"按钮 ，此时系统弹出"投影"操控板；选取图 23.23 所示的面为投影面，在操控板中单击"完成"按钮 ✔。

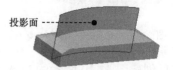

图 23.22　投影 1　　　　　　　　图 23.23　定义投影面

Step14. 创建图 23.24 所示的草绘 5。在操控板中单击"草绘"按钮 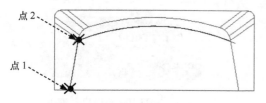；选取图 23.25 所示的模型表面为草绘平面，RIGHT 基准平面为参考平面，方向为 右；单击 草绘 按钮，选取图 23.24 所示的点 1 和点 2 为草绘参考，绘制图 23.24 所示的截面草图（草绘 5）。

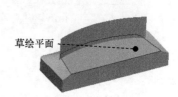

图 23.24　草绘 5（截面草图）　　　　　图 23.25　定义草绘平面

Step15. 创建图 23.26 所示的草绘 6。在操控板中单击"草绘"按钮 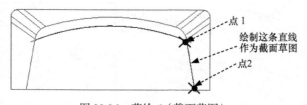；选取图 23.27 所示的面为草绘平面，RIGHT 基准平面为参考平面，方向为 右；单击 草绘 按钮，选取图 23.26 所示的点 1 和点 2 为草绘参考，绘制图 23.26 所示的截面草图（草绘 6）。

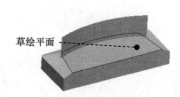

图 23.26　草绘 6（截面草图）　　　　　图 23.27　定义草绘平面

Step16. 创建图 23.28 所示的草绘 7。在操控板中单击"草绘"按钮 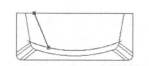；选取 DTM2 基准平面作为草绘平面，选取 RIGHT 基准平面为参考平面，方向为 右；单击 草绘 按钮，选取投影 1 和草绘 3 的曲线终点为草绘参考，绘制图 23.28 所示的草绘 7。

Step17. 创建图 23.29 所示的草绘 8。参考 Step16 绘制图 23.29 所示的草绘 8。

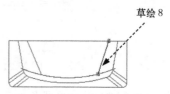

图 23.28　草绘 7（草绘环境）　　　　　图 23.29　草绘 8（草绘环境）

Step18. 创建图 23.30 所示的边界混合曲面 2。单击"边界混合"按钮 ⟨⟩；按住 Ctrl 键，依次选取图 23.31 所示的曲线为第一方向边界曲线；依次选取图 23.32 所示的曲线为第二方向边界曲线；单击 约束 按钮，将第一方向和第二方向边界曲线的边界约束类型均设置为 自由；单击 ✓ 按钮，完成边界混合曲面 2 的创建。

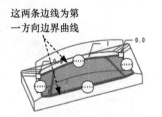

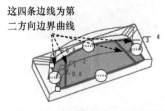

图 23.30　边界混合曲面 2　　图 23.31　定义第一方向边界曲线　　图 23.32　定义第二方向边界曲线

Step19. 创建图 23.33b 所示的曲面合并特征 1。按住 Ctrl 键，选取图 23.33a 所示的面组 1 和面组 2；单击 模型 功能选项卡 编辑 ▾ 区域中的 ⟨⟩ 按钮；单击调整图形区中的箭头使其指向要保留的部分，如图 23.33a 所示；单击 ✓ 按钮，完成曲面合并特征 1 的创建。

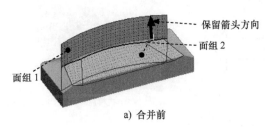

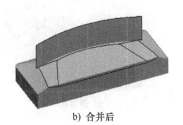

a) 合并前　　　　　　　　　　　　　　　　　　b) 合并后

图 23.33　曲面合并特征 1

Step20. 创建图 23.34b 所示的曲面实体化特征 2。选取图 23.34a 所示的曲面为实体化的对象；单击 ⟨⟩ 按钮，按下"移除材料"按钮 ⟨⟩；调整图形区中的箭头使其指向要去除部分实体；单击 ✓ 按钮，完成曲面实体化特征 2 的创建。

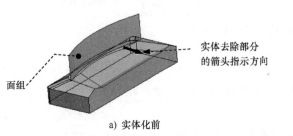

a) 实体化前　　　　　　　　　　　　　　　　　　b) 实体化后

图 23.34　曲面实体化特征 2

Step21. 创建图 23.35 所示的拉伸特征 3。在操控板中单击"拉伸"按钮 ⟨⟩ 拉伸，在操控板中按下"移除材料"按钮 ⟨⟩；选取图 23.35 所示的模型表面为草绘平面，RIGHT 基准平面为参考平面，方向为 左；单击 草绘 按钮，绘制图 23.36 所示的截面草图；在操控板中定义拉伸类型为 ，输入深度值 25.0；单击 ✓ 按钮，完成拉伸特征 3 的创建。

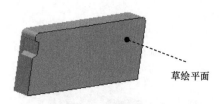

图 23.35 拉伸特征 3

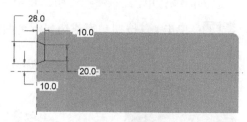

图 23.36 截面草图

Step22. 创建图 23.37b 所示的拔模特征 1。单击 模型 功能选项卡 工程 ▼ 区域中的 拔模 ▼ 按钮；单击"参考"按钮 参考 ，单击 拔模曲面 后的文本框，然后选取图 23.38 所示的要拔模的面，单击 拔模枢轴 后的文本框，选取图 23.38 所示的枢轴平面；在操控板中输入拔模角度值 20.0。单击"确定"按钮 ✓ ，完成拔模特征 1 的创建。

a) 拔模前　　　　　　　　　　　　　　　b) 拔模后

图 23.37 拔模特征 1

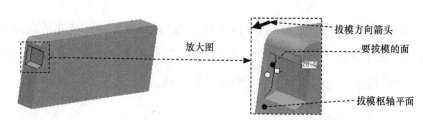

图 23.38 定义拔模参考

Step23. 创建组特征——组 LOCAL_GROUP。按住 Ctrl 键，在模型树中选取拉伸特征 3 和拔模特征 1 后右击，在系统弹出的快捷菜单中选择 组 命令，此时拉伸特征 3 和拔模特征 1 合并为 LOCAL_GROUP 。

Step24. 创建图 23.39b 所示的镜像特征 1。在模型树中选取 Step23 所创建的组特征 LOCAL_GROUP 为镜像特征；单击 模型 功能选项卡 编辑 ▼ 区域中的"镜像"按钮 ；在图形区选取 TOP 基准平面为镜像平面；在操控板中单击 ✓ 按钮，完成镜像特征 1 的创建。

TOP

a) 镜像前　　　　　　　　　　　　　　　　b) 镜像后

图 23.39　镜像特征 1

Step25. 创建图 23.40b 所示的倒圆角特征 2。选取图 23.40a 所示的边线为倒圆角的边线；输入倒圆角半径值 5.0。

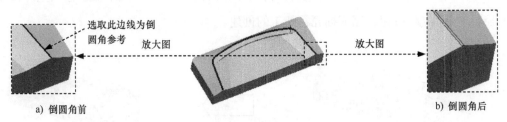

选取此边线为倒圆角参考　　放大图　　　　　　　　放大图

a) 倒圆角前　　　　　　　　　　　　　　　　　b) 倒圆角后

图 23.40　倒圆角特征 2

Step26. 创建图 23.41 所示的拉伸特征 4。在操控板中单击"拉伸"按钮 🗔 拉伸 ；选取图 23.41 所示的面为草绘平面，接受系统默认的参考平面，方向为 上 ；单击 草绘 按钮，进入草绘环境，利用"偏移"命令 🔲 ，绘制图 23.42 所示的截面草图；在操控板中定义拉伸类型为 ⬇ ，输入深度值 5.0；单击 ✔ 按钮，完成拉伸特征 4 的创建。

草绘平面　　　　　　　　　　　　　　　　5.0

图 23.41　拉伸特征 4　　　　　　　　　图 23.42　截面草图

Step27. 创建图 23.43b 所示的倒圆角特征 3。选取图 23.43a 所示的三条边线为倒圆角的边线；输入倒圆角半径值 5.0。

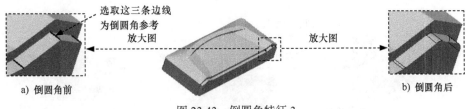

选取这三条边线为倒圆角参考　放大图　　　　　　　放大图

a) 倒圆角前　　　　　　　　　　　　　　　　　b) 倒圆角后

图 23.43　倒圆角特征 3

Step28. 创建图 23.44b 所示的倒圆角特征 4。选取图 23.44a 所示的三条边线为倒圆角的边线；输入倒圆角半径值 5.0。

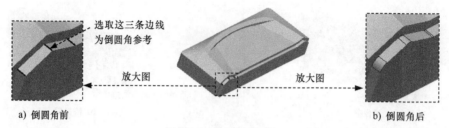

图 23.44　倒圆角特征 4

Step29. 创建图 23.45b 所示的抽壳特征 1。单击 模型 功能选项卡 工程 ▼ 区域中的 "壳" 按钮 回壳；选取图 23.45a 所示的面为要移除的面；在 厚度 文本框中输入壁厚值 2.5；在操控板中单击 ✔ 按钮，完成抽壳特征 1 的创建。

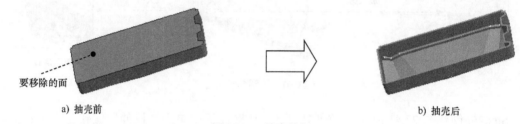

图 23.45　抽壳特征 1

Step30. 创建图 23.46b 所示的倒圆角特征 5。选取图 23.46a 所示的边线为倒圆角的边线；输入倒圆角半径值 3.0。

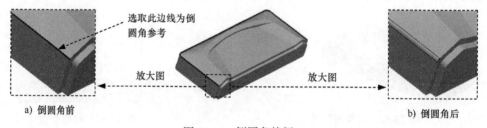

图 23.46　倒圆角特征 5

Step31. 创建图 23.47b 所示的倒圆角特征 6。选取图 23.47a 所示的两条边线为倒圆角的边线；输入倒圆角的半径值 5.0。

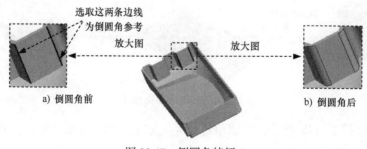

图 23.47　倒圆角特征 6

Step32. 创建图 23.48b 所示的倒圆角特征 7。选取图 23.48a 所示的两条边线为倒圆角的边线；输入倒圆角的半径值 5.0。

选取这两条边线
为倒圆角参考

a) 倒圆角前　　　　　　　　　　　　　　　　b) 倒圆角后

图 23.48　倒圆角特征 7

Step33. 创建图 23.49b 所示的 DTM3 基准平面。单击 模型 功能选项卡 基准 ▾ 区域中的 "平面" 按钮 ▱，在模型树中选取 TOP 基准平面为偏距参考面，在 "基准平面" 对话框中输入偏移距离值 –25.0，单击该对话框中的 确定 按钮。

TOP
a) 创建前　　　　　　　　　　　　　　　　DTM3 TOP
b) 创建后

图 23.49　DTM3 基准平面

Step34. 创建图 23.50 所示的拉伸特征 5。在操控板中单击 "拉伸" 按钮 ▱拉伸，在操控板中按下 "移除材料" 按钮 ▱；选取 TOP 基准平面为草绘平面，选取 RIGHT 基准平面为参考平面，方向为 右；单击 草绘 按钮，绘制图 23.51 所示的截面草图，单击操控板中的 选项 按钮，在 "深度" 界面中将 侧1 的深度类型设置为 ⊥盲孔，输入深度值 45.0；将 侧2 的深度类型设置为 ⊥穿透，单击 ✕ 按钮调整拉伸方向；单击 ✓ 按钮，完成拉伸特征 5 的创建。

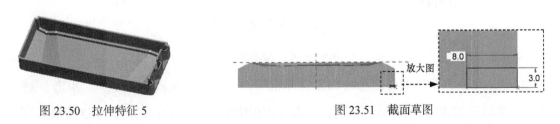

图 23.50　拉伸特征 5　　　　　　　　　　放大图　　　8.0　　3.0

图 23.51　截面草图

Step35. 创建图 23.52 所示的扫描特征 1。单击 模型 功能选项卡 形状 ▾ 区域中的 ⬆扫描 ▾ 按钮，在操控板中按下 "移除材料" 按钮 ▱；在操控板中确认 "实体" 按钮 ▢ 和 "恒定截面" 按钮 ▭ 被按下，按住 Shift 键，依次在图形区中选取图 23.53 所示的扫描轨迹曲线，单击箭头，切换扫描的起始点，切换后的扫描轨迹曲线如图 23.53 所示；在操控板中单击"创建或编辑扫描截面"按钮 ☑️，系统自动进入草绘环境，绘制并标注图 23.54 所示的扫描截面草图，完成截面草图的绘制和标注后，单击"确定"按钮 ✔️；单击操控板中的 ✔️ 按钮，完成扫描特征 1 的创建。

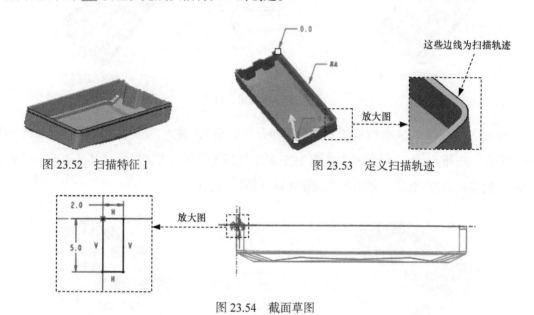

图 23.52　扫描特征 1　　　　图 23.53　定义扫描轨迹

图 23.54　截面草图

Step36. 创建图 23.55b 所示的 DTM4 基准平面。单击 模型 功能选项卡 基准 ▼ 区域中的"平面"按钮 ▱；在模型树中选取 DTM3 基准平面为偏距参考面，在"基准平面"对话框中输入偏移距离值 5.0；单击该对话框中的 确定 按钮。

a) 创建前　　　　　　　　　　　b) 创建后

图 23.55　DTM4 基准平面

Step37. 创建图 23.56 所示的拉伸特征 6。在操控板中单击"拉伸"按钮 ⬜ 拉伸；选取 DTM3 基准平面为草绘平面，选取 RIGHT 基准平面为参考平面，方向为 左；单击 草绘 按钮，绘制图 23.57 所示的截面草图；单击操控板中的 选项 按钮，选择深度类型为 ⊟，输入深度值 18.0；单击 ✔️ 按钮，完成拉伸特征 6 的创建。

Step38. 创建图 23.58 所示的拉伸特征 7。在操控板中单击"拉伸"按钮 ⬜ 拉伸；选取 DTM4 基准平面为草绘平面，选取 RIGHT 基准平面为参考平面，方向为 左；单击 草绘按钮，选取图 23.59 所示的抽壳特征 1 的边线为草绘参考，绘制图 23.59 所示的截面草图；单击操控板中的 选项 按钮，选择深度类型为 □，输入深度值 2.0；单击 ✔ 按钮，完成拉伸特征 7 的创建。

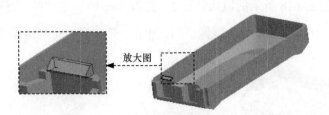

图 23.56 拉伸特征 6

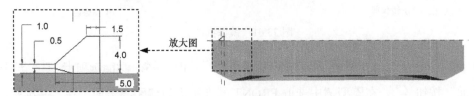

图 23.57 截面草图

图 23.58 拉伸特征 7

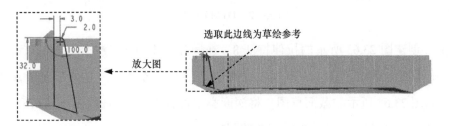

图 23.59 截面草图

Step39. 创建图 23.60b 所示的镜像特征 2。选取 Step38 所创建的拉伸特征 7 为镜像特征，选取 DTM3 基准平面为镜像平面，单击 ✔ 按钮，完成镜像特征 2 的创建。

a) 镜像前   b) 镜像后

图 23.60 镜像特征 2

Step40. 创建组特征——组 LOCAL_GROUP_1。按住 Ctrl 键，在模型树中选取 Step37~ Step39 所创建的特征为组对象，右击，在系统弹出的快捷菜单中选择 组 命令，此时选取的特征合并为 组LOCAL_GROUP_1。

Step41. 创建图 23.61b 所示的镜像特征 3。选取 Step40 所创建的 组LOCAL_GROUP_1 特征作为镜像实体。选取 TOP 基准平面为镜像平面，单击 ✓ 按钮，完成镜像特征 3 的创建。

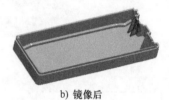

a) 镜像前   b) 镜像后

图 23.61　镜像特征 3

Step42. 创建图 23.62b 所示的 DTM5 基准平面。单击 模型 功能选项卡 基准 ▼ 区域中的"平面"按钮 ▱，在模型树中选取 FRONT 基准平面为偏距参考面，在"基准平面"对话框中输入偏移距离值为 25.0，单击该对话框中的 确定 按钮。

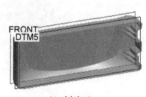

a) 创建前   b) 创建后

图 23.62　DTM5 基准平面

Step43. 创建图 23.63 所示的拉伸特征 8。在操控板中单击"拉伸"按钮 ⬚拉伸；选取 DTM5 基准平面为草绘平面，选取 RIGHT 基准平面为参考平面，方向为 左；单击 草绘 按钮，绘制图 23.64 所示的截面草图，将深度类型设置为 ⬓，选取图 23.63 所示的面为拉伸边界；单击 ✓ 按钮，完成拉伸特征 8 的创建。

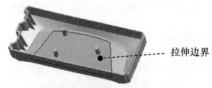

图 23.63　拉伸特征 8

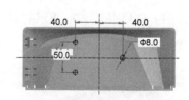

图 23.64　截面草图

Step44. 创建图 23.65 所示的孔特征 1。

（1）选择命令。单击 模型 功能选项卡 工程 ▼ 区域中的 ⬚孔 按钮。

（2）定义孔的放置。选取图 23.66 所示的模型表面为主参考；按住 Ctrl 键，选取图 23.66

所示的基准轴 A_1 为次参考。定义孔为同轴放置。

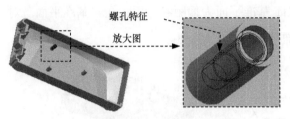

图 23.65　孔特征 1

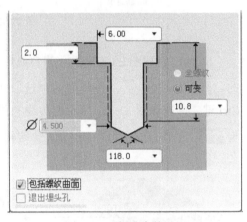

图 23.66　定义孔的放置

（3）定义孔规格。在操控板中按下螺孔类型按钮 ，并确认埋头孔按钮 为弹起状态，沉孔按钮 处于按下状态；选择 ISO 标准螺孔，螺孔大小为 M5×0.5，深度类型为 ，输入深度值 15.00。

（4）在操控板中单击 形状 按钮，按照图 23.67 所示的"形状"界面中的参数设置来定义孔的形状。

（5）在操控板中单击 按钮，完成孔特征 1 的创建。

图 23.67　螺孔参数设置

Step45. 创建图 23.68 所示的孔特征 2。参照 Step44 中的方法创建孔特征 2，孔的放置如图 23.69 所示。

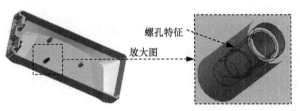

图 23.68　孔特征 2

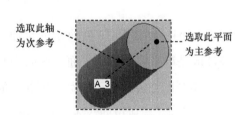

图 23.69　定义孔的放置

Step46. 创建图 23.70 所示的孔特征 3。参考 Step44 中的方法创建孔特征 3，孔的放置如图 23.71 所示。

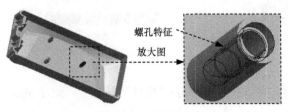

图 23.70　孔特征 3

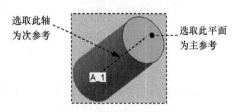

图 23.71　定义孔的放置

Step47. 创建图 23.72b 所示的 DTM6 基准平面。单击 模型 功能选项卡 基准 ▼ 区域中的"平面"按钮 □，在模型树中选取 RIGHT 基准平面为偏距参考面，在"基准平面"对话框中输入偏移距离值为 40.0，单击该对话框中的 确定 按钮。

图 23.72 DTM6 基准平面

Step48. 创建图 23.73b 所示的 DTM7 基准平面。单击 模型 功能选项卡 基准 ▼ 区域中的"平面"按钮 □，在模型树中选取 TOP 基准平面为放置参考，将其设置为 平行，按住 Ctrl 键，再选取图 23.73a 所示的边线的顶点为参考；在"基准平面"对话框中选择约束类型为 穿过，单击该对话框中的 确定 按钮。

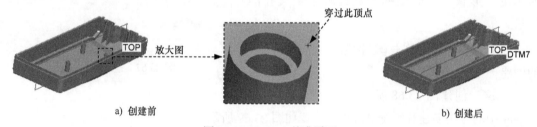

图 23.73 DTM7 基准平面

Step49. 创建图 23.74 所示的拉伸特征 9。在操控板中单击"拉伸"按钮 □ 拉伸；选取 DTM6 基准平面为草绘平面，选取 TOP 基准平面为参考平面，方向为 右；单击 草绘 按钮，绘制图 23.75 所示的截面草图；在操控板中选择深度类型为 日，输入深度值 1.0；单击 ✓ 按钮，完成拉伸特征 9 的创建。

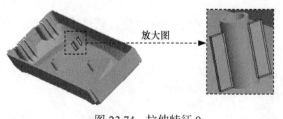

图 23.74 拉伸特征 9

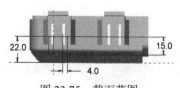

图 23.75 截面草图

Step50. 创建图 23.76 所示的拉伸特征 10。在操控板中单击"拉伸"按钮 □ 拉伸；选取 DTM7 基准平面为草绘平面，选取 RIGHT 基准平面为参考平面，方向为 左；单击 草绘按钮，绘制图 23.77 所示的截面草图，在操控板中选择深度类型为 🔲，输入深度值 1.0；单击 ✔ 按钮，完成拉伸特征 10 的创建。

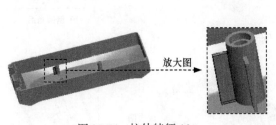

图 23.76 拉伸特征 10

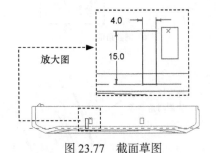

图 23.77 截面草图

Step51. 创建组特征——组 LOCAL_GROUP_2。按住 Ctrl 键，在模型树中选取拉伸特征 9 和拉伸特征 10 后右击，在系统弹出的快捷菜单中选择 组 命令，此时选取的特征合并为 🔲 组LOCAL_GROUP_2。

Step52. 创建图 23.78b 所示的镜像特征 4。选取 Step51 所创建的 🔲 组LOCAL_GROUP_2 为镜像对象，选取 TOP 基准平面为镜像平面；单击 ✔ 按钮，完成镜像特征 4 的创建。

a) 镜像前

b) 镜像后

图 23.78 镜像特征 4

Step53. 创建图 23.79b 所示的倒圆角特征 8。选取图 23.79a 所示的六条边线为倒圆角的边线；输入倒圆角半径值 0.5。

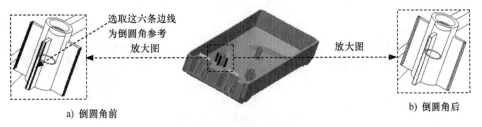

选取这六条边线为倒圆角参考放大图

放大图

a) 倒圆角前

b) 倒圆角后

图 23.79 倒圆角特征 8

Step54. 创建图 23.80b 所示的倒圆角特征 9。选取图 23.80a 所示的三条边线为倒圆角的边线；输入倒圆角半径值 0.2。

Step55. 创建图 23.81b 所示的倒圆角特征 10。选取图 23.81a 所示的六条边线为倒圆角的边线；输入倒圆角半径值 0.5。

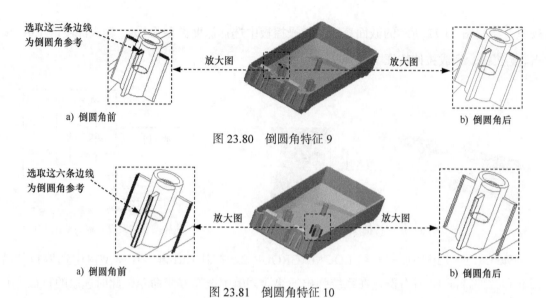

a) 倒圆角前　　　　　　　　　　　　　　　　　　　　　　　b) 倒圆角后

图 23.80　倒圆角特征 9

a) 倒圆角前　　　　　　　　　　　　　　　　　　　　　　　b) 倒圆角后

图 23.81　倒圆角特征 10

Step56. 创建图 23.82b 所示的倒圆角特征 11。选取图 23.82a 所示的三条边线为倒圆角的边线；输入倒圆角半径值 0.2。

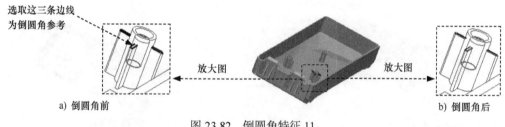

a) 倒圆角前　　　　　　　　　　　　　　　　　　　　　　　b) 倒圆角后

图 23.82　倒圆角特征 11

Step57. 创建图 23.83b 所示的 DTM8 基准平面。单击 模型 功能选项卡 基准 ▾ 区域中的"平面"按钮 □ ，在模型树中选取 RIGHT 基准平面为偏距参考面，在"基准平面"对话框中输入偏移距离值 –40.0，单击该对话框中的 确定 按钮。

a) 创建前　　　　　　　　　　　　　　　　　　　　　　　b) 创建后

图 23.83　DTM8 基准平面

Step58. 创建图 23.84 所示的拉伸特征 11。在操控板中单击"拉伸"按钮 拉伸；选取 DTM8 基准平面为草绘平面，选取 TOP 基准平面为参考平面，方向为 右；单击 草绘 按钮，绘制图 23.85 所示的截面草图，在操控板中选择深度类型为 ⊟ ，输入深度值 1.0；单击 ✓ 按钮，完成拉伸特征 11 的创建。

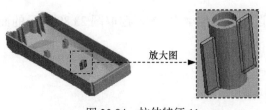
图 23.84 拉伸特征 11

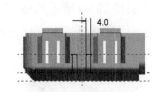
图 23.85 截面草图

Step59. 创建图 23.86b 所示的倒圆角特征 12。选取图 23.86a 所示的四条边线为倒圆角的边线；输入倒圆角半径值 0.5。

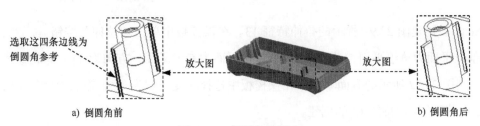

a) 倒圆角前　　　　　　　　　　　　　　　　　b) 倒圆角后

图 23.86 倒圆角特征 12

Step60. 创建图 23.87b 所示的倒圆角特征 13。选取图 23.87a 所示的两条边线为倒圆角的边线；输入倒圆角半径值 0.2。

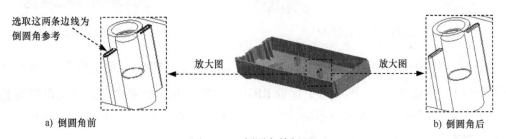

a) 倒圆角前　　　　　　　　　　　　　　　　　b) 倒圆角后

图 23.87 倒圆角特征 13

Step61. 创建图 23.88b 所示的 DTM9 基准平面。单击 模型 功能选项卡 基准 ▾ 区域中的 "平面" 按钮 ▱ ，在模型树中选取 FRONT 基准平面为偏距参考面，在 "基准平面" 对话框中输入偏移距离值为 –40.0，单击该对话框中的 确定 按钮。

a) 创建前　　　　　　　　　　　　　　　　　b) 创建后

图 23.88 DTM9 基准平面

Step62. 创建图 23.89 所示的拉伸特征 12。在操控板中单击 "拉伸" 按钮 ⬚拉伸 ；选取 DTM9 基准平面为草绘平面，选取 RIGHT 基准平面为参考平面，方向为 左 ；单击 草绘按钮，绘制图 23.90 所示的截面草图，选择深度类型为 ⊥，选取图 23.89 所示的面为拉伸边界；单击 ✓ 按钮，完成拉伸特征 12 的创建。

图 23.89　拉伸特征 12

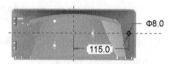

图 23.90　截面草图

Step63. 创建图 23.91 所示的拉伸特征 13。在操控板中单击"拉伸"按钮 ⬚拉伸；选取 TOP 基准平面为草绘平面，选取 RIGHT 基准平面为参考平面，方向为 左；单击 草绘 按钮，绘制图 23.92 所示的截面草图，在操控板中选择深度类型为 ⊟，输入深度值 1.0；单击 ✓ 按钮，完成拉伸特征 13 的创建。

图 23.91　拉伸特征 13

图 23.92　截面草图

Step64. 创建图 23.93b 所示的 DTM10 基准平面。单击 模型 功能选项卡 基准 ▾ 区域中的"平面"按钮 ▱，在模型树中选取 RIGHT 基准平面为放置参考，将其设置为 平行，按住 Ctrl 键，再选取图 23.93a 所示的轴线 A_7 为参考；在"基准平面"对话框中选择约束类型为 穿过，单击该对话框中的 确定 按钮。

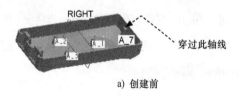

a) 创建前

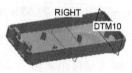

b) 创建后

图 23.93　DTM10 基准平面

Step65. 创建图 23.94 所示的拉伸特征 14。在操控板中单击"拉伸"按钮 ⬚拉伸；选取 DTM10 基准平面为草绘平面，选取 TOP 基准平面为参考平面，方向为 下；单击 草绘 按钮，绘制图 23.95 所示的截面草图，在操控板中选择深度类型为 ⊟，输入深度值 1.0；单击 ✓ 按钮，完成拉伸特征 14 的创建。

Step66. 创建图 23.96b 所示的倒圆角特征 14。选取图 23.96a 所示的两条边线为倒圆角的边线；输入倒圆角半径值 0.5。

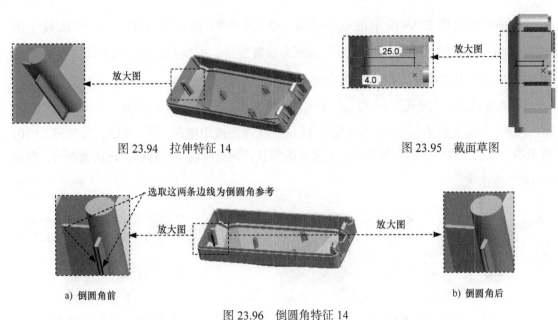

图 23.94 拉伸特征 14　　　　　　　　　　图 23.95 截面草图

选取这两条边线为倒圆角参考

a) 倒圆角前　　　　　　　　　　　　　　　　　　　　b) 倒圆角后

图 23.96 倒圆角特征 14

Step67. 创建图 23.97b 所示的倒圆角特征 15。选取图 23.97a 所示的边线为倒圆角的边线；输入倒圆角半径值 0.2。

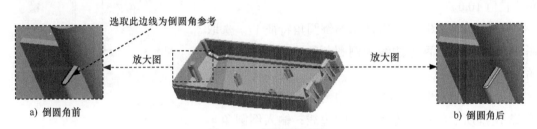

选取此边线为倒圆角参考

a) 倒圆角前　　　　　　　　　　　　　　　　　　　　b) 倒圆角后

图 23.97 倒圆角特征 15

Step68. 创建图 23.98b 所示的阵列特征 1。按住 Ctrl 键，选取 Step65~Step67 所创建的对象后右击，在系统弹出的快捷菜单中选择 分组 命令；在模型树中单击创建的组特征后右击，在系统弹出的快捷菜单中选择 ⊞ 命令；在"阵列"操控板中选取以"轴"方式来控制阵列；选取图 23.98a 所示的基准轴 A_7 为阵列参考，输入第一方向的阵列成员数 3，输入阵列成员间的角度值 90；在操控板中单击 ✓ 按钮，完成阵列特征 1 的创建。

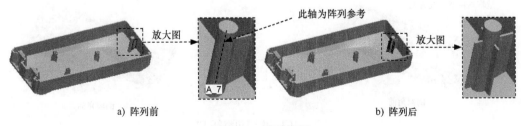

此轴为阵列参考

a) 阵列前　　　　　　　　　　　　　　　　　　　　b) 阵列后

图 23.98 阵列特征 1

Step69. 创建图 23.99 所示的孔特征 4。单击 模型 功能选项卡 工程 ▼ 区域中的 孔 按钮；选取图 23.100 所示的圆柱端面为放置参考，按住 Ctrl 键，选取图 23.100 所示的基准轴 A_7 为次参考；在操控板中按下"螺孔类型"按钮，并确认"埋头孔"按钮 为弹起状态，"沉孔"按钮 处于按下状态；选择 ISO 标准螺孔，螺孔大小为 M5×0.5，深度类型为，输入深度值 15.00。在操控板中单击 形状 按钮，按照图 23.101 所示的"形状"界面中的参数设置来定义孔的形状；预览所创建的特征，确认无误后，单击"确定"按钮。

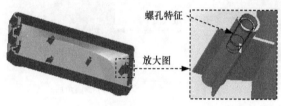

图 23.99　孔特征 4

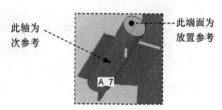

图 23.100　定义孔的放置

Step70. 创建图 23.102b 所示的倒圆角特征 16。选取图 23.102a 所示的两条边线为倒圆角的边线；输入倒圆角半径值 10.0。

Step71. 创建图 23.103b 所示的倒圆角特征 17。选取图 23.103a 所示的两条边线为倒圆角的边线；输入倒圆角半径值 3.0。

Step72. 创建图 23.104b 所示的倒圆角特征 18。选取图 23.104a 所示的边线为倒圆角的边线；输入倒圆角半径值 0.5。

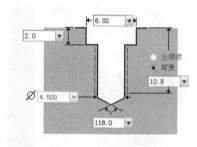

图 23.101　螺孔参数设置

图 23.102　倒圆角特征 16

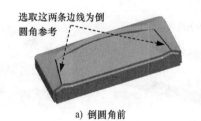

图 23.103　倒圆角特征 17

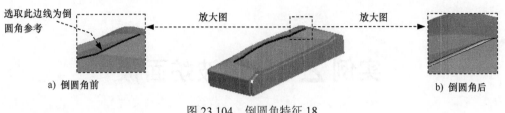

选取此边线为倒
圆角参考

放大图

放大图

a) 倒圆角前

b) 倒圆角后

图 23.104 倒圆角特征 18

Step73. 创建图 23.105b 所示的倒圆角特征 19。选取图 23.105a 所示的边线为倒圆角的边线；输入倒圆角半径值 0.5。

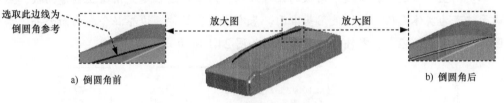

选取此边线为
倒圆角参考

放大图

放大图

a) 倒圆角前

b) 倒圆角后

图 23.105 倒圆角特征 19

Step74. 保存零件模型文件。

实例 24　微波炉面板

实例概述

本实例主要讲述一款微波炉面板的设计过程，该设计过程是先用曲面创建面板，然后再将曲面转变为实体面板。通过使用基准面、基准曲线、拉伸、边界混合、曲面合并、加厚和倒圆角命令将面板完成。零件模型及模型树如图 24.1 所示。

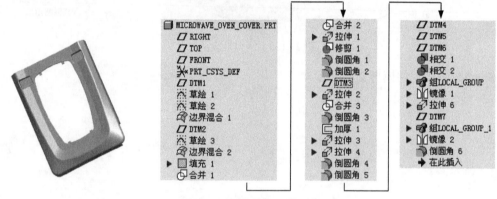

图 24.1　零件模型及模型树

Step1. 新建零件模型。模型命名为 MICROWAVE_OVEN_COVER。

Step2. 创建图 24.2 所示的 DTM1 基准平面。

（1）选择命令。单击 **模型** 功能选项卡 **基准 ▾** 区域中的"平面"按钮 ◻。

（2）定义平面参考。在模型树中选取 FRONT 基准平面为偏距参考面，在"基准平面"对话框中输入偏移距离值 15.0。

（3）单击该对话框中的 **确定** 按钮。

Step3. 创建图 24.3 所示的草绘 1。

（1）单击"草绘"按钮 ◪，系统弹出"草绘"对话框。

（2）选取 FRONT 基准平面为草绘平面，RIGHT 基准平面为参考平面，方向为 **右**，单击 **草绘** 按钮进入草绘环境。

（3）进入草绘环境后，接受系统默认的参考，绘制图 24.4 所示的截面草图（草绘 1）。

（4）单击"确定"按钮 ✔，退出草绘环境。

Step4. 创建图 24.5 所示的草绘 2。在操控板中单击"草绘"按钮 ◪；选取 DTM1 基准平面作为草绘平面，选取 RIGHT 基准平面为参考平面，方向为 **右**；单击 **草绘** 按钮，绘制图 24.6 所示的草绘 2。

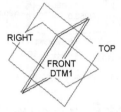

图 24.2　DTM1 基准平面

图 24.3　草绘 1（建模环境）

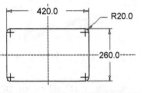

图 24.4　草绘 1（草绘环境）

图 24.5　草绘 2（建模环境）

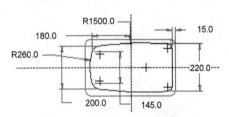

图 24.6　草绘 2（草绘环境）

Step5. 创建图 24.7 所示的边界混合曲面 1。

（1）选择命令。单击 模型 功能选项卡 曲面▾ 区域中的"边界混合"按钮 。

（2）选取边界曲线。在操控板中单击 曲线 按钮，系统弹出"曲线"界面，按住 Ctrl 键，依次选取图 24.8 所示的草绘 1 和草绘 2 为边界曲线。

图 24.7　边界混合曲面 1

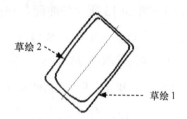

图 24.8　定义边界曲线

（3）在操控板中单击按钮 ，预览所创建的曲面，确认无误后，单击 按钮，完成边界混合曲面 1 的创建。

Step6. 创建图 24.9 所示的 DTM2 基准平面。单击"平面"按钮 ，在模型树中选取 FRONT 基准平面为偏距参考面，在"基准平面"对话框中输入偏移距离值 10.0，单击该对话框中的 确定 按钮。

Step7. 创建图 24.10 所示的草绘 3。在操控板中单击"草绘"按钮 ；选取 DTM2 基准平面作为草绘平面，选取 RIGHT 基准平面为参考平面，方向为 右；单击 草绘 按钮，绘制图 24.11 所示的草绘 3。

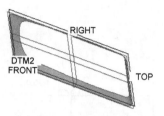

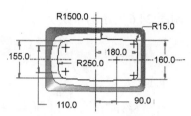

图 24.9　DTM2 基准平面　　　图 24.10　草绘 3（建模环境）　　　图 24.11　草绘 3（草绘环境）

Step8. 创建图 24.12 所示的边界混合曲面 2。单击"边界混合"按钮 ；按住 Ctrl 键，依次选取图 24.13 所示的草绘 2 和草绘 3 为边界曲线；单击 ✔ 按钮，完成边界混合曲面 2 的创建。

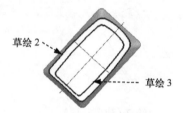

图 24.12　边界混合曲面 2　　　　　　图 24.13　定义边界曲线

Step9. 创建图 24.14 所示的填充曲面 1。

（1）选择命令。单击 模型 功能选项卡 曲面 ▾ 区域中的 填充 按钮。

（2）选取填充参考。选取图 24.13 所示的草绘 3 为填充参考。

（3）在操控板中单击 ✔ 按钮，完成填充曲面 1 的创建。

Step10. 创建图 24.15 所示的曲面合并特征 1。

（1）选取合并对象。单击系统界面下部的"智能选取"栏后面的按钮 ▾ ，选择 面组 选项；按住 Ctrl 键，选取图 24.15 所示的边界混合 2 与填充 1 为要合并的面组。

（2）选择命令。单击 模型 功能选项卡 编辑 ▾ 区域中的 按钮。

（3）单击 ✔ 按钮，完成曲面合并特征 1 的创建。

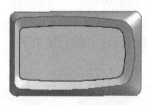

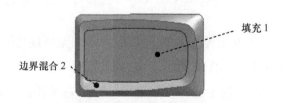

图 24.14　填充曲面 1　　　　　　图 24.15　曲面合并特征 1

Step11. 创建图 24.16 所示的曲面合并特征 2。按住 Ctrl 键，选取图 24.16 所示的边界混合 1 与合并 1 为要合并的面组，单击 ✔ 按钮，完成曲面合并特征 2 的创建。

Step12. 创建图 24.17 所示的拉伸特征 1。

（1）选择命令。单击 模型 功能选项卡 形状 ▾ 区域中的"拉伸"按钮 拉伸，在系统弹出的操控板中单击"曲面"按钮 。

（2）绘制截面草图。在图形区右击，从弹出的快捷菜单中选择 定义内部草绘... 命令；选取 FRONT 基准平面为草绘平面，选取 RIGHT 基准平面为参考平面，方向为 右；单击 草绘 按钮，绘制图 24.18 所示的截面草图。

（3）定义拉伸属性。在操控板中选择拉伸类型为 日（即"两侧定值"拉伸）；输入深度 值 50.0。

（4）在操控板中单击"确定"按钮 ✔，完成拉伸特征 1 的创建。

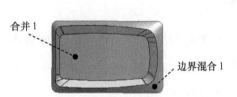

图 24.16 曲面合并特征 2

图 24.17 拉伸特征 1

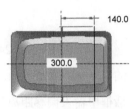

图 24.18 截面草图

Step13. 创建图 24.19 所示的修剪特征 1。

（1）选取修剪对象。在模型树中选取图 24.20 所示的合并 2 为要修剪的面组。

（2）选择命令。单击 模型 功能选项卡 编辑 ▼ 区域中的 🞂修剪 按钮。

（3）选取修剪对象。选取图 24.20 所示的拉伸 1 为修剪对象。

（4）确定要保留的部分。修剪保留方向如图 24.20 所示。

图 24.19 修剪特征 1

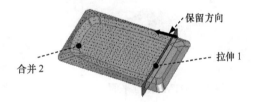

图 24.20 修剪方向

（5）单击 ✔ 按钮，完成修剪特征 1 的创建。

Step14. 创建图 24.21b 所示的倒圆角特征 1。单击 模型 功能选项卡 工程 ▼ 区域中 的 🞂倒圆角 ▼ 按钮，选取图 24.21a 所示的边线为倒圆角的边线；在"倒圆角半径"文本框中 输入值 8.0。

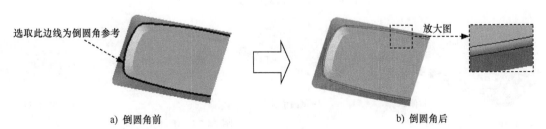

a）倒圆角前　　　　　　　　　　　　　　b）倒圆角后

图 24.21 倒圆角特征 1

Step15. 创建图 24.22b 所示的倒圆角特征 2。选取图 24.22a 所示的边线为倒圆角的边线；输入倒圆角半径值 10.0。

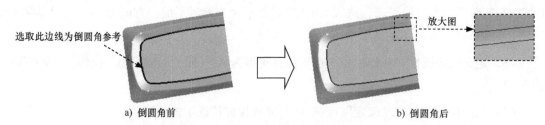

选取此边线为倒圆角参考

放大图

a) 倒圆角前   b) 倒圆角后

图 24.22　倒圆角特征 2

Step16. 创建图 24.23 所示的 DTM3 基准平面。单击 模型 功能选项卡 基准 ▼ 区域中的"平面"按钮 ▱，在模型树中选取 FRONT 基准平面为偏距参考面，在"基准平面"对话框中输入偏移距离值为 −30.0，单击该对话框中的 确定 按钮。

Step17. 创建图 24.24 所示的拉伸特征 2。在操控板中单击"拉伸"按钮 ⬠拉伸；在操控板中按下"曲面"按钮 ▭，选取 DTM3 基准平面为草绘平面，选取 RIGHT 基准平面为参考平面，方向为 下 ；单击 草绘 按钮，绘制图 24.25 所示的截面草图，选择深度类型为 ⊥，选取图 24.24 所示的边线为拉伸边界；单击 ✔ 按钮，完成拉伸特征 2 的创建。

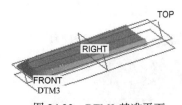

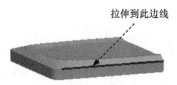

拉伸到此边线

图 24.23　DTM3 基准平面　　　　图 24.24　拉伸特征 2　　　　图 24.25　截面草图

Step18. 创建图 24.26 所示的曲面合并特征 3。按住 Ctrl 键，选取图 24.26 所示的拉伸 2 与合并 2 为要合并的面组；单击 ✔ 按钮，完成曲面合并特征 3 的创建。

Step19. 创建图 24.27b 所示的倒圆角特征 3。选取图 24.27a 所示的边线为倒圆角的边线；输入倒圆角半径值 8.0。

选取此边线为倒圆角参考

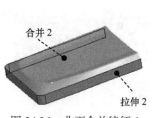

合并 2

拉伸 2

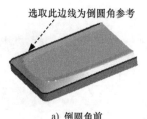

a) 倒圆角前

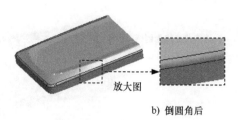

放大图

b) 倒圆角后

图 24.26　曲面合并特征 3　　　　　　　图 24.27　倒圆角特征 3

Step20. 创建曲面加厚特征 1。

（1）选取加厚对象。选取曲面合并特征 3 为要加厚的面组。

（2）选择命令。单击 模型 功能选项卡 编辑 ▾ 区域中的 ⊏ 按钮。

（3）定义加厚参数。在操控板中输入厚度值 3.0，调整加厚方向如图 24.28 所示。

（4）单击 ✔ 按钮，完成加厚操作。

Step21. 创建图 24.29 所示的拉伸特征 3。在操控板中单击"拉伸"按钮 📦 拉伸，选取 DTM3 基准平面为草绘平面，选取 RIGHT 基准平面为参考平面，方向为 右；单击 草绘 按钮，绘制图 24.30 所示的截面草图，选择深度类型为 ╪（拉伸到下一曲面），单击加厚 ⊏ 按钮，输入加厚值 5.0；单击 ✔ 按钮，完成拉伸特征 3 的创建。

图 24.28　定义加厚方向

图 24.29　拉伸特征 3

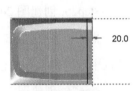

图 24.30　截面草图

Step22. 创建图 24.31 所示的拉伸特征 4。在操控板中单击"拉伸"按钮 📦 拉伸；选取 DTM3 基准平面为草绘平面，选取 RIGHT 基准平面为参考平面，方向为 右；单击 草绘 按钮，绘制图 24.32 所示的截面草图，按下"移除材料"按钮 ◢，选择深度类型为 ╪̷（穿孔），单击 ✔ 按钮，完成拉伸特征 4 的创建。

图 24.31　拉伸特征 4

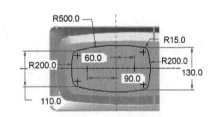

图 24.32　截面草图

Step23. 创建图 24.33b 所示的倒圆角特征 4。选取图 24.33a 所示的边线为倒圆角的边线；输入倒圆角半径值 1.0。

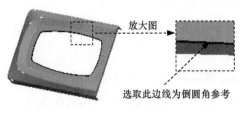

a) 倒圆角前

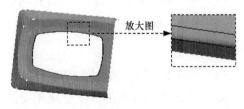

b) 倒圆角后

图 24.33　倒圆角特征 4

Step24. 创建图 24.34b 所示的倒圆角特征 5。选取图 24.34a 所示的边线为倒圆角的边线；输入倒圆角半径值 1.0。

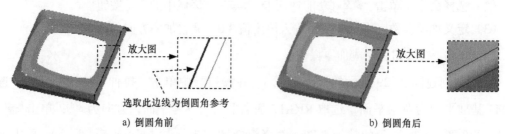

选取此边线为倒圆角参考

a) 倒圆角前　　　　　　　　　　　　　　　b) 倒圆角后

图 24.34　倒圆角特征 5

Step25. 创建图 24.35 所示的 DTM4 基准平面。单击 模型 功能选项卡 基准 ▼ 区域中的"平面"按钮 ，在模型树中选取 RIGHT 基准平面为偏距参考面，在"基准平面"对话框中输入偏移距离值为 –60.0，单击该对话框中的 确定 按钮。

Step26. 创建图 24.36 所示的 DTM5 基准平面。单击 模型 功能选项卡 基准 ▼ 区域中的"平面"按钮 ，在模型树中选取 RIGHT 基准平面为偏距参考面，在"基准平面"对话框中输入偏移距离值为 115.0，单击该对话框中的 确定 按钮。

Step27. 创建图 24.37 所示的 DTM6 基准平面。单击 模型 功能选项卡 基准 ▼ 区域中的"平面"按钮 ，在模型树中选取 TOP 基准平面为偏距参考面，在"基准平面"对话框中输入偏移距离值为 40.0，单击该对话框中的 确定 按钮。

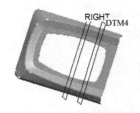　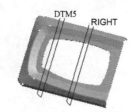　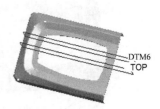

图 24.35　DTM4 基准平面　　　图 24.36　DTM5 基准平面　　　图 24.37　DTM6 基准平面

Step28. 用曲面求交的方法创建相交曲线——相交 1。

（1）将智能选取栏调整到"几何"状态，选取图 24.38 所示的曲面 1。

（2）单击 模型 功能选项卡 编辑 ▼ 区域中的"相交"按钮 ，系统弹出"相交"操控板。

（3）按住 Ctrl 键，选取图中的 DTM4 基准平面，然后单击操控板中的"完成"按钮 。

Step29. 用曲面求交的方法创建相交曲线——相交 2。选取图 24.39 所示的曲面 2，单击"相交"按钮 ，选取图中的 DTM5 基准平面，单击 ✔ 按钮。

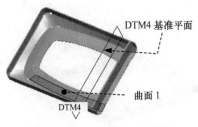

图 24.38 定义相交 1 的曲面

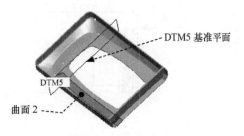

图 24.39 定义相交 2 的曲面

Step30. 创建图 24.40 所示的轮廓筋特征 1。

（1）选择命令。单击 模型 功能选项卡 工程▼ 区域 筋▼ 下的 轮廓筋 按钮。

（2）绘制截面草图。在图形区右击，从弹出的快捷菜单中选择 定义内部草绘... 命令；选取 DTM4 基准平面为草绘平面，TOP 基准平面为参考平面，方向为 上；单击 草绘 按钮，选取曲面 3 和相交 1 为草绘参考，绘制图 24.41 所示的筋特征截面草图。

（3）定义筋属性。在图形区单击箭头调整筋的生成方向，如图 24.42 所示；采用系统默认的加厚方向，在操控板的文本框中输入筋的厚度值 5.0。

（4）在操控板中单击 ✔ 按钮，完成轮廓筋特征 1 的创建。

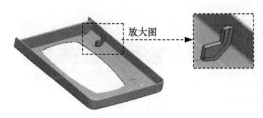

图 24.40 筋特征 1

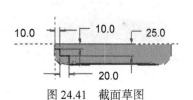

图 24.41 截面草图

Step31. 创建图 24.43 所示的轮廓筋特征 2。单击 模型 功能选项卡 工程▼ 区域 筋▼ 下的 轮廓筋 按钮；选取 DTM5 基准平面为草绘平面，TOP 基准平面为参考平面，方向为 上；单击 草绘 按钮，选取曲面 3 和相交 2 为草绘参考，绘制图 24.44 所示的截面草图；在图形区单击箭头调整筋的生成方向，如图 24.45 所示，采用系统默认的加厚方向，在"厚度"文本框中输入筋的厚度值 5.0；单击 ✔ 按钮，完成轮廓筋特征 2 的创建。

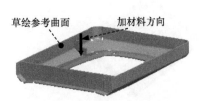

图 24.42 定义加材料的方向

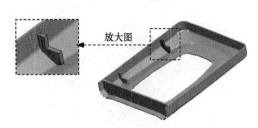

图 24.43 筋特征 2

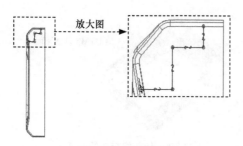

图 24.44　截面草图

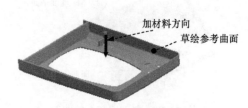

图 24.45　定义加材料的方向

Step32. 创建图 24.46 所示的拉伸特征 5。在操控板中单击"拉伸"按钮 拉伸；选取 DTM6 基准平面为草绘平面，选取 RIGHT 基准平面为参考平面，方向为 左；单击 草绘 按钮，选取拉伸特征 3 的侧面和加厚特征 1 的边线为草绘参考，绘制图 24.47 所示的截面草图；在操控板中选择深度类型为 日，输入深度值 8.0；单击 ✓ 按钮，完成拉伸特征 5 的创建。

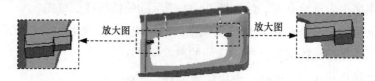

图 24.46　拉伸特征 5

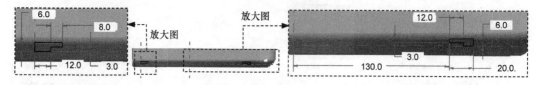

图 24.47　截面草图

Step33. 创建组特征——组 1。按住 Ctrl 键，选取筋特征 1、筋特征 2 和拉伸特征 5 为要组合的对象后右击，在弹出的快捷菜单中选择 组 命令，完成特征组合。

Step34. 创建图 24.48b 所示的镜像特征 1。

（1）选取镜像特征。选取 Step33 所创建的组特征为要镜像的特征。

（2）选择"镜像"命令。单击 模型 功能选项卡 编辑 ▼ 区域中的"镜像"按钮 。

（3）定义镜像平面。在图形区选取 TOP 基准平面为镜像平面。

（4）在操控板中单击 ✓ 按钮，完成镜像特征 1 的创建。

a) 镜像前　　　　　　　　b) 镜像后

图 24.48　镜像特征 1

Step35. 创建图 24.49 所示的拉伸特征 6。在操控板中单击"拉伸"按钮 拉伸，按下操控板中的"移除材料"按钮；选取图 24.49 所示的曲面为草绘平面，RIGHT 基准平面为参考平面，方向为 右；绘制图 24.50 所示的截面草图，选择深度类型为，输入拉伸值 20.0；单击 按钮，完成拉伸特征 6 的创建。

草绘平面

图 24.49 拉伸特征 6

Step36. 创建图 24.51 所示的 DTM7 基准平面。单击 模型 功能选项卡 基准 区域中的"平面"按钮，在模型树中选取 FRONT 基准平面为偏距参考面，在"基准平面"对话框中输入偏移距离值 –3.0，单击该对话框中的 确定 按钮。

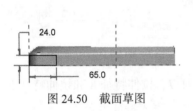

24.0

65.0

图 24.50 截面草图

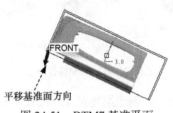

FRONT

3.0

平移基准面方向

图 24.51 DTM7 基准平面

Step37. 创建图 24.52 所示的拉伸特征 7。在操控板中单击"拉伸"按钮 拉伸；选取 DTM7 基准平面为草绘平面，选取 RIGHT 基准平面为参考平面，方向为 右；绘制图 24.53 所示的截面草图，在操控板中定义拉伸类型为；单击 按钮，完成拉伸特征 7 的创建。

图 24.52 拉伸特征 7

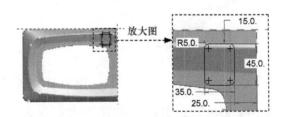

放大图

15.0.

R5.0.

45.0.

35.0.

25.0.

图 24.53 截面草图

Step38. 创建图 24.54 所示的拉伸特征 8。在操控板中单击"拉伸"按钮 拉伸，在操控板中按下"移除材料"按钮；选取 FRONT 基准平面为草绘平面，选取 RIGHT 基准平面为参考平面，方向为 右；选取拉伸特征 3 的一个侧面和拉伸特征 7 的三个侧面作为草绘参考，绘制图 24.55 所示的截面草图；在操控板中定义拉伸类型为，单击 按钮调整拉伸方向，单击 按钮，完成拉伸特征 8 的创建。

Step39. 创建图 24.56 所示的拉伸特征 9。在操控板中单击"拉伸"按钮 拉伸，在操控板中单击"移除材料"按钮；选取图 24.56 所示的曲面为草绘平面，RIGHT 基准平面为参考平面，方向为 右；绘制图 24.57 所示的截面草图，选择深度类型为 ⇉，图 24.56 所示的面为拉伸边界，单击 ✔ 按钮，完成拉伸特征 9 的创建。

图 24.54 拉伸特征 8

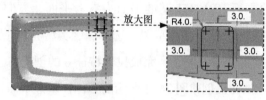

图 24.55 截面草图

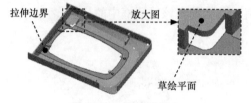

图 24.56 拉伸特征 9

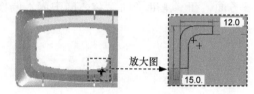

图 24.57 截面草图

Step40. 创建组特征 2。按住 Ctrl 键，选取拉伸特征 7、拉伸特征 8 和拉伸特征 9 为要组合的特征后右击，在弹出的快捷菜单中选择 组 命令，完成特征组合。

Step41. 创建图 24.58b 所示的镜像特征 2。选取 Step40 所创建的组特征为要镜像的特征；选取 TOP 基准平面为镜像平面；单击 ✔ 按钮，完成镜像特征 2 的创建。

a) 镜像前   b) 镜像后

图 24.58 镜像特征 2

Step42. 创建图 24.59b 所示的倒圆角特征 6。选取图 24.59a 所示的两条边链为倒圆角的边线；输入倒圆角半径值 2.0。

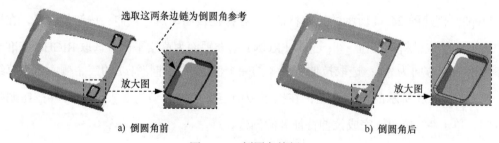

选取这两条边链为倒圆角参考

a) 倒圆角前   b) 倒圆角后

图 24.59 倒圆角特征 6

Step43. 保存零件模型文件。

实例 25 电风扇底座

实例概述

本实例讲解了电风扇底座的设计过程，该设计过程主要应用了拉伸、实体化、倒圆角、扫描和镜像命令。其中变半径圆角的创建较为复杂，需要读者仔细体会。零件模型及模型树如图 25.1 所示。

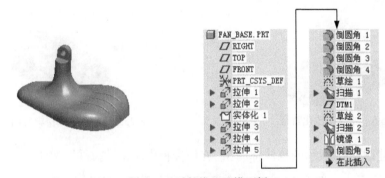

图 25.1 零件模型及模型树

Step1. 新建零件模型。模型命名为 FAN_BASE。

Step2. 创建图 25.2 所示的拉伸特征 1。单击 模型 功能选项卡 形状 ▾ 区域中的"拉伸"按钮 拉伸，在操控板中按下"实体"按钮 ；在图形区右击，从系统弹出的快捷菜单中选择 定义内部草绘 命令；选取 FRONT 基准平面为草绘平面，选取 RIGHT 基准平面为参考平面，方向为 右；单击 草绘 按钮，绘制图 25.3 所示的截面草图；在操控板中选择拉伸类型为 ，输入深度值 50.0；在操控板中单击"确定"按钮 ，完成拉伸特征 1 的创建。

图 25.2 拉伸特征 1

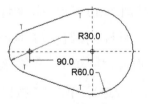

图 25.3 截面草图

Step3. 创建图 25.4 所示的拉伸特征 2。在操控板中单击"拉伸"按钮 拉伸，在操控板中按下"曲面"按钮 ；选取 TOP 基准平面为草绘平面，选取 RIGHT 基准平面为参考平面，方向为 左；单击 草绘 按钮，绘制图 25.5 所示的截面草图，选择深度类型为 日，输入深度值 150.0；单击 ✓ 按钮，完成拉伸特征 2 的创建。

图 25.4 拉伸特征 2

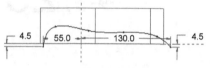

图 25.5 截面草图

Step4. 创建图 25.6 所示的曲面实体化特征 1。选取图 25.7 所示的曲面为要实体化的对象；单击 模型 功能选项卡 编辑 ▾ 区域中的 ⬜ 按钮，并按下"移除材料"按钮 ⬜；单击调整图形区中的箭头使其指向要保留的实体，如图 25.7 所示；单击 ✓ 按钮，完成曲面实体化特征 1 的创建。

图 25.6 曲面实体化特征 1

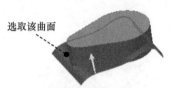

选取该曲面

图 25.7 定义移除材料方向

Step5. 创建图 25.8 所示的拉伸特征 3。在操控板中单击"拉伸"按钮 ⬜拉伸；选取 TOP 基准平面为草绘平面，选取 RIGHT 基准平面为参考平面，方向为 左；单击 草绘 按钮，绘制图 25.9 所示的截面草图；在操控板中选择深度类型为 日（对称），输入深度值 25.0；单击 ✓ 按钮，完成拉伸特征 3 的创建。

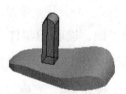

图 25.8 拉伸特征 3

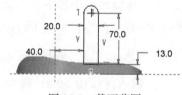

图 25.9 截面草图

Step6. 创建图 25.10 所示的拉伸特征 4。在操控板中单击"拉伸"按钮 ⬜拉伸，在操控板中按下"移除材料"按钮 ⬜；选取 TOP 基准平面为草绘平面，选取 RIGHT 基准平面为参考平面，方向为 左；单击 草绘 按钮，绘制图 25.11 所示的截面草图；在操控板中选择深度类型为 ⇉（穿透）；单击 ✓ 按钮，完成拉伸特征 4 的创建。

Step7. 创建图 25.12 所示的拉伸特征 5。在操控板中单击"拉伸"按钮 ⬜拉伸，在操控板中按下"移除材料"按钮 ⬜；选取 TOP 基准平面为草绘平面，选取 RIGHT 基准平面为参考平面，方向为 左；单击 草绘 按钮，绘制图 25.13 所示的截面草图；在操控板中单

击 ![按钮] 按钮调整拉伸方向，选择深度类型为 ；单击 ![](按钮，完成拉伸特征 5 的创建。

图 25.10　拉伸特征 4

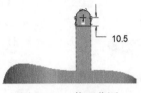

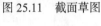

10.5

图 25.11　截面草图

图 25.12　拉伸特征 5

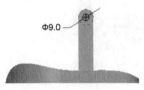

Φ9.0

图 25.13　截面草图

Step8. 创建图 25.14 所示的倒圆角特征 1。单击 ![模型] 功能选项卡 ![工程 ▼] 区域中的 ![倒圆角] 按钮，按住 Ctrl 键，选取图 25.15 所示的两条边线为倒圆角的边线；单击选项卡 ![集]，在系统弹出的对话框里选择 ![完全倒圆角] 按钮，完成倒圆角特征 1 的创建。

图 25.14　倒圆角特征 1

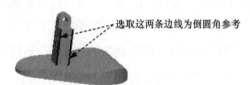

选取这两条边线为倒圆角参考

图 25.15　定义倒圆角边线

Step9. 创建图 25.16 所示的倒圆角特征 2。选取图 25.17 所示的边线为倒圆角的边线；输入倒圆角半径值 5.0。

图 25.16　倒圆角特征 2

选取此边线为倒圆角参考

图 25.17　定义倒圆角放置参考

Step10. 创建图 25.18 所示的倒圆角特征 3——变半径圆角。选取图 25.19 所示的边线为倒圆角的边线；单击 ![集] 选项，图 25.20 所示是边线中各顶点的半径值；预览并完成倒圆角特征 3 的创建。

Step11. 创建图 25.21 所示的倒圆角特征 4。选取图 25.22 所示的边线为倒圆角的边线；输入倒圆角半径值 35。

图 25.18　倒圆角特征 3

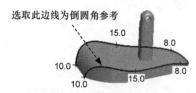

图 25.19　定义倒圆角放置参考

集 1		圆形	
*新建集			
1	10.0		顶点∶…
2	10.0		顶点∶…
3	15.0		0.0
4	8.0		0.0
5	8.0		0.0
6	15.0		0.0
6	值	▼	比率

图 25.20　设置参数

图 25.21　倒圆角特征 4

图 25.22　定义倒圆角参考

Step12. 创建图 25.23 所示的扫描特征 1。单击 模型 功能选项卡 基准 ▼ 区域中的"草绘"按钮 ，选取 TOP 基准平面为草绘平面，选取 RIGHT 基准平面作为参考平面，方向为 左 ，单击 草绘 按钮，系统进入草绘环境，绘制并标注图 25.24 所示的扫描轨迹，单击 ✔ 按钮，退出草绘环境；单击 模型 功能选项卡 形状 ▼ 区域中的 扫描 ▼ 按钮；在操控板中确认"实体"按钮 和"恒定截面"按钮 被按下，在图形区中选取扫描轨迹曲线，单击箭头，切换扫描的起始点，切换后的扫描轨迹曲线如图 25.24 所示；在操控板中单击"创建或编辑扫描截面"按钮 ，系统自动进入草绘环境，绘制并标注图 25.25 所示的扫描截面草图，完成截面草图的绘制和标注后，单击"确定"按钮 ✔ ；单击操控板中的 ✔ 按钮，完成扫描特征 1 的创建。

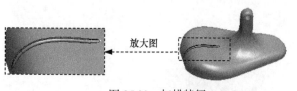

放大图

图 25.23　扫描特征 1

图 25.24　扫描轨迹

Step13. 创建图 25.26 所示的 DTM1 基准平面。单击 模型 功能选项卡 基准 ▼ 区域中的"平面"按钮 ；在模型树中选取 TOP 基准平面为偏距参考面，在"基准平面"对话框中输入偏移距离值 20。

Step14. 创建图 25.27 所示的扫描特征 2。以 DTM1 基准平面为草绘平面绘制并标注图 25.28 所示的扫描轨迹；单击 模型 功能选项卡 形状 ▼ 区域中的 扫描 ▼ 按钮；在图形区选取图 25.28 所示的曲线为扫描轨迹；在操控板中单击"创建或编辑扫描截面"按钮 ，绘制图 25.29 所示的扫描截面草图；单击 ✔ 按钮，完成扫描特征 2 的创建。

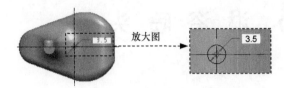

图 25.25 截面草图

图 25.26 DTM1 基准平面

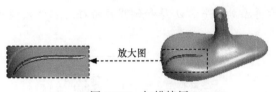

图 25.27 扫描特征 2

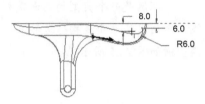

图 25.28 扫描轨迹

Step15. 创建图 25.30 所示的镜像特征 1。在模型树中选取 Step14 所创建的扫描特征 2 为要镜像的特征（图 25.31）；单击 **模型** 功能选项卡 编辑 ▾ 区域中的"镜像"按钮 ▷◁；在图形区选取 TOP 基准平面为镜像平面；在操控板中单击 ✔ 按钮，完成镜像特征 1 的创建。

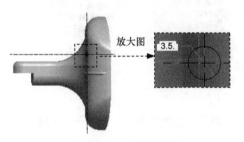

图 25.29 截面草图

图 25.30 镜像特征 1

图 25.31 镜像源特征

Step16. 创建图 25.32 所示的倒圆角特征 5。选取图 25.33 所示的边线为倒圆角的边线；输入倒圆角半径值 2.0。

图 25.32 倒圆角特征 5

图 25.33 选取边线

Step17. 保存零件模型文件。

实例 26 淋浴喷头

实例概述

本实例是一个典型的曲面建模的实例，先使用基准平面、基准轴和基准点等创建基准曲线，再利用基准曲线构建边界混合曲面，最后再添加合并、加厚和倒圆角特征。零件模型及模型树如图 26.1 所示。

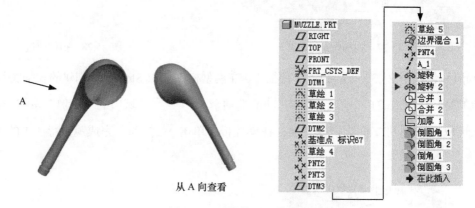

图 26.1 零件模型及模型树

Step1. 新建零件模型。模型命名为 MUZZLE。

Step2. 创建图 26.2 所示的 DTM1 基准平面。单击 模型 功能选项卡 基准 ▼ 区域中的"平面"按钮 □ ；在模型树中选取 RIGHT 基准平面为偏距参考面，在"基准平面"对话框中输入偏移距离值 225.0；单击该对话框中的 确定 按钮。

Step3. 创建图 26.3 所示的草绘 1。单击"草绘"按钮 ⟡ ，系统弹出"草绘"对话框；选取 DTM1 基准平面为草绘平面，TOP 基准平面为参考平面，方向为 上 ，单击 草绘 按钮进入草绘环境；进入草绘环境后，接受系统默认的参考设置值，绘制图 26.4 所示的截面草图（草绘 1）；单击"确定"按钮 ✓ ，退出草绘环境。

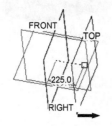

图 26.2 DTM1 基准平面

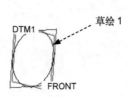

图 26.3 草绘 1（建模环境）

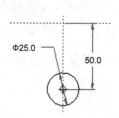

图 26.4 草绘 1（草绘环境）

Step4. 创建图 26.5 所示的草绘 2。在操控板中单击"草绘"按钮 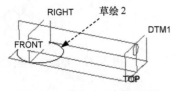；选取 TOP 基准平面作为草绘平面，选取 RIGHT 基准平面为参考平面，方向为 右；单击 草绘 按钮，绘制图 26.6 所示的草绘 2。

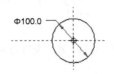

图 26.5　草绘 2（建模环境）　　　　　　图 26.6　草绘 2（草绘环境）

Step5. 创建图 26.7 所示的草绘 3。在操控板中单击"草绘"按钮 ；选取 FRONT 基准平面作为草绘平面，选取 RIGHT 基准平面为参考平面，方向为 右；单击 草绘 按钮，绘制图 26.8 所示的草绘 3。

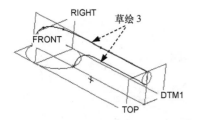
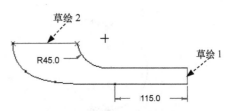

图 26.7　草绘 3（建模环境）　　　　　　图 26.8　草绘 3（草绘环境）

Step6. 创建图 26.9 所示的 DTM2 基准平面。单击 模型 功能选项卡 基准 ▼ 区域中的"平面"按钮 ；在模型树中选取 RIGHT 基准平面为偏距参考面，在"基准平面"对话框中输入偏移距离值 160.00；单击该对话框中的 确定 按钮。

Step7. 创建图 26.10 所示的基准点 PNT0 和 PNT1。单击"创建基准点"按钮 ，系统弹出"基准点"对话框；在"基准点"对话框的 放置 选项卡中选择 新点，选取图 26.11 所示的草绘 3 为放置参考，按住 Ctrl 键，再选取 DTM2 基准平面；在"基准点"对话框中单击 确定 按钮。

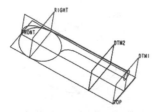
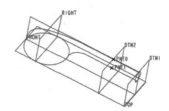

图 26.9　DTM2 基准平面　　　　　　图 26.10　PNT0 和 PNT1 基准点

Step8. 创建图 26.12 所示的草绘 4。在操控板中单击"草绘"按钮 ；选取 DTM2 基准平面作为草绘平面，选取 TOP 基准平面为参考平面，方向为 下；单击 草绘 按钮，选取基准点 PNT0 和 PNT1 为草绘参考，绘制图 26.13 所示的草绘 4。

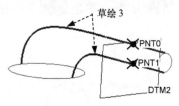

图 26.11　定义基准点参考

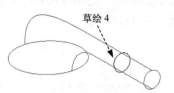

图 26.12　草绘 4（建模环境）

Step9. 创建图 26.14 所示的 PNT2 和 PNT3 基准点。单击"创建基准点"按钮 ，系统弹出"基准点"对话框；按住 Ctrl 键，选取图 26.14 所示的直线 1 和圆弧 1 之间的连接点；单击 确定 按钮，完成 PNT2 基准点的创建；单击"创建基准点"按钮 ，系统弹出"基准点"对话框；按住 Ctrl 键，选取图 26.14 所示的直线 2 和圆弧 2 之间的连接点；单击 确定 按钮，完成 PNT3 基准点的创建。

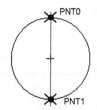

图 26.13　草绘 4（草绘环境）

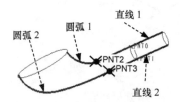

图 26.14　PNT2 和 PNT3 基准点

Step10. 创建图 26.15 所示的 DTM3 基准平面。单击 模型 功能选项卡 基准 ▼ 区域中的"平面"按钮 ，按住 Ctrl 键，选取 PNT2、PNT3 基准点和 FRONT 基准平面为放置参考；单击该对话框中的 确定 按钮。

Step11. 创建图 26.16 所示的草绘 5。在操控板中单击"草绘"按钮 ；选取 DTM3 基准平面作为草绘平面，选取 FRONT 基准平面为参考平面，方向为 右 ；单击 草绘 按钮，选取 PNT2 和 PNT3 基准点为草绘参考，然后绘制 Ry20.0 椭圆的草绘 5。

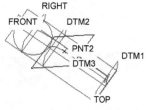

图 26.15　DTM3 基准平面

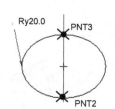

图 26.16　草绘 5（建模环境）

Step12. 创建图 26.17 所示的边界混合曲面 1。单击 模型 功能选项卡 曲面 ▼ 区域中的"边界混合"按钮 ；在操控板中单击 曲线 按钮，系统弹出"曲线"界面，按住 Ctrl

键，依次选取图 26.18 所示的草绘 1、草绘 4、草绘 5 和草绘 2 为第一方向边界曲线；单击"第二方向"区域中的"单击此 ..."字符，按住 Ctrl 键，依次选取图 26.19 所示的草绘 3_1 和草绘 3_2 为第二方向边界曲线；单击 ✓ 按钮，完成边界混合曲面 1 的创建。

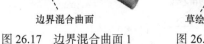

图 26.17　边界混合曲面 1

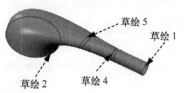

图 26.18　定义第一方向边界曲线

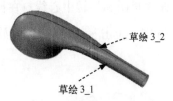

图 26.19　定义第二方向边界曲线

Step13. 创建图 26.20 所示的基准点 PNT4。单击"创建基准点"按钮 ✖✖点 ▾ ，在模型上选取图 26.21 所示的草绘 1 为放置参考；在"基准点"对话框的下拉列表中选取 居中 选项；完成后单击 确定 按钮。

Step14. 创建图 26.22 所示的基准轴——A_1。单击"基准轴"按钮 ／轴 ；选取 PNT4 基准点，设置其约束类型均为 穿过 ；按住 Ctrl 键，选取 DTM1 基准平面，设置其约束类型均为 法向 ；单击"基准轴"对话框中的 确定 按钮。

图 26.20　PNT4 基准点

图 26.21　定义放置参考

图 26.22　基准轴 A_1

Step15. 创建图 26.23 所示的旋转特征 1。单击 模型 功能选项卡 形状 ▾ 区域中的"旋转"按钮 ⊕ 旋转 ；在图形区右击，从系统弹出的快捷菜单中选择 定义内部草绘... 命令；选取 FRONT 基准平面为草绘平面，RIGHT 基准平面为参考平面，方向为 右 ；单击 草绘 按钮，选取基准轴 A_1 作为参考，绘制图 26.24 所示的截面草图和旋转中心线；按下"曲面"类型 ▢ 按钮，在操控板中选择旋转类型为 ⇞ ，在"角度"文本框中输入角度值 360.0，并按 Enter 键；在操控板中单击"完成"按钮 ✓ ，完成旋转特征 1 的创建。

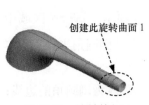

图 26.23　旋转特征 1

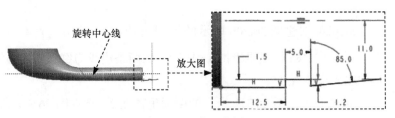

图 26.24　截面草图

Step16. 创建图 26.25 所示的旋转特征 2。在操控板中单击"旋转"按钮 ⬦ 旋转，按下"曲面"类型 ▢ 按钮；选取 RIGHT 基准平面为草绘平面，TOP 基准平面为参考平面，方向为 上；单击 草绘 按钮，选取图 26.26 所示的边线作为草绘参考，绘制图 26.26 所示的截面草图和旋转中心线；在操控板中选择旋转类型为 ⊥，在"角度"文本框中输入角度值 360.0；单击 ✓ 按钮，完成旋转特征 2 的创建。

图 26.25　旋转特征 2

图 26.26　截面草图

Step17. 创建图 26.27 所示的曲面合并特征 1。单击界面下部的"智能"栏后面的按钮 ▼，选择 面组 选项，这样方便选取曲面；按住 Ctrl 键，选取图 26.27 所示的边界混合曲面和旋转 1；单击 模型 功能选项卡 编辑 ▼ 区域中的 ⬡ 按钮；单击调整图形区中的箭头使其指向要保留的部分，如图 26.27 所示；单击 ✓ 按钮，完成曲面合并特征 1 的创建。

Step18. 创建图 26.28 所示的曲面合并特征 2。按住 Ctrl 键，选取图 26.28 所示的曲面合并 1 和旋转 2，单击 ⬡ 按钮，单击 ✓ 按钮，完成曲面合并特征 2 的创建。

Step19. 创建图 26.29 所示的曲面加厚特征 1。选取 Step18 所创建的曲面合并特征 2 为加厚的面组；单击 模型 功能选项卡 编辑 ▼ 区域中的 ▯ 按钮；在操控板中输入厚度值 2.5，调整加厚方向如图 26.29 所示；单击 ✓ 按钮，完成曲面加厚特征 1 的操作。

图 26.27　曲面合并特征 1

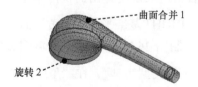

图 26.28　曲面合并特征 2

图 26.29　曲面加厚特征 1

Step20. 创建图 26.30b 所示的倒圆角特征 1。单击 模型 功能选项卡 工程 ▼ 区域中的 ⬦ 倒圆角 ▼ 按钮，选取图 26.30a 所示的两条边线为倒圆角的边线；在"倒圆角半径"文本框中输入半径值 0.5。

Step21. 创建图 26.31b 所示的倒圆角特征 2。选取图 26.31a 所示的边线为倒圆角的边线；输入倒圆角半径值 1.0。

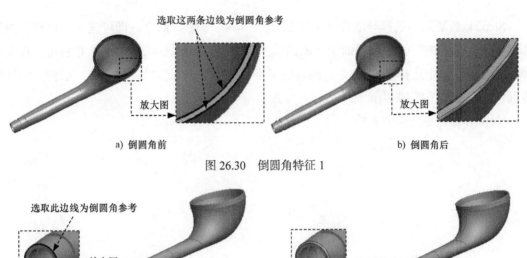

选取这两条边线为倒圆角参考

放大图

a) 倒圆角前

放大图

b) 倒圆角后

图 26.30　倒圆角特征 1

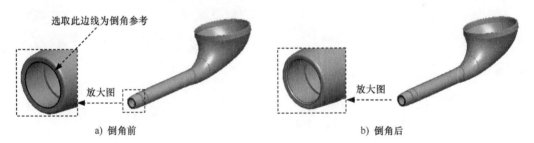

选取此边线为倒圆角参考

放大图

a) 倒圆角前

放大图

b) 倒圆角后

图 26.31　倒圆角特征 2

Step22. 创建图 26.32b 所示的倒角特征 1。单击 模型 功能选项卡 工程▼ 区域中的 倒角 ▼ 按钮，选取图 26.32a 所示的边线为倒角的边线；在操控板中选择倒角方式为 D x D，在"尺寸"文本框中输入数值 0.5。

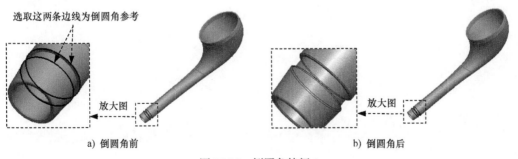

选取此边线为倒角参考

放大图

a) 倒角前

放大图

b) 倒角后

图 26.32　倒角特征 1

Step23. 创建图 26.33b 所示的倒圆角特征 3。选取图 26.33a 所示的两条边线为倒圆角的边线；输入倒圆角半径值 0.5。

选取这两条边线为倒圆角参考

放大图

a) 倒圆角前

放大图

b) 倒圆角后

图 26.33　倒圆角特征 3

Step24. 遮蔽层。选择导航命令卡中的 ➡ 层树(L) 命令，即可进入"层树"的操作界面；在"层树"的操作界面中选取曲线所在的层 03__PRT_ALL_CURVES 并右击，在系统弹出的快捷菜单中选择 隐藏 命令；同理将基准点和基准平面隐藏，然后在"层树"的操作界面空白处右击选择 保存状况 命令。

Step25. 保存零件模型文件。

实例 27 水嘴旋钮

实例概述

本实例主要运用了如下关键特征操作技巧：ISDX 曲线、投影曲线、边界混合曲面、阵列、曲面合并和曲面实体化等，其中 ISDX 曲线的创建和曲面的合并技巧性很强，值得借鉴。零件模型及模型树如图 27.1 所示。

图 27.1　零件模型及模型树

Step1. 新建零件模型。模型命名为 FAUCET_KNOB。

Step2. 创建图 27.2 所示的旋转特征 1。单击 模型 功能选项卡 形状 ▼ 区域中的"旋转"按钮 中 旋转 ；在图形区右击，从系统弹出的快捷菜单中选择 定义内部草绘... 命令；选取 FRONT 基准平面为草绘平面，RIGHT 基准平面为参考平面，方向为 右 ；单击 草绘 按钮，绘制图 27.3 所示的截面草图（包括中心线）；在操控板中选择旋转类型为 ⊥ ，在"角度"文本框中输入角度值 360.0，并按 Enter 键；在操控板中单击"确定"按钮 ✓ ，完成旋转特征 1 的创建。

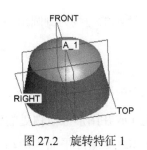

图 27.2　旋转特征 1

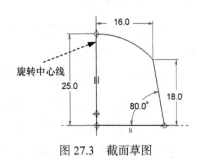

图 27.3　截面草图

Step3. 创建图 27.4 所示的 DTM1 基准平面。单击 模型 功能选项卡 基准 ▾ 区域中的 "平面" 按钮 □；选取图 27.4 所示的基准轴 A_1 为放置参考，将约束类型设置为 穿过；按住 Ctrl 键，选取图 27.4 所示的 FRONT 基准平面为放置参考，将约束类型设置为 偏移，输入与参考平面间的旋转角度值 25.5；单击该对话框中的 确定 按钮。

Step4. 创建图 27.5 所示的投影曲线——投影 1。单击 模型 功能选项卡 编辑 ▾ 区域中的 "投影" 按钮，此时系统弹出 "投影" 操控板；在操控板的第一个文本框中单击 ● 单击此处添加 字符，按住 Ctrl 键，在模型中选取图 27.6 所示的圆柱的顶面（两部分），作为要投影的曲面组；在操控板的第二个文本框中单击 ● 单击此处添加 字符，在模型中选取图 27.6 所示的 TOP 基准平面作为方向参考；投影方向如图 27.6 所示；在操控板中单击 "参考" 按钮，在系统弹出的界面中的下拉列表中选择 投影草绘 ▾ 选项；在绘图区右击，在系统弹出的快捷菜单中选择 定义内部草绘... 命令；选取 TOP 基准平面为草绘平面，FRONT 基准平面为参考平面，方向为 下；单击 草绘 按钮；进入草绘环境后，先选取 FRONT 基准平面和 DTM1 基准平面作为草绘参考，再绘制图 27.7 所示的截面草图；单击 "完成" 按钮 ✓；在操控板中单击 "确定" 按钮 ✓。

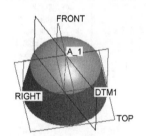

图 27.4 DTM1 基准平面

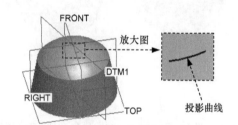

图 27.5 投影 1

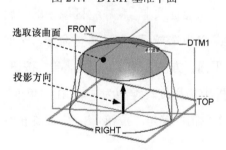

图 27.6 定义投影参考

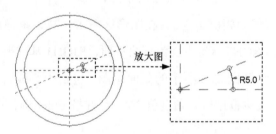

图 27.7 截面草图

Step5. 创建图 27.8b 所示的倒圆角特征 1。选取图 27.8a 所示的边线为倒圆角的边线；在 "倒圆角半径" 文本框中输入值 5.0。

Step6. 创建图 27.9b 所示的 ISDX 曲线——类型 1。

（1）进入造型环境。单击 模型 功能选项卡 曲面 ▾ 区域中的 □ 造型 按钮。

（2）设置活动平面。单击 样式 操控板中的 □ 按钮（或在图形区空白处右击，在系统弹出的快捷菜单中选择 □ 设置活动平面(P) 命令），选取 FRONT 基准平面为活动平面，如

图 27.10 所示。

选取此边线为圆
角放置参考

a) 倒圆角前   b) 倒圆角后

图 27.8 倒圆角特征 1

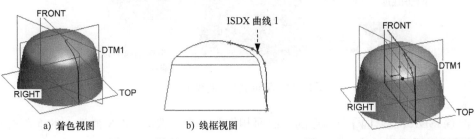

a) 着色视图   b) 线框视图

图 27.9 类型 1   图 27.10 定义 FRONT 基准平面为活动平面

注意：如果活动平面的栅格太疏或太密，可选择下拉菜单 操作 ▼ ➡ 首选项 命令，在"造型首选项"对话框的 栅格 区域中调整 间距 值；也可以取消选中 □ 显示栅格 使栅格不显示。

（3）设置模型显示状态。完成以上操作后，模型如图 27.10 所示，显然这样的显示状态很难进行 ISDX 曲线的创建。为了使图面清晰和查看方便，进行如下模型显示状态设置。单击"视图"工具栏中的按钮 ，取消选中基准轴和基准点的显示，选择下拉菜单 操作 ▼ ➡ 首选项 命令，在"造型首选项"对话框的 栅格 区域中取消选中 □ 显示栅格 复选框，关闭"造型首选项"对话框，在模型树中右击 FRONT 基准平面，然后从系统弹出的快捷菜单中选择 隐藏 命令，在图形区右击，从系统弹出的快捷菜单中选择 活动平面方向 命令（或单击"视图"工具栏中的 按钮），使模型按图 27.11 所示的方位摆放；单击"视图"工具栏中的"显示样式"按钮 ，选择 消隐 选项，将模型设置为消隐显示状态。

（4）创建初步的 ISDX 曲线 1。单击"曲线"按钮 ；在操控板中按下 按钮，绘制图 27.12 所示的初步的 ISDX 曲线 1，然后单击操控板中的 按钮。

图 27.11 活动平面的方向

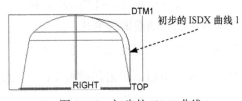

初步的 ISDX 曲线 1

图 27.12 初步的 ISDX 曲线 1

（5）编辑初步的 ISDX 曲线 1。单击 [曲线编辑] 按钮，选取图 27.12 所示的初步的 ISDX 曲线 1；将模型调整至图 27.12 所示的视图方位，然后按住 Shift 键，分别将 ISDX 曲线 1 的上、下两个端点拖移到投影曲线 1 和圆柱的底边，直到这两个端点变成小叉"×"，如图 27.13 所示。

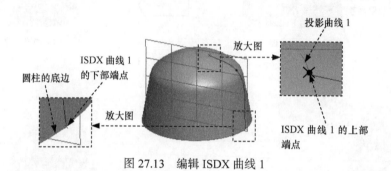

图 27.13　编辑 ISDX 曲线 1

（6）设置 ISDX 曲线 1 两个端点的"曲面相切"约束。选取 ISDX 曲线 1 的上部端点，单击操控板上的 [相切] 按钮，选择"曲面相切"选项，选取图 27.14a 所示的圆柱的顶面作为相切曲面；选取 ISDX 曲线 1 的下部端点，单击操控板上的 [相切] 按钮，选择"曲面相切"选项，选取图 27.14b 所示的圆柱的侧表面作为相切曲面。

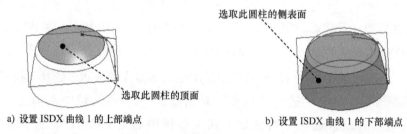

a) 设置 ISDX 曲线 1 的上部端点　　　　b) 设置 ISDX 曲线 1 的下部端点

图 27.14　设置"曲面相切"约束

（7）对照曲线的曲率图，进一步编辑 ISDX 曲线 1。单击编辑操控板中的 按钮，当 按钮变为 时，在图形区空白处单击，确保未选中任何几何，再单击"曲率"按钮 ，系统弹出"曲率"对话框，然后单击图 27.15 所示的 ISDX 曲线 1，在对话框的 [比例] 文本框中输入数值 12.00，在 [快速 ▼] 下拉列表中选择 [已保存] 选项，然后单击"曲率"对话框中的 按钮，退出"曲率"对话框，单击操控板中的 按钮，完成曲率选项的设置，对照图 27.16 所示的曲率图，对 ISDX 曲线 1 上的几个点进行拖拉编辑。此时可观察到曲线的曲率图随着点的移动而即时变化。

注意：如果曲率图太大或太密，可在"曲率"对话框中调整 [质量] 滑块和 [比例] 滚轮。

（8）完成编辑后，单击操控板中的 按钮。

（9）单击 [分析 ▼] 按钮，然后选择 [删除所有曲率]，关闭曲线曲率的显示。

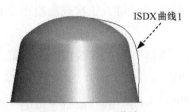

图 27.15　ISDX 曲线 1

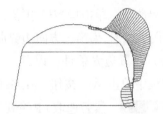

图 27.16　ISDX 曲线 1 的曲率图

（10）单击"样式"操控板中的 ✔ 按钮，退出造型环境。

Step7. 创建图 27.17 所示的交截曲线——交截 1。按住 Ctrl 键，在模型中选取图 27.18 所示的圆柱的侧表面、倒圆面、圆柱的顶面以及图 27.18 所示的 DTM1 基准平面；单击 模型 功能选项卡 编辑 ▼ 区域中的"相交"按钮 ◎，此时系统显示"交截"操控板并产生交截曲线。

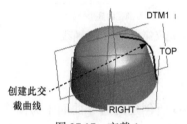

图 27.17　交截 1

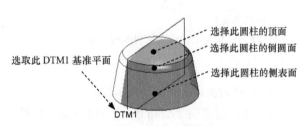

图 27.18　定义交截参考

Step8. 创建复制曲面——复制 1。设置"选择"类型，在屏幕下方的"智能选取"栏中选择"几何"选项（这样将会很轻易地选取到模型上的几何目标，例如模型上的表面、边线和顶点等）；按住 Ctrl 键，在模型中选取除底面外的其余六个面（两个侧表面、两个倒圆面和两个圆柱的顶面），如图 27.19 所示；单击 模型 功能选项卡 操作 ▼ 区域中的"复制"按钮 🖺，然后单击"粘贴"按钮 🖺 ▼；单击操控板中的 ✔ 按钮。

Step9. 创建图 27.20 所示的边界曲面 1。

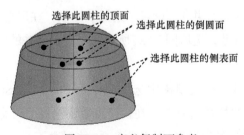

图 27.19　定义复制面参考

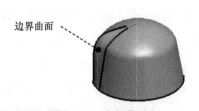

图 27.20　边界曲面 1

（1）单击 模型 功能选项卡 曲面 ▼ 区域中的"边界混合"按钮 🗺。
（2）定义边界曲线。按住 Ctrl 键，依次选取 ISDX 曲线 1 和交截 1（图 27.21）为第一方向边界曲线，单击操控板中第二方向曲线操作栏，按住 Ctrl 键，依次选取投影 1 和圆柱的底边（图 27.22）为第二方向边界曲线。

（3）设置边界条件。设置"第一方向"的"第一条链"与 FRONT 基准平面"垂直"。在操控板中单击 约束 按钮，在系统弹出的界面中将"第一方向"的"第一条链"的"条件"设置为 垂直，然后选取 FRONT 基准平面，设置"第一方向"的"最后一条链"与模型表面"相切"。在 约束 界面中将"第一方向"的"最后一条链"的"条件"设置为 相切，设置"第二方向"的"第一条链"与"最后一条链"和模型表面 相切。

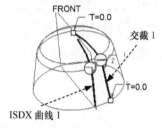

图 27.21　定义第一方向边界曲线

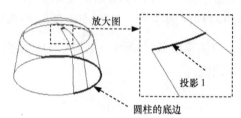

图 27.22　定义第二方向边界曲线

（4）单击操控板中的 ✔ 按钮。

Step10. 创建图 27.23b 所示的曲面镜像特征 1。选取 Step9 所创建的边界曲面 1 为镜像对象，单击"镜像"按钮 〗〖，选取图 27.24 所示的 FRONT 基准平面为镜像平面，单击 ✔ 按钮。

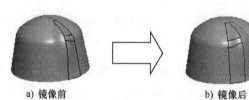

图 27.23　镜像特征 1

图 27.24　定义镜像平面

Step11. 创建图 27.25 所示的曲面合并特征——合并 1。设置"选择"类型；在屏幕下方的"智能选取"栏中选择 面组 选项；按住 Ctrl 键，选取图 27.25 所示的面为要合并的曲面；单击 合并 按钮，单击"完成"按钮 ✔。

Step12. 创建组特征——组 G1。按住 Ctrl 键，在模型树中选取 Step9、Step10 和 Step11 所创建的边界混合曲面特征、镜像特征以及合并特征后右击，在快捷菜单中选择 组 命令，此时选取的特征合并为 组 LOCAL GROUP，将其重命名为组 G1，完成组 G1 的创建。

Step13. 创建图 27.26b 所示的阵列特征 1。在模型树中选取 Step12 所创建的组 G1 后右击，从系统弹出的快捷菜单中选取 ⊞ 命令；在操控板中选取 轴 选项，在图 27.27 所示的模型中选取基准轴 A_1 为阵列参考，在操控板中输入阵列个数 4，输入角度增量值 90.0，并按

Enter 键，单击 ✓ 按钮。

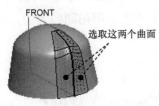

图 27.25 合并 1

a) 阵列前

b) 阵列后

图 27.26 阵列特征 1

Step14. 创建曲面合并特征——合并 5。按住 Ctrl 键，选取图 27.28 所示的复制曲面 1 和合并 1，单击 模型 功能选项卡 编辑 ▾ 区域中的 ⊡合并 按钮；在 选项 界面中定义合并类型为 ◉连接，保留侧的箭头指示方向如图 27.28 所示；单击 ✓ 按钮。

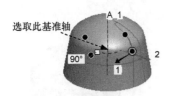

图 27.27 选取阵列参考

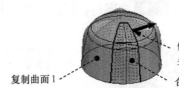

图 27.28 定义合并 5 的参考

Step15. 创建曲面合并特征——合并 6。按住 Ctrl 键，选取阵列曲面 1_1 和 Step14 所创建的合并 5，单击 ⊡合并 按钮；在 选项 界面中定义合并类型为 ◉连接，保留侧的箭头指示方向如图 27.29 所示；单击 ✓ 按钮。

Step16. 创建曲面合并特征——合并 7。按住 Ctrl 键，选取阵列曲面 1_2 和 Step15 所创建的合并 6，合并类型为 ◉连接，保留侧的箭头指示方向如图 27.30 所示。

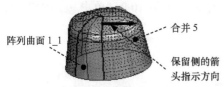

图 27.29 定义合并 6 的参考

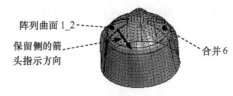

图 27.30 定义合并 7 的参考

Step17. 创建曲面合并特征——合并 8。按住 Ctrl 键，选取阵列曲面 1_3 和 Step16 所创建的合并 7，合并类型为 ◉连接，保留侧的箭头指示方向如图 27.31 所示。

Step18. 创建曲面实体化特征 1。选取要变成实体的面组，即选取 Step17 所创建的合并 8，如图 27.32 所示；单击 模型 功能选项卡 编辑 ▾ 区域中的 ⊡实体化 按钮；确认实体保留部分的方向如图 27.32 所示；单击"完成"按钮 ✓，完成曲面实体化特征 1 的操作。

Step19. 为了使图面清晰和查看方便，将曲线层和曲面层遮蔽起来。在模型树中选取 ◌类型 1，然后右击，在快捷菜单中选择 隐藏 命令；选择导航命令卡中的 ▤ ▾ ➡ 层树(L)

命令，即可进入"层树"的操作界面；在"层树"的操作界面中选取曲线所在的层 ⊞ `03 PRT_ALL_CURVES`，然后右击，在快捷菜单中选择 `隐藏` 命令，再次右击曲线所在的层 ⊞ `03 PRT_ALL_CURVES`，在快捷菜单中选择 `保存状况` 命令；参考以上步骤，用相同的方法，隐藏层 CURVE 和层 QUILT。

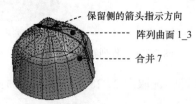

图 27.31 定义合并 8 的参考

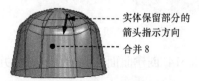

图 27.32 定义实体化参考

Step20. 创建图 27.33b 所示的倒角特征 1。选取图 27.33a 所示的边线为倒角放置参考；在操控板中选取 `D x D` 方案；在倒角尺寸文本框中输入数值 0.5。

a) 倒角前

b) 倒角后

图 27.33 倒角特征 1

Step21. 创建图 27.34 所示的拉伸"移除材料"特征——拉伸特征 1。在操控板中单击"拉伸"按钮 `拉伸`，按下"移除材料"按钮 ；选取图 27.35 所示的圆柱的底面为草绘平面，接受系统默认的参考平面和参考方向；单击对话框中的 `草绘` 按钮，绘制图 27.36 所示的特征截面草图；在操控板中选择深度类型 ，输入深度值 10.0；单击 按钮，完成拉伸特征 1 的创建。

图 27.34 拉伸特征 1

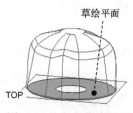

图 27.35 定义草绘平面

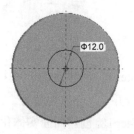

图 27.36 截面草图

Step22. 创建图 27.37b 所示的拔模特征 1。单击 `模型` 功能选项卡 `工程 ▾` 区域中的 `拔模 ▾` 按钮；选取图 27.38 所示的模型表面（圆孔的一周侧表面）为拔模曲面，选取图 27.38 所示的模型底面为拔模枢轴平面；拔模方向如图 27.38 所示，在"角度"文本框中输入拔模角度值10.0；单击 ✔ 按钮，完成拔模特征 1 的创建。

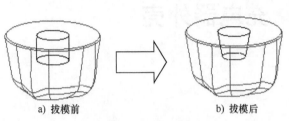

a) 拔模前   b) 拔模后

图 27.37 拔模特征 1

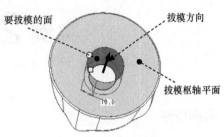

图 27.38 定义拔模参考

Step23. 保存零件模型文件。

实例 28 充电器外壳

实例概述

本实例主要运用了拉伸曲面、拔模、合并、修剪、镜像、边界混合和实体化等命令。在进行实体化特征操作时，要注意实体化的曲面必须是封闭的，否则会导致无法实体化。在边界混合特征中，应注意选取正确的混合边线。零件模型及模型树如图 28.1 所示。

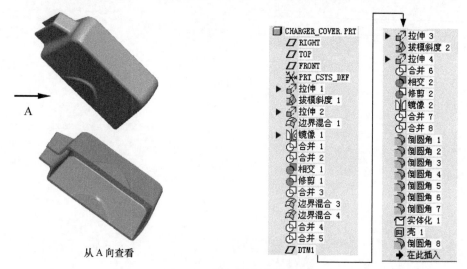

从 A 向查看

图 28.1　零件模型及模型树

Step1. 新建零件模型。模型命名为 CHARGER_COVER。

Step2. 创建图 28.2 所示的拉伸特征 1。单击 模型 功能选项卡 形状 ▾ 区域中的"拉伸"按钮 ⬚拉伸，按下 ⬚ 按钮；在图形区右击，从系统弹出的快捷菜单中选择 定义内部草绘... 命令；选取 FRONT 基准平面为草绘平面，选取 RIGHT 基准平面为参考平面，方向为 右；单击 草绘 按钮，绘制图 28.3 所示的截面草图；在操控板中选取深度类型为 ⯐，输入深度值 35.0；在操控板中单击"确定"按钮 ✓，完成拉伸特征 1 的创建。

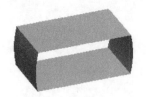

图 28.2　拉伸特征 1

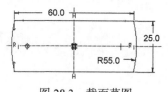

图 28.3　截面草图

Step3. 创建图 28.4b 所示的拔模特征 1。单击 模型 功能选项卡 工程 ▼ 区域中的 ① 拔模 ▼ 按钮；选取要拔模的曲面。选取图 28.5 所示的模型表面作为要拔模的曲面；在操控板中单击 🔳 图标后的 ● 单击此处添加项 字符；选取 FRONT 基准平面作为拔模枢轴平面；完成此步操作后，模型如图 28.5 所示；在操控板中输入拔模角度值 –5.0；单击"确定"按钮 ✔，完成拔模特征 1 的创建。

a) 拔模前   b) 拔模后

图 28.4   拔模特征 1

图 28.5   定义拔模参考

Step4. 创建图 28.6 所示的拉伸特征 2。在操控板中单击"拉伸"按钮 🗗 拉伸，在操控板中按下 🗖 按钮；选取 TOP 基准平面为草绘平面，选取 RIGHT 基准平面为参考平面，方向为 左；单击 草绘 按钮，绘制图 28.7 所示的截面草图；在操控板中选取深度类型为 🔒，输入深度值 10.0；单击 ✔ 按钮，完成拉伸特征 2 的创建。

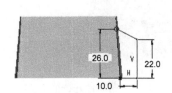

图 28.6   拉伸特征 2

图 28.7   截面草图

Step5. 创建图 28.8 所示的边界混合曲面 1。单击 模型 功能选项卡 曲面 ▼ 区域中的"边界混合"按钮 📐；在操控板中单击 曲线 按钮，系统弹出"曲线"界面，按住 Ctrl 键，依次选取图 28.9 所示的第一方向的两条边界曲线，单击操控板中的第二方向曲线操作栏，然后按住 Ctrl 键，依次选取图 28.9 所示的第二方向的两条边界曲线；将第一方向的边界曲线和第二方向的边界曲线的边界约束类型均设置为 自由；在操控板中单击 ∞ 按钮，预览所创建的曲面，确认无误后，单击 ✔ 按钮，完成边界混合曲面 1 的创建。

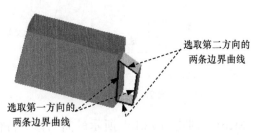

图 28.8   边界混合曲面 1

图 28.9   选取边界曲线

Step6. 创建图 28.10b 所示的镜像特征 1。在模型树中选取 边界混合 1；单击 模型 功能选项卡 编辑▼ 区域中的"镜像"按钮 ᐉᐃ；在图形区选取 TOP 基准平面为镜像平面；在操控板中单击 ✓ 按钮，完成镜像特征 1 的创建。

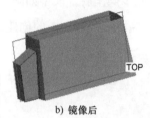

a) 镜像前   b) 镜像后

图 28.10　镜像特征 1

Step7. 创建图 28.11 所示的曲面合并特征 1。选取图 28.11 所示的面组 1 和面组 2；单击 模型 功能选项卡 编辑▼ 区域中的 ⬚合并 按钮；单击 ✓ 按钮，完成曲面合并特征 1 的创建。

Step8. 创建图 28.12 所示的曲面合并特征 2。先按住 Ctrl 键，选取图 28.12 所示的面组 1 和面组 2，单击 ⬚ 按钮，单击 ✓ 按钮，完成曲面合并特征 2 的创建。

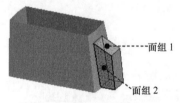
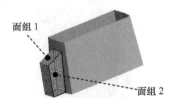

图 28.11　曲面合并特征 1   图 28.12　曲面合并特征 2

Step9. 用曲面求交的方法创建图 28.13 所示的相交曲线 1。在模型中选取实体的外表面，如图 28.14 所示；单击 模型 功能选项卡 编辑▼ 区域中的"相交"按钮 ⬚，系统弹出"相交"操控板；按住 Ctrl 键，选取图 28.14 中的实体外表面，然后单击操控板中的"完成"按钮 ✓。

注意：在选取对象时，要在智能工具栏中调整到面组状态。

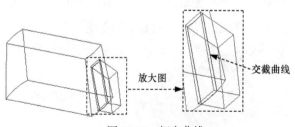
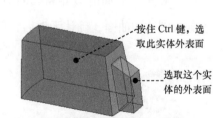

图 28.13　相交曲线 1   图 28.14　定义交截面

Step10. 创建图 28.15b 所示的曲面修剪特征 1。选取模型树中的曲面合并特征 2 作为修剪的面组；单击 **模型** 功能选项卡 **编辑 ▼** 区域中的 **修剪** 按钮；选取相交曲线 1 作为修剪对象；单击调整图形区中的箭头使其指向图 28.16 所示的方向；单击 ✓ 按钮，完成曲面修剪特征 1 的创建。

a) 修剪前　　　　　　　　b) 修剪后

图 28.15　曲面修剪特征 1

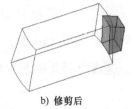

保留侧方向

选取的相交曲线 1

图 28.16　定义修剪面

Step11. 创建图 28.17 所示的曲面合并特征 3。按住 Ctrl 键，选取图 28.18 所示的面组 1 和面组 2，单击 按钮，调整箭头方向如图 28.18 所示；单击 ✓ 按钮，完成曲面合并特征 3 的创建。

图 28.17　曲面合并特征 3

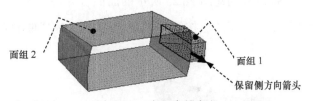

面组 2

面组 1

保留侧方向箭头

图 28.18　定义合并参考

Step12. 创建图 28.19 所示的边界混合曲面 3。单击"边界混合"按钮 ；按住 Ctrl 键，依次选取图 28.20 所示的第一方向的两条边界曲线，然后按住 Ctrl 键，依次选取图 28.20 所示的第二方向的两条边界曲线；将第一方向的边界曲线和第二方向的边界曲线的边界约束类型均设置为 **自由**；单击 ✓ 按钮，完成边界混合曲面 3 的创建。

图 28.19　边界混合曲面 3

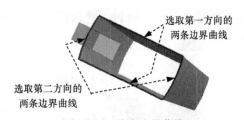

选取第一方向的两条边界曲线

选取第二方向的两条边界曲线

图 28.20　选取边界曲线

Step13. 创建图 28.21 所示的边界混合曲面 4。单击"边界混合"按钮 ；按住 Ctrl 键，依次选取图 28.22 所示的第一方向的两条边界曲线；单击 **约束** 按钮，将第一方向的边界曲线的边界约束类型设置为 **自由**；单击 ✓ 按钮，完成边界混合曲面 4 的创建。

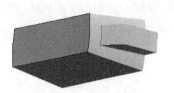

图 28.21　边界混合曲面 4

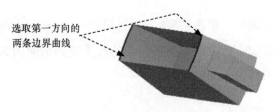

图 28.22　选取边界曲线

Step14. 创建图 28.23 所示的曲面合并特征 4。按住 Ctrl 键，选取图 28.24 所示的面组 1 和面组 2，单击 $\boxed{合并}$ 按钮，单击 $\boxed{✔}$ 按钮，完成曲面合并特征 4 的创建。

图 28.23　曲面合并特征 4

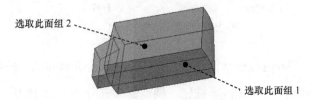

图 28.24　定义合并参考

Step15. 创建图 28.25 所示的曲面合并特征 5。按住 Ctrl 键，选取图 28.26 所示的面组 1 和面组 2，单击 $\boxed{⊡}$ 按钮，单击 $\boxed{✔}$ 按钮，完成曲面合并特征 5 的创建。

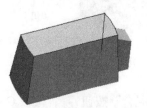

图 28.25　曲面合并特征 5

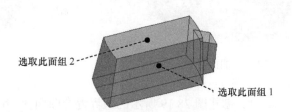

图 28.26　定义合并参考

Step16. 创建图 28.27b 所示的 DTM1 基准平面。单击 $\boxed{模型}$ 功能选项卡 $\boxed{基准 ▾}$ 区域中的 "平面" 按钮 $\boxed{□}$，选取图 28.27a 所示的边线为参考，在 "基准平面" 对话框中选择约束类型为 $\boxed{穿过}$；按住 Ctrl 键，选取图 28.27a 所示的 TOP 基准平面为参考，在对话框中选择约束类型为 $\boxed{平行}$；单击该对话框中的 $\boxed{确定}$ 按钮。

图 28.27　DTM1 基准平面

Step17. 创建图 28.28 所示的拉伸特征 3。在操控板中单击 "拉伸" 按钮 $\boxed{□拉伸}$，在操控

板中确认 ⬜ 按钮被按下；选取 DTM1 基准平面为草绘平面，选取 RIGHT 基准平面为参考平面，方向为 左；单击 草绘 按钮，绘制图 28.29 所示的截面草图；在操控板中选取深度类型为 ⬓，输入深度值 30.0，单击 ✕ 按钮，单击 ✔ 按钮，完成拉伸特征 3 的创建。

图 28.28 拉伸特征 3

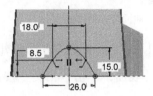

图 28.29 截面草图

Step18. 创建图 28.30b 所示的拔模特征 2。单击 模型 功能选项卡 工程 ▾ 区域中的 ◈拔模 ▾ 按钮，选取图 28.31 所示的模型表面作为要拔模的曲面；在操控板中单击 ◿ 图标后的 ● 单击此处添加项 字符，选取图 28.31 所示的面作为拔模枢轴平面，拔模角度值为 -30.0；单击"完成"按钮 ✔，完成拔模特征 2 的创建。

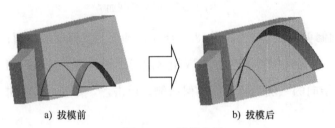

a) 拔模前   b) 拔模后

图 28.30 拔模特征 2

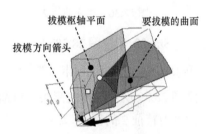

图 28.31 定义拔模参考

Step19. 创建图 28.32 所示的拉伸特征 4。在操控板中单击"拉伸"按钮 ⬛拉伸；按下 ⬜ 按钮，选取 FRONT 基准平面为草绘平面，选取 RIGHT 基准平面为参考平面，方向为 左；单击 草绘 按钮，绘制图 28.33 所示的截面草图；在操控板中选取深度类型为 ⬓，输入深度值 22.0；单击 ✔ 按钮，完成拉伸特征 4 的创建。

图 28.32 拉伸特征 4

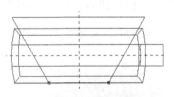

图 28.33 截面草图

Step20. 创建图 28.34 所示的曲面合并特征 6。按住 Ctrl 键，选取图 28.35 所示的面组 1 和面组 2，单击 ⬚ 按钮，调整箭头方向如图 28.35 所示；单击 ✔ 按钮，完成曲面合并特征 6 的创建。

图 28.34　曲面合并特征 6

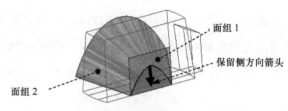

面组 1

保留侧方向箭头

面组 2

图 28.35　定义合并参考

Step21. 用曲面求交的方法创建图 28.36 所示的相交曲线 2。在模型中选取图 28.37 所示实体的外表面，单击"相交"按钮 ，按住 Ctrl 键，选取图 28.37 中的实体外表面，单击 按钮。

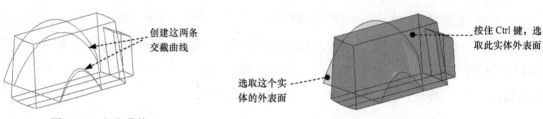

创建这两条交截曲线

选取这个实体的外表面

图 28.36　相交曲线 2

按住 Ctrl 键，选取此实体外表面

图 28.37　定义交截面

Step22. 创建图 28.38b 所示的曲面修剪特征 2。选取图 28.39 所示的曲面为要修剪的曲面；单击 **模型** 功能选项卡 编辑 ▾ 区域中的 修剪 按钮；选取相交曲线 2 作为修剪对象；调整图 28.39 所示的方向箭头，该箭头指向的一侧为修剪后的保留侧；单击 按钮，完成曲面修剪特征 2 的创建。

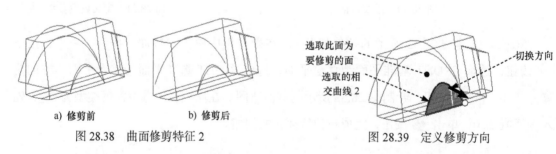

a) 修剪前　　　b) 修剪后

图 28.38　曲面修剪特征 2

选取此面为要修剪的面

选取的相交曲线 2

切换方向

图 28.39　定义修剪方向

Step23. 创建图 28.40b 所示的镜像特征 2。在图形区中选取图 28.40a 所示的镜像特征，选取 TOP 基准平面为镜像平面，单击 按钮，完成镜像特征 2 的创建。

要镜像的面组

a) 镜像前　　　　　　b) 镜像后

图 28.40　镜像特征 2

Step24. 创建图 28.41 所示的曲面合并特征 7。按住 Ctrl 键，选取图 28.42 所示的面组 1 和面组 2，单击 按钮，单击 按钮，完成曲面合并特征 7 的创建。

图 28.41 曲面合并特征 7

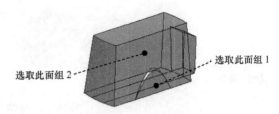

选取此面组 2   选取此面组 1

图 28.42 定义合并面组

Step25. 创建图 28.43 所示的曲面合并特征 8。按住 Ctrl 键，选取图 28.44 所示的面组 1 和面组 2，单击 按钮，单击 按钮，完成曲面合并特征 8 的创建。

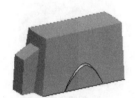

图 28.43 曲面合并特征 8

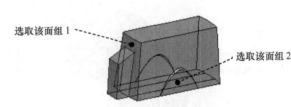

选取该面组 1   选取该面组 2

图 28.44 定义合并面组

Step26. 创建图 28.45b 所示的倒圆角特征 1。单击 模型 功能选项卡 工程 ▼ 区域中的 倒圆角 ▼ 按钮，选取图 28.45a 所示的两条边线为倒圆角的边线；在"倒圆角半径"文本框中输入值 6.0。

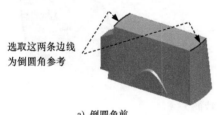

选取这两条边线为倒圆角参考

a) 倒圆角前

b) 倒圆角后

图 28.45 倒圆角特征 1

Step27. 创建图 28.46b 所示的倒圆角特征 2。选取图 28.46a 所示的边线为倒圆角的边线；输入倒圆角半径值 3.0。

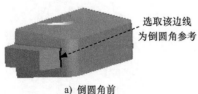

选取该边线为倒圆角参考

a) 倒圆角前

b) 倒圆角后

图 28.46 倒圆角特征 2

Step28. 创建图 28.47b 所示的倒圆角特征 3。选取图 28.47a 所示的两条边线为倒圆角的边线；输入倒圆角半径值 2.0。

选取这两条边线
为倒圆角参考

a) 倒圆角前   b) 倒圆角后

图 28.47　倒圆角特征 3

Step29. 创建图 28.48b 所示的倒圆角特征 4。选取图 28.48a 所示的两条边线为倒圆角的边线；输入倒圆角半径值 2.0。

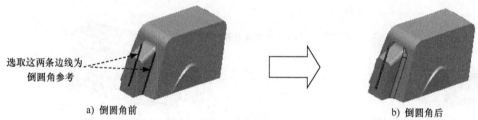

选取这两条边线为
倒圆角参考

a) 倒圆角前   b) 倒圆角后

图 28.48　倒圆角特征 4

Step30. 创建图 28.49b 所示的倒圆角特征 5。选取图 28.49a 所示的两条边线为倒圆角的边线；输入倒圆角半径值 2.0。

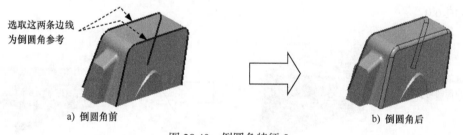

选取这两条边线
为倒圆角参考

a) 倒圆角前   b) 倒圆角后

图 28.49　倒圆角特征 5

Step31. 创建图 28.50b 所示的倒圆角特征 6。选取图 28.50a 所示的两条边线为倒圆角的边线；输入倒圆角半径值 1.5。

选取这两条边线为
倒圆角参考

a) 倒圆角前   b) 倒圆角后

图 28.50　倒圆角特征 6

Step32. 创建图 28.51b 所示的倒圆角特征 7。选取图 28.51a 所示的两条边线为倒圆角的边线；输入倒圆角半径值 1.5。

选取这两条边线
为倒圆角参考

a) 倒圆角前　　　　　　　　　　　　　b) 倒圆角后

图 28.51　倒圆角特征 7

Step33. 创建图 28.52 所示的曲面实体化特征 1。选取图 28.52 所示的面组 2；单击 模型 功能选项卡 编辑 ▾ 区域中的 ☐ 按钮；单击 ✔ 按钮，完成曲面实体化特征 1 的创建。

Step34. 创建图 28.53b 所示的抽壳特征 1。单击 模型 功能选项卡 工程 ▾ 区域中的"壳"按钮 回壳；按住 Ctrl 键，选取图 28.53a 所示的五个平面为要移除的面；在 厚度 文本框中输入壁厚值为 1.2，然后按 Enter 键；在操控板中单击 ✔ 按钮，完成抽壳特征 1 的创建。

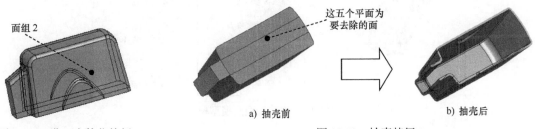

面组 2

这五个平面为
要去除的面

a) 抽壳前　　　　　　　　b) 抽壳后

图 28.52　曲面实体化特征 1　　　　　　　图 28.53　抽壳特征 1

Step35. 创建图 28.54b 所示的倒圆角特征 8。选取图 28.54a 所示的边线为倒圆角的边线；输入倒圆角半径值 1.0。

选取此边线为
倒圆角参考

a) 倒圆角前　　　　　　　　　　　　　b) 倒圆角后

图 28.54　倒圆角特征 8

Step36. 保存零件模型文件。

实例 29 瓶 子

实例概述

本实例模型较复杂，在其设计过程中运用了边界曲面、曲面投影、曲面复制、曲面实体化、阵列和螺旋扫描等命令。在螺旋扫描过程中，读者应注意扫描轨迹和扫描截面绘制的草绘参考。零件模型及模型树如图 29.1 所示。

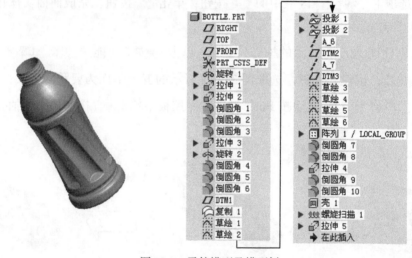

图 29.1 零件模型及模型树

Step1. 新建零件模型。模型命名为 BOTTLE。

Step2. 创建图 29.2 所示的旋转特征 1。单击 模型 功能选项卡 形状 ▾ 区域中的"旋转"按钮 中 旋转 ；在图形区右击，从系统弹出的快捷菜单中选择 定义内部草绘... 命令；选取 RIGHT 基准平面为草绘平面，TOP 基准平面为参考平面，方向为 左 ；单击 草绘 按钮，绘制图 29.3 所示的截面草图（包括中心线）；在操控板中选择旋转类型为 坐 ，在"角度"文本框中输入角度值 360.0，并按 Enter 键；在操控板中单击"确定"按钮 ✔ ，完成旋转特征 1 的创建。

图 29.2 旋转特征 1

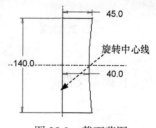

图 29.3 截面草图

Step3. 创建图 29.4 所示的拉伸特征 1。单击 模型 功能选项卡 形状 ▼ 区域中的"拉伸"按钮 拉伸 ；在图形区右击，从系统弹出的快捷菜单中选择 定义内部草绘… 命令；选取图 29.5 所示的模型表面为草绘平面，采用系统默认的参考，方向为 左 ；单击 草绘 按钮，绘制图 29.6 所示的截面草图；在操控板中选取拉伸类型为 ，输入深度值 5.0；在操控板中单击"确定"按钮 ，完成拉伸特征 1 的创建。

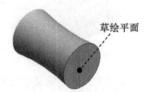

图 29.4　拉伸特征 1　　　　图 29.5　定义草绘平面　　　　图 29.6　截面草图

Step4. 创建图 29.7 所示的拉伸特征 2。在操控板中单击"拉伸"按钮 拉伸 ；选取图 29.8 所示的模型表面为草绘平面，采用系统默认的参考，方向为 左 ；绘制图 29.9 所示的截面草图，在操控板中定义拉伸类型为 ，输入深度值 20.0；单击 按钮，完成拉伸特征 2 的创建。

图 29.7　拉伸特征 2　　　　图 29.8　定义草绘平面　　　　图 29.9　截面草图

Step5. 创建倒圆角特征 1。单击 模型 功能选项卡 工程 ▼ 区域中的 倒圆角 ▼ 按钮，选取图 29.10 所示的边线为圆角放置参考，在"倒圆角半径"文本框中输入值 4.0。

Step6. 创建倒圆角特征 2。选取图 29.11 所示的两条边线为圆角放置参考，输入倒圆角半径值 6.0。

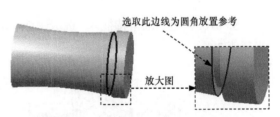

图 29.10　定义倒圆角特征 1 的放置参考

Step7. 创建倒圆角特征 3。选取图 29.12 所示的两条边线为圆角放置参考，输入倒圆角半径值 2.0。

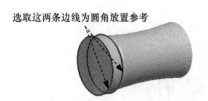

图 29.11　定义倒圆角特征 2 的放置参考

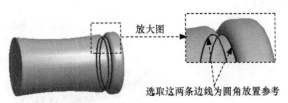

图 29.12　定义倒圆角特征 3 的放置参考

Step8. 创建图 29.13 所示的拉伸特征 3。在操控板中单击"拉伸"按钮 ⬜拉伸；选取图 29.14 所示的模型表面为草绘平面，采用系统默认的参考，方向为 左；绘制图 29.15 所示的截面草图，在操控板中定义拉伸类型为 ⟂，输入深度值 5.0；单击 ✔ 按钮，完成拉伸特征 3 的创建。

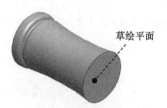

图 29.13 拉伸特征 3　　　　图 29.14 定义草绘平面　　　　图 29.15 截面草图

Step9. 创建图 29.16 所示的旋转特征 2。在操控板中单击"旋转"按钮 ⬥旋转；选取 TOP 基准平面为草绘平面，RIGHT 基准平面为参考平面，方向为 左；单击 草绘 按钮，绘制图 29.17 所示的截面草图（包括中心线）；在操控板中选择旋转类型为 ⟂，在"角度"文本框中输入角度值 360.0；单击 ✔ 按钮，完成旋转特征 2 的创建。

图 29.16 旋转特征 2　　　　　图 29.17 截面草图

Step10. 创建倒圆角特征 4。选取图 29.18 所示的两条边线为圆角放置参考，输入倒圆角半径值 2.0。

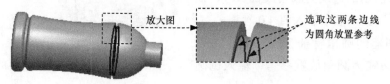

图 29.18 定义倒圆角特征 4 的放置参考

Step11. 创建倒圆角特征 5。选取图 29.19 所示的两条边线为圆角放置参考，输入倒圆角半径值 4.0。

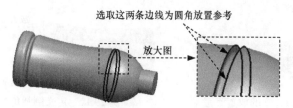

图 29.19 定义倒圆角特征 5 的放置参考

Step12. 创建倒圆角特征 6。选取图 29.20 所示的边线为圆角放置参考，输入倒圆角半径值 6.0。

Step13. 创建图 29.21 所示的 DTM1 基准平面。单击 模型 功能选项卡 基准 ▾ 区域中的"平面"按钮 ▱；在模型树中选取 TOP 基准平面为偏距参考面，在"基准平面"对话框中输入偏移距离值 50.0；单击对话框中的 确定 按钮，完成 DTM1 基准平面的创建。

图 29.20 定义倒圆角特征 6 的放置参考

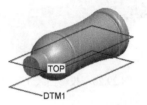

图 29.21 DTM1 基准平面

Step14. 创建图 29.22 所示的复制曲面 1。在屏幕下方的"智能选取"栏中选择"几何"或"面组"选项，然后按住 Ctrl 键，选取图 29.23 所示的两个曲面为要复制的对象；单击 模型 功能选项卡 操作 ▾ 区域中的"复制"按钮 ⧉，然后单击"粘贴"按钮 ⧉▾；单击 ✔ 按钮，完成复制曲面 1 的创建。

图 29.22 复制曲面 1

图 29.23 定义复制对象

Step15. 创建图 29.24 所示的草图 1。在操控板中单击"草绘"按钮 ⬚；选取 DTM1 基准平面为草绘平面，选取 RIGHT 基准平面为参考平面，方向为 上；单击 草绘 按钮，绘制图 29.24 所示的草图 1。

Step16. 创建图 29.25 所示的草图 2。在操控板中单击"草绘"按钮 ⬚；选取 DTM1 基准平面为草绘平面，选取 RIGHT 基准平面为参考平面，方向为 上；单击 草绘 按钮，绘制图 29.25 所示的草图 2。

图 29.24 草图 1

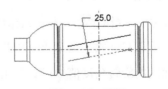

图 29.25 草图 2

Step17. 创建图 29.26 所示的投影曲线 1。在模型树中单击 Step16 所创建的草图 2；单击 模型 功能选项卡 编辑 ▼ 区域中的 ⚙投影 按钮；选取 DTM1 基准平面为方向参考，接受系统默认的投影方向；选取图 29.27 所示的曲面为投影面；单击 ✔ 按钮，完成投影曲线 1 的创建。

图 29.26　投影曲线 1

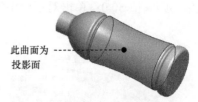

此曲面为
投影面

图 29.27　定义投影面

Step18. 创建图 29.28 所示的投影曲线 2。在模型树中单击草图 1，单击 ⚙投影 按钮；选取 DTM1 基准平面为方向参考，接受系统默认的投影方向；选取图 29.29 所示的曲面为投影面；单击 ✔ 按钮，完成投影曲线 2 的创建。

图 29.28　投影曲线 2

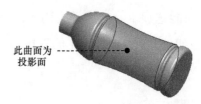

此曲面为
投影面

图 29.29　定义投影面

Step19. 创建图 29.30 所示的基准轴 A_6。单击 模型 功能选项卡 基准 ▼ 区域中的"基准轴"按钮 ∕轴；按住 Ctrl 键，选取图 29.31 所示的投影曲线的终点为放置参考，将其约束类型设置为 穿过；单击"基准轴"对话框中的 确定 按钮，完成基准轴 A_6 的创建。

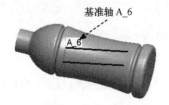

基准轴 A_6

A_6

图 29.30　基准轴 A_6

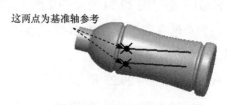

这两点为基准轴参考

图 29.31　定义放置参考

Step20. 创建图 29.32 所示的 DTM2 基准平面。单击 模型 功能选项卡 基准 ▼ 区域中的"平面"按钮 ▱，选取 Step19 所创建的基准轴 A_6 为参考，将其约束类型设置为 穿过；按住 Ctrl 键，选取 FRONT 基准平面为参考；将其约束类型设置为 偏移，输入与参考平面间的旋转角度值 30.0；单击该对话框中的 确定 按钮。

Step21. 创建图 29.33 所示的基准轴 A_7。单击 模型 功能选项卡 基准 ▼ 区域中的"基准轴"按钮 <kbd>轴</kbd>，选取图29.34所示的两点为放置参考，将其约束类型设置为 <kbd>穿过</kbd>；按住 Ctrl 键，选取图29.34所示的投影曲线的终点为放置参考，将其约束类型设置为 <kbd>穿过</kbd>；单击"基准轴"对话框中的 <kbd>确定</kbd> 按钮。

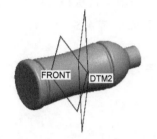

图 29.32　DTM2 基准平面

图 29.33　基准轴 A_7

图 29.34　定义放置参考

Step22. 创建图 29.35 所示的 DTM3 基准平面。单击 <kbd>模型</kbd> 功能选项卡 <kbd>基准 ▼</kbd> 区域中的"平面"按钮 <kbd>▱</kbd>，选取 Step21 所创建的基准轴 A_7 为参考，将其约束类型设置为 <kbd>穿过</kbd>；按住 Ctrl 键，选取 FRONT 基准平面为参考；将其约束类型设置为 <kbd>偏移</kbd>，输入与参考平面间的旋转角度值 30.0；单击该对话框中的 <kbd>确定</kbd> 按钮。

Step23. 创建图 29.36 所示的草图 3。在操控板中单击"草绘"按钮 <kbd>◠</kbd>；选取 DTM2 基准平面为草绘平面；选取图 29.36 所示的两点为草绘参考，单击 <kbd>草绘</kbd> 按钮，绘制图 29.36 所示的草图 3。

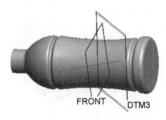

图 29.35　DTM3 基准平面

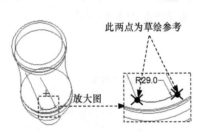

图 29.36　草图 3

Step24. 创建图 29.37 所示的草图 4。在操控板中单击"草绘"按钮 <kbd>◠</kbd>；选取 DTM2 基准平面为草绘平面；选取图 29.37 所示的两点为草绘参考，单击 <kbd>草绘</kbd> 按钮，绘制图 29.37 所示的草图 4。

Step25. 创建图 29.38 所示的草图 5。在操控板中单击"草绘"按钮 <kbd>◠</kbd>；选取 DTM3 基准平面为草绘平面；选取图 29.38 所示的两点为草绘参考，单击 <kbd>草绘</kbd> 按钮，绘制图 29.38 所示的草图 5。

Step26. 创建图 29.39 所示的草图 6。在操控板中单击"草绘"按钮 <kbd>◠</kbd>；选取 DTM3 基准平面为草绘平面，选取图 29.39 所示的两点为草绘参考，单击 <kbd>草绘</kbd> 按钮，绘制图 29.39 所示的草图 6。

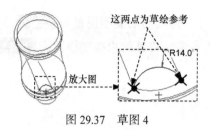

图 29.37　草图 4

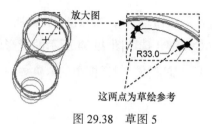

图 29.38　草图 5

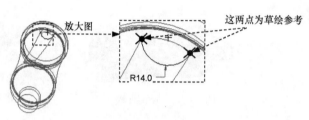

图 29.39　草图 6

Step27. 创建图 29.40 所示的边界混合曲面 1。单击 模型 功能选项卡 曲面▼ 区域中的"边界混合"按钮 ；在操控板中单击 曲线 按钮，系统弹出"曲线"界面，按住 Ctrl 键，依次选取图 29.41 所示的两条第一方向边界曲线；单击"第二方向"区域中的"单击此 ..."字符，然后按住 Ctrl 键，依次选取图 29.41 所示的两条第二方向边界曲线；在操控板中单击 约束 按钮，在"约束"界面中将第一方向和第二方向的边界曲线的"条件"均设置为 自由 ；在操控板中单击 ∞ 按钮，预览所创建的曲面，确认无误后，单击 ✓ 按钮，完成边界混合曲面 1 的创建。

图 29.40　边界混合曲面 1

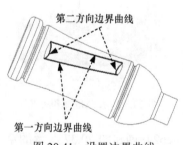

图 29.41　设置边界曲线

Step28. 创建图 29.42 所示的边界混合曲面 2。单击"边界混合"按钮 ，按住 Ctrl 键，依次选取图 29.43 所示的草图 5 和草图 6 为第一方向曲线；单击 约束 按钮，将"方向 1"的边界曲线的"条件"设置为 自由 ；单击 ✓ 按钮，完成边界混合曲面 2 的创建。

Step29. 创建图 29.44 所示的边界混合曲面 3。单击"边界混合"按钮 ，按住 Ctrl 键，依次选取图 29.45 所示的草图 3 和草图 4 为第一方向边界曲线；单击 约束 按钮，将"方向 1"的边界曲线的"条件"设置为 自由 。单击 ✓ 按钮，完成边界混合曲面 3 的创建。

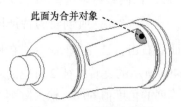

此面为合并对象

图 29.42　边界混合曲面 2

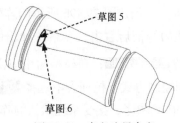

草图 5

草图 6

图 29.43　定义边界参考

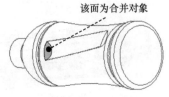

该面为合并对象

图 29.44　边界混合曲面 3

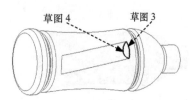

草图 4　　草图 3

图 29.45　定义边界参考

Step30. 创建图 29.46 所示的曲面合并特征 1。按住 Ctrl 键，选取边界混合曲面 1 和边界混合曲面 2 为合并对象；单击 模型 功能选项卡 编辑 ▼ 区域中的 合并 按钮；单击调整图形区中的箭头使其指向要保留的部分；单击 ✔ 按钮，完成曲面合并特征 1 的创建。

Step31. 创建图 29.47 所示的曲面合并特征 2。按住 Ctrl 键，选取曲面合并特征 1 和边界混合曲面 3 为合并对象；单击 合并 按钮，调整箭头方向；单击 ✔ 按钮，完成曲面合并特征 2 的创建。

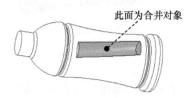

此面为合并对象

图 29.46　曲面合并特征 1

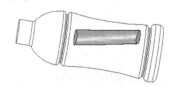

图 29.47　曲面合并特征 2

Step32. 创建图 29.48b 所示的曲面实体化特征 1。选取图 29.48a 所示的曲面合并特征 2 为实体化对象；单击 模型 功能选项卡 编辑 ▼ 区域中的 实体化 按钮，并按下"移除材料"按钮 ；单击调整图形区中的箭头使其指向要去除的实体；单击 ✔ 按钮，完成曲面实体化特征 1 的创建。

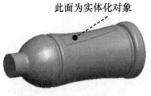

此面为实体化对象

a) 实体化前

b) 实体化后

图 29.48　曲面实体化特征 1

Step33. 创建图 29.49b 所示的阵列特征 1。按住 Ctrl 键，在模型树中选择 Step27~Step32 所创建的特征后右击，在系统弹出的快捷菜单中选择 分组 命令，所创建的特征即可合并为 组LOCAL_GROUP；在模型树中单击 组LOCAL_GROUP 特征后右击，选择 命令；在操控板的阵列控制方式下拉列表中选择 轴 选项；选取图 29.49a 所示的旋转特征 2 对应的基准轴 A_5 为阵列参考，接受系统默认的阵列角度方向，输入阵列的角度值 60.0；输入阵列个数值 6.0；在操控板中单击 按钮，完成阵列特征 1 的创建。

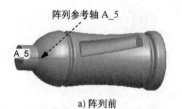

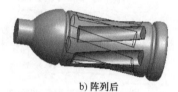

a) 阵列前　　　　　b) 阵列后

图 29.49　阵列特征 1

Step34. 创建图 29.50b 所示的倒圆角特征 7。选取图 29.50a 所示的 12 条边线为圆角放置参考，输入倒圆角半径值 2.0。

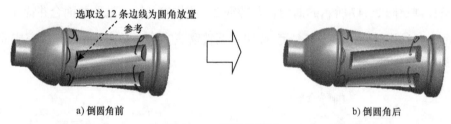

a) 倒圆角前　　　　　b) 倒圆角后

图 29.50　倒圆角特征 7

Step35. 创建倒圆角特征 8。选取图 29.51 所示的 6 条边链为圆角放置参考，输入倒圆角半径值 2.0。

Step36. 创建图 29.52 所示的拉伸特征 4。在操控板中单击"拉伸"按钮 拉伸，按下操控板中的"移除材料"按钮；选取图 29.53 所示的面为草绘平面，采用系统默认的参考，方向为 左；绘制图 29.54 所示的截面草图，在操控板中定义拉伸类型为 ，输入深度值 4.0；单击 按钮，完成拉伸特征 4 的创建。

图 29.51　定义倒圆角特征 8 的放置参考　　　图 29.52　拉伸特征 4

草绘平面

图 29.53 定义草绘平面

Φ65.0 Φ70.0

图 29.54 截面草图

Step37. 创建倒圆角特征 9。选取图 29.55 所示的两条边线为圆角放置参考，输入倒圆角半径值 3.0。

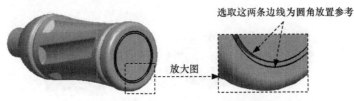

选取这两条边线为圆角放置参考

放大图

图 29.55 定义倒圆角特征 9 的放置参考

Step38. 创建图 29.56b 所示的倒圆角特征 10。选取图 29.56a 所示的两条边线为圆角放置参考，输入倒圆角半径值 1.0。

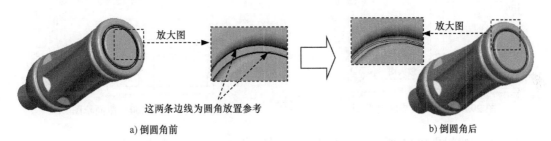

放大图 放大图

这两条边线为圆角放置参考

a) 倒圆角前　　　　　　　　　　　　　　　　b) 倒圆角后

图 29.56 倒圆角特征 10

Step39. 创建图 29.57b 所示的抽壳特征 1。单击 模型 功能选项卡 工程 ▼ 区域中的"壳"按钮 回壳；选取图 29.57a 所示的面为要移除的面；在 厚度 文本框中输入壁厚值为 1.0；在操控板中单击 ✔ 按钮，完成抽壳特征 1 的创建。

要移除的面

a) 抽壳前　　　　　　　　　　　　　　b) 抽壳后

图 29.57 抽壳特征 1

Step40. 创建图 29.58 所示的螺旋扫描特征 1。单击 模型 功能选项卡 形状 ▼ 区域 扫描 ▼ 按钮中的 ▼，在系统弹出的菜单中选择 螺旋扫描 命令；在操控板中确认"实体"

217

按钮 □ 和"使用右手定则"按钮 ⊙ 已被按下，单击操控板中的 参考 按钮，在系统弹出的界面中单击 定义... 按钮，系统弹出"草绘"对话框，选取 RIGHT 基准平面作为草绘平面，选取 TOP 基准平面作为参考平面，方向向右，系统进入草绘环境，绘制图 29.59 所示的螺旋扫描轨迹草图，单击 ✔ 按钮，退出草绘环境；在操控板的 ◎◎◎ 8.0 ▼ 文本框中输入节距值 5.0，按 Enter 键；在操控板中单击按钮 ☑，系统进入草绘环境，绘制和标注图 29.60 所示的截面草图，然后单击草绘工具栏中的 ✔ 按钮；单击操控板中的 ✔ 按钮，完成螺旋扫描特征 1 的创建。

图 29.58　螺旋扫描特征 1

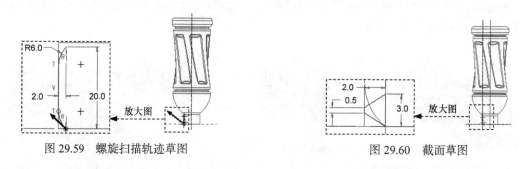

图 29.59　螺旋扫描轨迹草图　　　　　　　图 29.60　截面草图

Step41. 创建图 29.61 所示的拉伸特征 5。在操控板中单击"拉伸"按钮 ⬚拉伸，按下操控板中的"移除材料"按钮 ☑；选取图 29.61 所示的面为草绘平面，TOP 基准平面为参考平面，方向为 右；绘制图 29.62 所示的截面草图；在操控板中选取拉伸类型为 ⬚，输入深度值 70.0；在操控板中单击"确定"按钮 ✔，完成拉伸特征 5 的创建。

图 29.61　拉伸特征 5

图 29.62　截面草图

Step42. 保存零件模型文件。

实例 30 订书机塑料盖

实例概述

本实例主要运用了如下一些命令：实体草绘、拉伸、造型、修剪和合并等特征，其中大量使用了修剪和合并特征，以使读者学会熟练地应用这些特征。零件模型及模型树如图 30.1 所示。

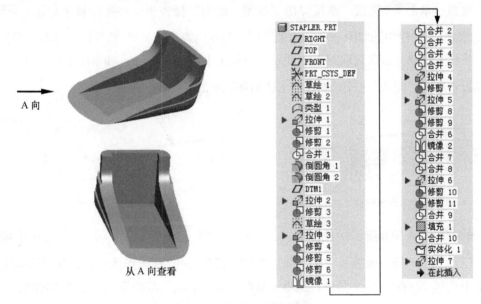

图 30.1 零件模型及模型树

Step1. 新建零件模型。模型命名为 STAPLER。

Step2. 创建图 30.2 所示的草图 1。在操控板中单击"草绘"按钮 ；选取 TOP 基准平面为草绘平面，RIGHT 基准平面为参考平面，方向为 右 ；单击 草绘 按钮，绘制图 30.3 所示的草图 1。

图 30.2 草图 1（建模环境）   图 30.3 草图 1（草绘环境）

Step3. 创建图 30.4 所示的草图 2。在操控板中单击"草绘"按钮 ；选取 RIGHT 基准平面为草绘平面，TOP 基准平面为参考平面，方向为 左；单击 草绘 按钮，绘制图 30.5 所示的草图 2。

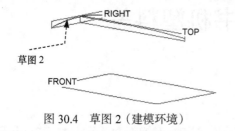

图 30.4　草图 2（建模环境）

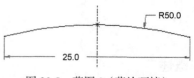

图 30.5　草图 2（草绘环境）

Step4. 创建图 30.6 所示的造型特征 1。单击 模型 功能选项卡 曲面▼ 区域中的 造型 按钮；单击 按钮，系统弹出"造型：曲面"操控板；在操控板中单击 参考 按钮，在 首要 选取栏中选取图 30.7 所示的草图 2 为主曲线，在 内部 选取栏中单击 细节... 按钮，按住 Ctrl 键，依次选取图 30.7 所示的草图 1 中的草图 1（a）和草图 1（b）为次曲线；在操控板中单击"完成"按钮 ✓，单击造型环境中的"确定"按钮 ✓。

图 30.6　造型特征 1

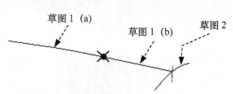

图 30.7　定义曲线

Step5. 创建图 30.8 所示的拉伸曲面 1。单击 模型 功能选项卡 形状▼ 区域中的"拉伸"按钮 拉伸，按下操控板中的"曲面类型"按钮 ；在图形区右击，从系统弹出的快捷菜单中选择 定义内部草绘... 命令；选取 FRONT 基准平面为草绘平面，选取 RIGHT 基准平面为参考平面，方向为 右；单击 草绘 按钮，绘制图 30.9 所示的截面草图；在操控板中选取拉伸类型为 ，输入深度值 20.0，单击 按钮；在操控板中单击 ✓ 按钮，完成拉伸曲面 1 的创建。

图 30.8　拉伸曲面 1

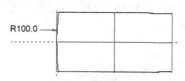

图 30.9　截面草图

Step6. 创建图 30.10b 所示的曲面修剪特征 1。选取图 30.10a 所示的类型面作为要修剪的面；单击 模型 功能选项卡 编辑▼ 区域中的 修剪 按钮；选取图 30.10a 所示的拉伸面为修剪对象；单击调整图形区中的箭头使其指向要保留的部分；单击 ✓ 按钮，完成曲面修剪特征 1 的创建。

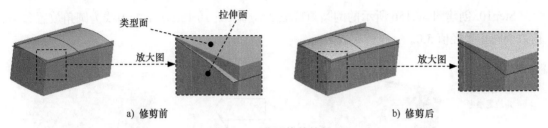

a) 修剪前   b) 修剪后

图 30.10   曲面修剪特征 1

Step7. 创建图 30.11b 所示的曲面修剪特征 2。选取图 30.11a 所示的拉伸面作为要修剪的面，单击 修剪 按钮；选取图 30.11a 所示的类型面作为要修剪的对象，调整图形区中的箭头使其指向要保留的部分；单击 ✓ 按钮，完成曲面修剪特征 2 的创建。

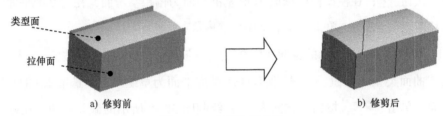

a) 修剪前   b) 修剪后

图 30.11   曲面修剪特征 2

Step8. 创建图 30.12 所示的曲面合并特征 1。按住 Ctrl 键，选取图 30.13 所示的面组 1 和面组 2；单击 模型 功能选项卡 编辑 ▾ 区域中的 合并 按钮；单击 ✓ 按钮，完成曲面合并特征 1 的创建。

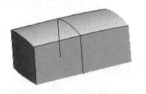

图 30.12   曲面合并特征 1

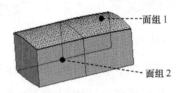

图 30.13   定义合并面

Step9. 创建图 30.14b 所示的倒圆角特征 1。单击 模型 功能选项卡 工程 ▾ 区域中的 倒圆角 ▾ 按钮，选取图 30.14a 所示的两条边线为圆角放置参考，在"倒圆角半径"文本框中输入值 5.0。

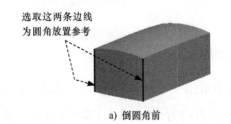

a) 倒圆角前

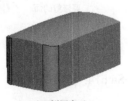

b) 倒圆角后

图 30.14   倒圆角特征 1

Step10. 创建图 30.15b 所示的倒圆角特征 2。选取图 30.15a 所示的边线为圆角放置参考，输入倒圆角半径值 5.0。

选取此边线为圆角放置参考

a) 倒圆角前

b) 倒圆角后

图 30.15 倒圆角特征 2

Step11. 创建图 30.16 所示的 DTM1 基准平面。单击 模型 功能选项卡 基准 ▾ 区域中的"平面"按钮 □；在模型树中选取 TOP 基准平面为偏距参考面，在"基准平面"对话框中输入偏移距离值 –20.0；单击该对话框中的 确定 按钮。

Step12. 创建图 30.17 所示的拉伸曲面 2。在操控板中单击"拉伸"按钮 拉伸，按下操控板中的"曲面类型"按钮 □；选取 DTM1 基准平面为草绘平面，选取 RIGHT 基准平面为参考平面，单击 反向 按钮，方向为 左；绘制图 30.18 所示的截面草图，在操控板中定义拉伸类型为 ⬆，输入深度值 40.0；单击 ✔ 按钮，完成拉伸曲面 2 的创建。

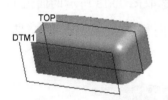

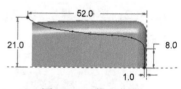

图 30.16 DTM1 基准平面　　　图 30.17 拉伸曲面 2　　　图 30.18 截面草图

Step13. 创建图 30.19b 所示的曲面修剪特征 3。选取图 30.19a 所示的曲面作为要修剪的面，单击 修剪 按钮；选取图 30.19a 所示的实体面为要修剪的对象，图中箭头指向的一侧为修剪后的保留侧；单击 ✔ 按钮，完成曲面修剪特征 3 的创建。

保留侧方向

选取此面为要修剪的对象

选取该面为要修剪的面

a) 修剪前

b) 修剪后

图 30.19 曲面修剪特征 3

Step14. 创建图 30.20 所示的草图 3。在操控板中单击"草绘"按钮 ；选取 FRONT 基准平面为草绘平面，RIGHT 基准平面为参考平面；方向为 左；单击 草绘 按钮，绘制图 30.21 所示的草图 3。

图 30.20 草图 3（建模环境）

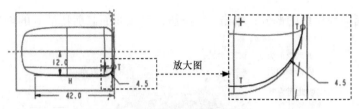

放大图

图 30.21 草图 3（草绘环境）

Step15. 创建图 30.22 所示的拉伸曲面 3。在操控板中单击"拉伸"按钮 拉伸，按下操控板中的"曲面类型"按钮；选取图 30.23 中的草图 3 为要拉伸曲面 3 的截面草图；在操控板中定义拉伸类型为，输入深度值 25.0；单击 按钮，完成拉伸曲面 3 的创建。

图 30.22 拉伸曲面 3

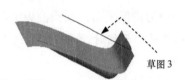

草图 3

图 30.23 定义截面草图

Step16. 创建图 30.24b 所示的曲面修剪特征 4。选取图 30.24a 所示的面作为要修剪的面，单击 修剪 按钮；选取图 30.24a 所示的实体面为要修剪的对象，调整图形区中的箭头使其指向要保留的部分；单击 按钮，完成曲面修剪特征 4 的创建。

选取此面为要修剪的对象

选取该面为要修剪的面

保留侧方向

a) 修剪前

b) 修剪后

图 30.24 曲面修剪特征 4

Step17. 创建图 30.25b 所示的曲面修剪特征 5。选取图 30.25a 所示的面作为要修剪的面，单击 修剪 按钮；选取图 30.25a 所示的链为要修剪的对象，调整图形区中的箭头使其指向要保留的部分；单击 按钮，完成曲面修剪特征 5 的创建。

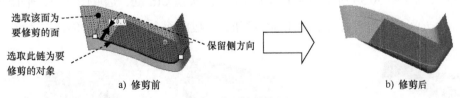

选取该面为要修剪的面

选取此链为要修剪的对象

保留侧方向

a) 修剪前

b) 修剪后

图 30.25 曲面修剪特征 5

Step18. 创建图 30.26b 所示的曲面修剪特征 6。选取图 30.26a 所示的面作为要修剪的面，单击 修剪 按钮；选取图 30.26a 所示的实体面为要修剪的对象，调整图形区中的箭头使其指向要保留的部分；单击 ✔ 按钮，完成曲面修剪特征 6 的创建。

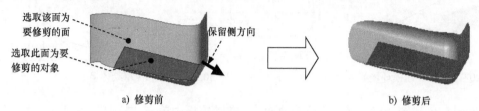

选取该面为
要修剪的面
选取此面为要
修剪的对象
保留侧方向

a) 修剪前　　　　　　　　　　b) 修剪后

图 30.26　曲面修剪特征 6

Step19. 创建图 30.27b 所示的实体镜像特征 1。按住 Ctrl 键，选取图 30.27a 所示的两个面组为镜像源；单击 **模型** 功能选项卡 **编辑 ▾** 区域中的"镜像"按钮 ◫◪；在图形区选取 TOP 基准平面为镜像平面；在操控板中单击 ✔ 按钮，完成镜像特征 1 的创建。

注意： 在选取面组时，需在智能选取栏中调整到面组状态。

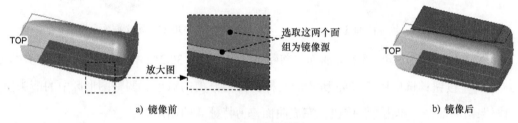

TOP　　　　　放大图　　　选取这两个面组为镜像源　　　　TOP

a) 镜像前　　　　　　　　　　b) 镜像后

图 30.27　镜像特征 1

Step20. 创建图 30.28 所示的曲面合并特征 2。按住 Ctrl 键，选取图 30.29 所示的面组 1 和面组 2 进行合并，单击 ⬭合并 按钮，单击 ✔ 按钮，完成曲面合并特征 2 的创建。

图 30.28　曲面合并特征 2

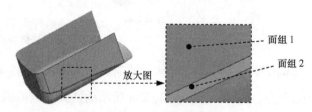

放大图　　　面组 1　　面组 2

图 30.29　定义合并面组

Step21. 创建图 30.30 所示的曲面合并特征 3。按住 Ctrl 键，选取图 30.31 所示的合并面组 1 和面 2，单击 ⬭合并 按钮，单击 ✔ 按钮，完成曲面合并特征 3 的创建。

图 30.30　曲面合并特征 3

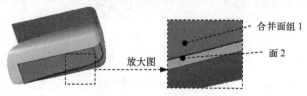

放大图　　　合并面组 1　　面 2

图 30.31　定义合并面组

Step22. 创建图 30.32 所示的曲面合并特征 4。选取图 30.32 所示的两个面组进行合并，单击 合并 按钮，单击 ✓ 按钮，完成曲面合并特征 4 的创建。

Step23. 创建图 30.33 所示的曲面合并特征 5。选取图 30.33 所示的两个面组进行合并，单击 合并 按钮，单击 ✓ 按钮，完成曲面合并特征 5 的创建。

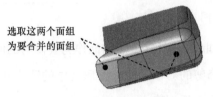

选取这两个面组为要合并的面组

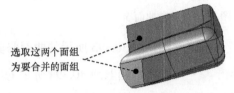

选取这两个面组为要合并的面组

图 30.32　曲面合并特征 4　　　　　图 30.33　曲面合并特征 5

Step24. 创建图 30.34 所示的拉伸曲面 4。在操控板中单击"拉伸"按钮 拉伸，按下操控板中的"曲面类型"按钮 ；选取 DTM1 基准平面为草绘平面，选取 RIGHT 基准平面为参考平面，单击"反向"按钮 反向，方向为 左；绘制图 30.35 所示的截面草图，在操控板中定义拉伸类型为 ，输入深度值 40.0；单击 ✓ 按钮，完成拉伸曲面 4 的创建。

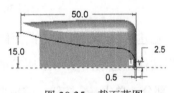

图 30.34　拉伸曲面 4　　　　　　　图 30.35　截面草图

Step25. 创建图 30.36b 所示的曲面修剪特征 7。选取图 30.36a 所示的面作为要修剪的面，单击 修剪 按钮；选取图 30.36a 所示的实体面为要修剪的对象，调整图形区中的箭头使其指向保留侧方向；单击 ✓ 按钮，完成曲面修剪特征 7 的创建。

选取此面为要修剪的对象保留侧方向

选取该面为要修剪的面

a) 修剪前　　　　　　　　　　　　　　b) 修剪后

图 30.36　曲面修剪特征 7

Step26. 创建图 30.37 所示的拉伸曲面 5。在操控板中单击"拉伸"按钮 拉伸，按下操控板中的"曲面类型"按钮 ；选取 FRONT 基准平面为草绘平面，选取 RIGHT 基准平面为参考平面，单击"反向"按钮 反向，方向为 左；绘制图 30.38 所示的截面草图，在操控板中定义拉伸类型为 ，输入深度值 25.0；单击 ✓ 按钮，完成拉伸曲面 5 的创建。

图 30.37 拉伸曲面 5

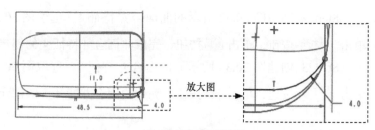

图 30.38 截面草图

Step27. 创建图 30.39b 所示的曲面修剪特征 8。选取图 30.39a 所示的面作为要修剪的面，单击 修剪 按钮；选取图 30.39a 所示的实体面为要修剪的对象，调整图形区中的箭头使其指向要保留的部分；单击 ✓ 按钮，完成曲面修剪特征 8 的创建。

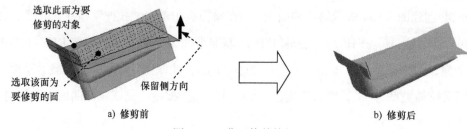

图 30.39 曲面修剪特征 8

Step28. 创建图 30.40b 所示的曲面修剪特征 9。选取图 30.40a 所示的面作为要修剪的面，单击 修剪 按钮；选取图 30.40a 所示的边链为要修剪的对象，调整图形区中的箭头使其指向要保留的部分；单击 ✓ 按钮，完成曲面修剪特征 9 的创建。

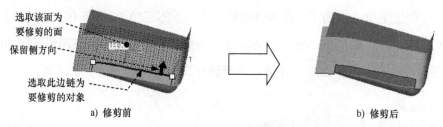

图 30.40 曲面修剪特征 9

Step29. 创建图 30.41 所示的曲面合并特征 6。选取图 30.42 所示的两个面组进行合并，单击 合并 按钮，调整箭头方向如图 30.42 所示；单击 ✓ 按钮，完成曲面合并特征 6 的创建。

图 30.41 曲面合并特征 6

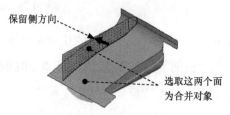

图 30.42 定义合并面组

Step30. 创建图 30.43b 所示的镜像特征 2。选取图 30.43a 所示的一个面组为镜像源，选取 TOP 基准平面为镜像平面；单击 ✔ 按钮，完成镜像特征 2 的创建。

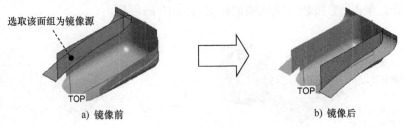

图 30.43　镜像特征 2

Step31. 创建图 30.44 所示的曲面合并特征 7。选取图 30.45 所示的两个面组进行合并，单击 🔲合并 按钮，调整箭头方向如图 30.45 所示；单击 ✔ 按钮，完成曲面合并特征 7 的创建。

图 30.44　曲面合并特征 7

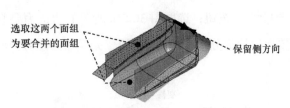

图 30.45　定义合并面组

Step32. 创建图 30.46 所示的曲面合并特征 8。选取图 30.47 所示的两个面组进行合并，单击 🔲合并 按钮，调整箭头方向如图 30.47 所示；单击 ✔ 按钮，完成曲面合并特征 8 的创建。

图 30.46　曲面合并特征 8

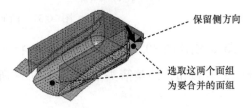

图 30.47　定义合并面组

Step33. 创建图 30.48 所示的拉伸曲面 6。在操控板中单击"拉伸"按钮 🔲拉伸，按下操控板中的"曲面类型"按钮 🔲；选取 DTM1 基准平面为草绘平面，选取 RIGHT 基准平面为参考平面，单击"反向"按钮 反向，方向为 左；绘制图 30.49 所示的截面草图；在操控板中定义拉伸类型为 ⊥，输入深度值 40.0；单击 ✔ 按钮，完成拉伸曲面 6 的创建。

图 30.48　拉伸曲面 6

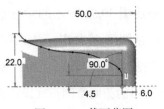

图 30.49　截面草图

Step34. 创建图 30.50b 所示的曲面修剪特征 10。选取图 30.50a 所示的面作为要修剪的面，单击 修剪 按钮；选取图 30.50a 所示的面为要修剪的对象，调整图形区中的箭头使其指向要保留的部分；单击 ✓ 按钮，完成曲面修剪特征 10 的创建。

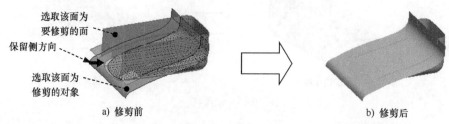

选取该面为
要修剪的面
保留侧方向
选取该面为
修剪的对象
a) 修剪前
b) 修剪后

图 30.50　曲面修剪特征 10

Step35. 创建图 30.51b 所示的曲面修剪特征 11。选取图 30.51a 所示的面作为要修剪的面，单击 修剪 按钮；选取图 30.51a 所示的边链为要修剪的对象，调整图形区中的箭头使其指向要保留的部分；单击 ✓ 按钮，完成曲面修剪特征 11 的创建。

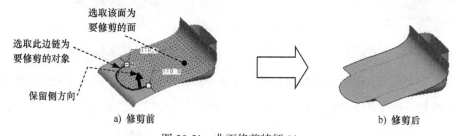

选取该面为
要修剪的面
选取此边链为
要修剪的对象
保留侧方向
a) 修剪前
b) 修剪后

图 30.51　曲面修剪特征 11

Step36. 创建图 30.52 所示的曲面合并特征 9。选取图 30.53 所示的两个面组进行合并，单击 合并 按钮，调整箭头方向如图 30.53 所示；单击 ✓ 按钮，完成曲面合并特征 9 的创建。

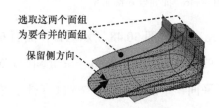

选取这两个面组
为要合并的面组
保留侧方向

图 30.52　曲面合并特征 9　　　　图 30.53　定义合并面组

Step37. 创建图 30.54 所示的填充曲面 1。单击 模型 功能选项卡 曲面 ▾ 区域中的 填充 按钮；在图形区右击，从系统弹出的快捷菜单中选择 定义内部草绘... 命令；选取 FRONT 基准平面为草绘平面，RIGHT 基准平面为参考平面，方向为 左；单击 草绘 按钮，绘制图 30.55 所示的截面草图；在操控板中单击 ✓ 按钮，完成填充曲面 1 的创建。

图 30.54　填充曲面 1

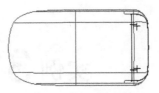

图 30.55　截面草图

Step38. 创建图 30.56 所示的曲面合并特征 10。选取图 30.56 所示的两个面组进行合并，单击 [合并] 按钮，单击 ✔ 按钮，完成曲面合并特征 10 的创建。

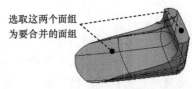

图 30.56　曲面合并特征 10

Step39. 创建图 30.57b 所示的曲面实体化特征 1。选取图 30.57a 所示的封闭曲面为要实体化的对象；单击 [模型] 功能选项卡 [编辑 ▾] 区域中的 [实体化] 按钮；单击 ✔ 按钮，完成曲面实体化特征 1 的创建。

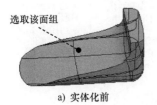

a) 实体化前

b) 实体化后

图 30.57　曲面实体化特征 1

Step40. 创建图 30.58 所示的拉伸特征 7。在操控板中单击"拉伸"按钮 [拉伸]，按下操控板中的"移除材料"按钮 [🗗]；选取图 30.58 所示的模型表面为草绘平面，选取 RIGHT 基准平面为参考平面，方向为 [右]；绘制图 30.59 所示的截面草图，在操控板中定义拉伸类型为 [⊥]，输入深度值 17.0，单击 ✔ 按钮，完成拉伸特征 7 的创建。

图 30.58　拉伸特征 7

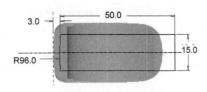

图 30.59　截面草图

Step41. 保存零件模型文件。

实例 31 加 热 丝

实例概述

本实例是一个比较复杂的曲面建模的实例。注意本例中一个重要曲线的创建方法，就是先运用"可变截面扫描"命令和关系式 sd4=trajpar*360*6 创建曲面，然后利用该曲面的边线产生所需要的曲线。零件模型及模型树如图 31.1 所示。

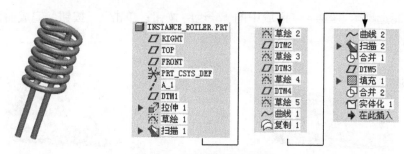

图 31.1 零件模型及模型树

Step1. 新建零件模型。模型命名为 INSTANCE_BOILER。

Step2. 创建图 31.2 所示的基准轴 A_1。单击 模型 功能选项卡 基准 ▼ 区域中的"基准轴"按钮 ⁄ 轴；选取 FRONT 及 RIGHT 基准平面为参考，将其约束类型均设置为 穿过；单击对话框中的 确定 按钮，完成基准轴 A_1 的创建。

Step3. 创建图 31.3 所示的 DTM1 基准平面。单击 模型 功能选项卡 基准 ▼ 区域中的"平面"按钮 ▢；在模型树中选取 FRONT 基准平面为偏距参考面，在"基准平面"对话框中输入偏移距离值 45.0；按住 Ctrl 键，再选取基准轴 A_1 为参考，将其约束类型设置为 穿过；单击该对话框中的 确定 按钮。

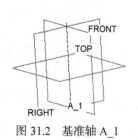

图 31.2 基准轴 A_1

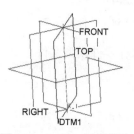

图 31.3 DTM1 基准平面

Step4. 创建图 31.4 所示的拉伸曲面 1。单击 模型 功能选项卡 形状 ▼ 区域中的"拉伸"按钮 拉伸，按下操控板中的"曲面类型"按钮 ；在图形区右击，从系统弹出的快捷菜单中选择 定义内部草绘... 命令；选取 TOP 基准平面为草绘平面，选取 DTM1 基准平面为参考平面，方向为 下；绘制图 31.5 所示的截面草图；在操控板中选择拉伸类型为 ，输入深度值 4.5；在操控板中单击 按钮，完成拉伸曲面 1 的创建。

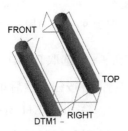

图 31.4 拉伸曲面 1

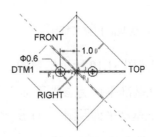

图 31.5 截面草图

说明：选取 FRONT 基准平面和基准轴 A_1 为草绘参考。

Step5. 创建图 31.6 所示的草图 1。单击 模型 功能选项卡 基准 ▼ 区域中的"草绘"按钮 ；选取 FRONT 基准平面为草绘平面，TOP 基准平面为参考平面，方向为 下；单击 草绘 按钮，绘制图 31.7 所示的草图 1。

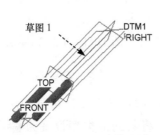

图 31.6 草图 1（建模环境）

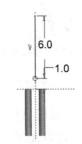

图 31.7 草图 1（草绘环境）

Step6. 创建图 31.8 所示的可变截面扫描特征 1。单击 模型 功能选项卡 形状 ▼ 区域中的 扫描 ▼ 按钮；在操控板中单击"曲面"按钮 和"可变截面"按钮 ，在图形区中选取草图 1 作为扫描轨迹曲线；在"扫描"操控板中单击 参考 按钮，在"参考"界面的 截平面控制 下拉列表中选择 垂直于投影 选项，然后选取 RIGHT 基准平面作为方向参考；在操控板中单击"创建或编辑扫描截面"按钮 ，系统自动进入草绘环境，绘制图 31.9a 所示的扫描截面草图；定义后的截面草图如图 31.9b 所示，单击 工具 功能选项卡 模型意图 ▼ 区域中的 d=关系 按钮，在系统弹出的"关系"对话框中的编辑区输入关系：sd4=trajpar*360*6；单击"确定"按钮 ；在操控板中单击"确定"按钮 ，完成可变截面扫描特征 1 的创建。

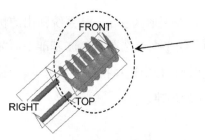

图 31.8　可变截面扫描特征 1

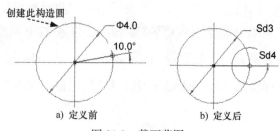

图 31.9　截面草图

Step7. 创建图 31.10 所示的草图 2。单击"草绘"按钮 ⬉；选取 DTM1 基准平面为草绘平面，TOP 基准平面为参考平面，方向为 下 ；单击 反向 按钮，然后单击 草绘 按钮，选取 TOP 基准平面及图 31.11 所示的顶点、轴线为参考，绘制图 31.11 所示的草图 2。

注意： 如果草绘方向的摆放与图 31.11 不一样，可在"草绘"对话框中单击 反向 按钮，进行草绘方向的调整。

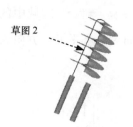

图 31.10　草图 2（建模环境）

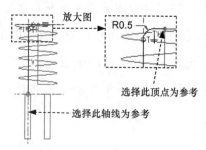

图 31.11　草图 2（草绘环境）

Step8. 创建图 31.12 所示的 DTM2 基准平面。单击 模型 功能选项卡 基准 ▾ 区域中的"平面"按钮 ▱ ，选取草图 1 的上端点（图 31.12）为参考，将其约束类型设置为 穿过 ；然后按住 Ctrl 键，选取 TOP 基准平面为参考，将其约束类型设置为 平行 ，单击对话框中的 确定 按钮。

Step9. 创建图 31.13 所示的草图 3。单击"草绘"按钮 ⬉；选取 DTM2 基准平面为草绘平面，FRONT 基准平面为参考平面，方向为 下 ；单击 草绘 按钮，选取轴线 A_1、A_3 及图 31.14 中的圆为草绘参考，绘制图 31.14 所示的草图 3。

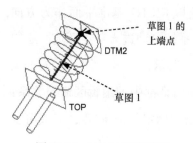

图 31.12　DTM2 基准平面

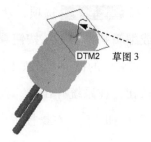

图 31.13　草图 3（建模环境）

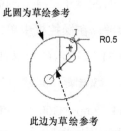

图 31.14　草图 3（草绘环境）

Step10. 创建图 31.15 所示的 DTM3 基准平面。单击 模型 功能选项卡 基准 ▾ 区域中的 "平面" 按钮 ▱，选取 FRONT 基准平面为参考，将其约束类型设置为 平行；按住 Ctrl 键，选取 A_3 轴线为参考，将其约束类型设置为 穿过，单击该对话框中的 确定 按钮。

Step11. 创建图 31.16 所示的草图 4。单击 "草绘" 按钮 ↖；选取 DTM3 基准平面为草绘平面，TOP 基准平面为参考平面，方向为 下；单击 反向 按钮，然后单击 草绘 按钮，选取 TOP 基准平面、轴线 A_3 及图 31.17 中的顶点为参考，绘制图 31.17 所示的草图 4。

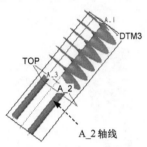

图 31.15 DTM3 基准平面

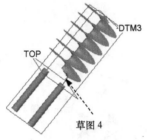

图 31.16 草图 4（建模环境）

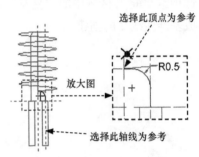

图 31.17 草图 4（草绘环境）

Step12. 创建图 31.18 所示的 DTM4 基准平面。单击 模型 功能选项卡 基准 ▾ 区域中的 "平面" 按钮 ▱，选取图 31.18 所示的草图 1 的下端点为参考；按住 Ctrl 键，再选取 TOP 基准平面为参考，将其约束类型设置为 平行，单击该对话框中的 确定 按钮。

Step13. 创建图 31.19 所示的草图 5。单击 "草绘" 按钮 ↖；选取 DTM4 基准平面为草绘平面，FRONT 基准平面为参考平面，方向为 左；单击 草绘 按钮，选取图 31.20 所示的边线、顶点为参考；绘制图 31.20 所示的草图 5。

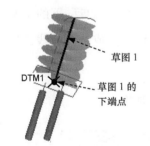

图 31.18 DTM4 基准平面

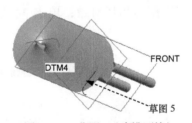

图 31.19 草图 5（建模环境）

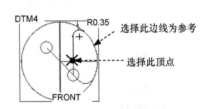

图 31.20 草图 5（草绘环境）

Step14. 创建图 31.21 所示的基准曲线 1。单击 模型 功能选项卡中的 基准 ▾ 按钮，在系统弹出的菜单中单击 ↖ 曲线 ▸ 选项后面的 ▸，然后选择 ↖ 通过点的曲线 命令；完成上步操作后，系统弹出 "曲线：通过点" 操控板，在图形区依次选取图 31.22 所示的两个端点为曲线的经过点；单击操控板中的 终止条件 选项卡，在 曲线侧(C) 列表框中选择 起点，在后面的 终止条件(E) 下拉列表中选择 相切 选项，单击 相切于 下的文本

框 选择项 ，选取图 31.22 所示草图 3 作为相切对象；在 曲线侧(C) 列表框中选择 终点 ，在后面的 终止条件(E) 下拉列表中选择 相切 选项，单击 相切于 下的文本框 选择项 ，选取图 31.22 所示的边线作为相切对象；单击"曲线：通过点"操控板中的 ✓ 按钮，完成基准曲线 1 的创建。

说明：相切方向可单击"反向"按钮 反向(R) 来进行调整。

Step15. 用复制的方法创建基准曲线 2。选取图 31.23 中要复制的边线；单击 模型 功能选项卡 操作 ▼ 区域中的"复制"按钮 📋 ，然后单击"粘贴"按钮 📋 ▼ ；单击 ✓ 按钮，完成基准曲线 2 的创建。

图 31.21　基准曲线 1

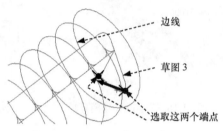

图 31.22　定义曲线参考

图 31.23　定义要复制的边线

Step16. 创建图 31.24 所示的基准曲线 3。单击 模型 功能选项卡中的 基准 ▼ 按钮，在系统弹出的菜单中单击 ∿ 曲线 ▶ 选项后面的 ▶ ，然后选择 ∿ 通过点的曲线 命令；选取图 31.25 所示的两个点为曲线经过点，单击操控板中的 终止条件 选项卡，在 曲线侧(C) 列表框中选择 起点 ，在后面的 终止条件(E) 下拉列表中选择 相切 选项，单击 相切于 下的文本框 选择项 ，选取图 31.25 所示的曲线作为相切对象；在 曲线侧(C) 列表框中选择 终点 ，在后面的 终止条件(E) 下拉列表中选择 相切 选项，单击 相切于 下的文本框 选择项 ，选取图 31.25 所示的曲线作为相切对象；单击 ✓ 按钮，完成基准曲线 3 的创建。

图 31.24　基准曲线 3

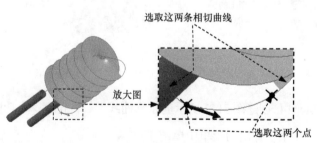

图 31.25　定义曲线参考

Step17. 将 Step6 所创建的可变截面扫描曲面（面组 1）隐藏。

Step18. 将 Step14 所创建的基准曲线 1 隐藏。

Step19. 创建图 31.26 所示的可变截面扫描特征 2。单击 ... 按钮，在操控板中单击"曲面"按钮 和"可变截面"按钮；选取草图曲线 4，然后按住 Shift 键，依次选取草图曲线 5、基准曲线 3、基准曲线 2、基准曲线 1（图 31.27）、草图曲线 3 和草图曲线 2 作为扫描轨迹曲线；在"扫描"操控板中单击 参考 按钮，在"参考"界面的 截平面控制 下拉列表中选择 垂直于轨迹 选项，绘制图 31.28 所示的扫描截面草图；单击 按钮，完成可变截面扫描特征 2 的创建。

图 31.26 可变截面扫描特征 2

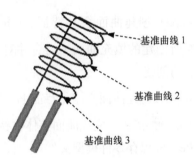

图 31.27 选取曲线

Step20. 创建图 31.29 所示的曲面合并特征 1。按住 Ctrl 键，选取图 31.29 所示的面组 1 和面组 2 进行合并；单击 模型 功能选项卡 编辑 ▼ 区域中的 合并 按钮；单击 按钮，完成曲面合并特征 1 的创建。

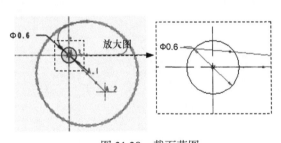

图 31.28 截面草图

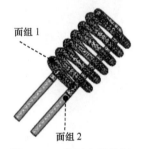

图 31.29 曲面合并特征 1

Step21. 创建图 31.30 所示的 DTM5 基准平面。单击 模型 功能选项卡 基准 ▼ 区域中的"平面"按钮 ，选取圆柱底端的边线为参考，将其约束类型设置为 穿过；单击对话框中的 确定 按钮。

Step22. 创建图 31.31 所示的填充曲面 1。单击 模型 功能选项卡 曲面 ▼ 区域中的 填充 按钮；在图形区右击，从系统弹出的快捷菜单中选择 定义内部草绘... 命令；选取 DTM5 基准平面为草绘平面，FRONT 基准平面为参考平面，方向为 下 ；单击 草绘 按钮，绘制图 31.32 所示的截面草图；在操控板中单击 按钮，完成填充曲面 1 的创建。

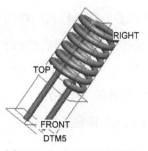

图 31.30　DTM5 基准平面

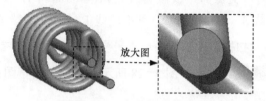

放大图

图 31.31　填充曲面 1

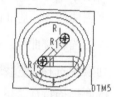

图 31.32　截面草图

Step23. 创建曲面合并特征 2。按住 Ctrl 键，选取 Step20 所创建的曲面合并特征 1 与 Step22 所创建的填充曲面 1 为合并对象；单击 [⑦合并] 按钮，单击 [✔] 按钮，完成曲面合并特征 2 的创建。

Step24. 创建曲面实体化特征 1。选取 Step23 所创建的曲面合并特征 2，单击 [🗹实体化] 按钮；单击 [✔] 按钮，完成曲面实体化特征 1 的创建。

Step25. 保存零件模型文件。

实例 32　减　振　器

32.1　概　述

本实例详细讲解了减振器的整个设计过程，首先将连接轴、减振弹簧、驱动轴、限位轴、下挡环及上挡环设计完成后，再在装配环境中将它们组装起来，最后在装配环境中创建。零件组装模型如图 32.1.1 所示。

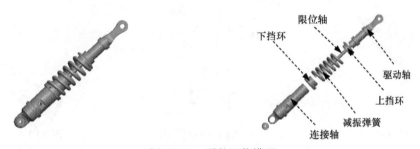

图 32.1.1　零件组装模型

32.2　连　接　轴

连接轴为减振器的一个轴类连接零件，设计中主要运用旋转、旋转切除、拉伸切除、孔以及镜像等命令。连接轴零件模型及模型树如图 32.2.1 所示。

图 32.2.1　连接轴零件模型及模型树

Step1. 新建零件模型。模型命名为 CONNECT_SHAFT。

Step2. 创建图 32.2.2 所示的旋转特征 1。单击 模型 功能选项卡 形状 ▼ 区域中的"旋转"按钮 ⚙ 旋转 ；在图形区右击，从系统弹出的快捷菜单中选择 定义内部草绘... 命令；选取

TOP 基准平面为草绘平面，RIGHT 基准平面为参考平面，方向为 右；单击 草绘 按钮，绘制图 32.2.3 所示的截面草图（包括旋转轴线）；在操控板中选择旋转类型为 ⊥，在"角度"文本框中输入角度值 360.0，并按 Enter 键；在操控板中单击"确定"按钮 ✓，完成旋转特征 1 的创建。

Step3. 创建图 32.2.4 所示的拉伸特征 1。单击 模型 功能选项卡 形状 ▾ 区域中的"拉伸"按钮 拉伸，按下操控板中的"移除材料"按钮 △；在图形区右击，从系统弹出的快捷菜单中选择 定义内部草绘... 命令；选取 TOP 基准平面为草绘平面，RIGHT 基准平面为参考平面，方向为 右；单击 草绘 按钮，绘制图 32.2.5 所示的截面草图；在操控板中定义拉伸类型为 日；输入深度值 50.0；在操控板中单击"确定"按钮 ✓，完成拉伸特征 1 的创建。

图 32.2.2　旋转特征 1

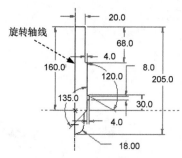

图 32.2.3　截面草图

图 32.2.4　拉伸特征 1

Step4. 创建图 32.2.6b 所示的镜像特征 1。选取 Step3 所创建的拉伸特征 1 为镜像源；单击 模型 功能选项卡 编辑 ▾ 区域中的"镜像"按钮 ▷◁；在图形区选取 RIGHT 基准平面为镜像平面；在操控板中单击 ✓ 按钮，完成镜像特征 1 的创建。

图 32.2.5　截面草图

a) 镜像前

b) 镜像后

图 32.2.6　镜像特征 1

Step5. 创建图 32.2.7 所示的孔特征 1。单击 模型 功能选项卡 工程 ▾ 区域中的 孔 按钮；选取图 32.2.7 所示的圆柱端面为主参考；按住 Ctrl 键，选取图 32.2.7 所示的基准轴 A_1 为次参考；在操控板中单击"创建简单孔"按钮，单击"使用预定义矩形作为钻孔轮廓"按钮；在操控板中单击 形状 按钮，按照图 32.2.8 所示的"形状"界面中的参数设置来定义孔的形状；在操控板中单击 ✓ 按钮，完成孔特征 1 的创建。

图 32.2.7　孔特征 1

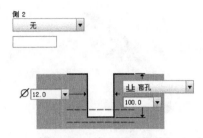

图 32.2.8　定义孔的形状

Step6. 创建图 32.2.9 所示的旋转特征 2。在操控板中单击"旋转"按钮 旋转，按下操控板中的"移除材料"按钮 按钮；选取 TOP 基准平面为草绘平面，RIGHT 基准平面为参考平面，方向为 上；单击 草绘 按钮，绘制图 32.2.10 所示的截面草图（包括旋转轴线）；在操控板中选择旋转类型为，在"角度"文本框中输入角度值 360.0；单击 按钮，完成旋转特征 2 的创建。

图 32.2.9　旋转特征 2

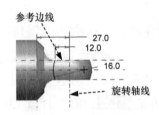

图 32.2.10　截面草图

Step7. 创建图 32.2.11 所示的拉伸特征 2。在操控板中单击"拉伸"按钮 拉伸，按下操控板中的"移除材料"按钮；选取 TOP 基准平面为草绘平面，RIGHT 基准平面为参考平面，方向为 上，绘制图 32.2.12 所示的截面草图；在操控板中定义拉伸类型为，输入深度值 50.0；单击 按钮，完成拉伸特征 2 的创建。

图 32.2.11　拉伸特征 2

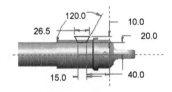

图 32.2.12　截面草图

Step8. 创建图 32.2.13b 所示的镜像特征 2。在模型树中选取拉伸特征 2 为镜像源，选取 RIGHT 基准平面为镜像平面，单击 按钮，完成镜像特征 2 的创建。

Step9. 创建图 32.2.14 所示的拉伸特征 3。在操控板中单击"拉伸"按钮 拉伸，按下操控板中的"移除材料"按钮；选取图 32.2.15 所示的模型表面为草绘平面，TOP 基准平面为参考平面，方向为 上；绘制图 32.2.16 所示的截面草图，在操控板中定义拉伸类型为；单击 按钮，完成拉伸特征 3 的创建。

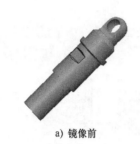

a) 镜像前

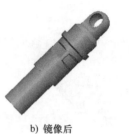

b) 镜像后

图 32.2.13　镜像特征 2

图 32.2.14　拉伸特征 3

草绘平面

图 32.2.15　定义草绘平面

47.5
Φ8.0

图 32.2.16　截面草图

Step10. 创建图 32.2.17 所示的倒角特征 1。单击 模型 功能选项卡 工程 ▼ 区域中的 ◇倒角 ▼ 按钮；选取图 32.2.17 所示的边线为倒角放置参考；选取倒角方案 D x D ；输入 D 值 2.0。

Step11. 创建图 32.2.18 所示的倒角特征 2。选取图 32.2.18 所示的两条边线为倒角放置参考；选取倒角方案 D x D ；输入 D 值 1.0。

选取此边线为倒角放置参考

图 32.2.17　定义倒角特征 1 的放置参考

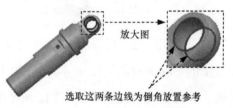

放大图

选取这两条边线为倒角放置参考

图 32.2.18　定义倒角特征 2 的放置参考

Step12. 保存零件模型文件。

32.3　减 振 弹 簧

图 32.3.1 所示零件为减振器的一个减振弹簧，主要运用螺旋线扫描、拉伸切除命令创建，结构比较简单。减振弹簧零件模型及模型树如图 32.3.1 所示。

DAMPING_SPRING.PRT
　◻ RIGHT
　◻ TOP
　◻ FRONT
　✕ PRT_CSYS_DEF
▶ ⁂ 螺旋扫描 1
▶ ⊡ 拉伸 1
▶ ⊡ 拉伸 2
　A_1
　◆ 在此插入

图 32.3.1　减振弹簧零件模型及模型树

Step1. 新建零件模型。模型命名为 DAMPING_SPRING。

Step2. 创建图 32.3.2 所示的螺旋扫描特征 1。单击 模型 功能选项卡 形状 ▼ 区域 🖊扫描 ▼ 按钮中的 ▼，在系统弹出的菜单中选择 ⦙⦙螺旋扫描 命令；在操控板中确认"实体"按钮 ☐ 和"使用右手定则"按钮 ⦿ 被按下，单击操控板中的 参考 按钮，在弹出的界面中单击 定义... 按钮，系统弹出"草绘"对话框，选取 TOP 基准平面作为草绘平面，选取 RIGHT 基准平面作为参考平面，方向为 右，系统进入草绘环境，绘制图 32.3.3 所示螺旋扫描轨迹草图；单击 ✔ 按钮，退出草绘环境，在操控板的 ⦙⦙8.0 ▼ 文本框中输入节距值 20，并按 Enter 键；在操控板中单击 ⦿ 按钮，进入草绘环境后，绘制图 32.3.4 所示的截面草图，然后单击草绘工具栏中的 ✔ 按钮；单击操控板中的 ✔ 按钮，完成螺旋扫描特征 1 的创建。

图 32.3.2　螺旋扫描特征 1

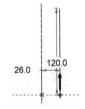

图 32.3.3　扫描轨迹草图

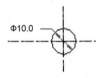

图 32.3.4　截面草图

Step3. 创建图 32.3.5 所示的拉伸特征 1。单击 模型 功能选项卡 形状 ▼ 区域中的"拉伸"按钮 ⬚拉伸，按下操控板中的"移除材料"按钮 ◪；在图形区右击，从系统弹出的快捷菜单中选择 定义内部草绘... 命令；选取 RIGHT 基准平面为草绘平面，FRONT 基准平面为参考平面，单击"反向"按钮 反向，方向为 下；单击 草绘 按钮，绘制图 32.3.6 所示的截面草图；在操控板中定义拉伸类型为 ⊟；在操控板中单击"确定"按钮 ✔，完成拉伸特征 1 的创建。

图 32.3.5　拉伸特征 1

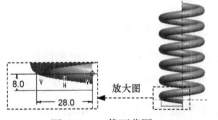

图 32.3.6　截面草图

Step4. 创建图 32.3.7 所示的拉伸特征 2。在操控板中单击"拉伸"按钮 ⬚拉伸，按下操控板中的"移除材料"按钮 ◪；选取 TOP 基准平面为草绘平面，RIGHT 基准平面参考平面，方向为 左，单击"反向"按钮 反向；绘制图 32.3.8 所示的截面草图；在操控板中定

义拉伸类型为 ；单击 按钮，完成拉伸特征 2 的创建。

Step5. 创建图 32.3.9 所示的基准轴 A_1。单击 模型 功能选项卡 基准 ▾ 区域中的"基准轴"按钮 / 轴 ；选择 TOP 基准平面为参考，将其约束类型设置为 穿过 ；按住 Ctrl 键，再选取 RIGHT 基准平面为参考，将其约束类型设置为 穿过 。

图 32.3.7　拉伸特征 2

图 32.3.8　截面草图

图 32.3.9　基准轴 A_1

Step6. 保存零件模型文件。

32.4　驱　动　轴

驱动轴为减振器的一个驱动零件，主要运用旋转、拉伸切除、镜像、孔及倒圆角等命令创建，其造型与连接轴类似。驱动轴零件模型及模型树如图 32.4.1 所示。

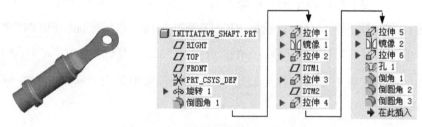

图 32.4.1　驱动轴零件模型及模型树

Step1. 新建零件模型。模型命名为 INITIATIVE_SHAFT。

Step2. 创建图 32.4.2 所示的旋转特征 1。单击 模型 功能选项卡 形状 ▾ 区域中的"旋转"按钮 ⬩ 旋转 ；在图形区右击，从系统弹出的快捷菜单中选择 定义内部草绘... 命令；选取 FRONT 基准平面为草绘平面，RIGHT 基准平面为参考平面，方向为 右 ；单击 草绘 按钮，绘制图 32.4.3 所示的截面草图（包括中心线）；在操控板中选择旋转类型为 ⬩ ，在"角度"文本框中输入角度值 360.0，并按 Enter 键；在操控板中单击"确定"按钮 ✓ ，完成旋转特征 1 的创建。

Step3. 创建图 32.4.4b 所示的倒圆角特征 1。单击 模型 功能选项卡 工程 ▾ 区域中

的 圆角 按钮，选取图 32.4.4a 所示的边线为圆角放置参考；在"倒圆角半径"文本框中输入值 10.0。

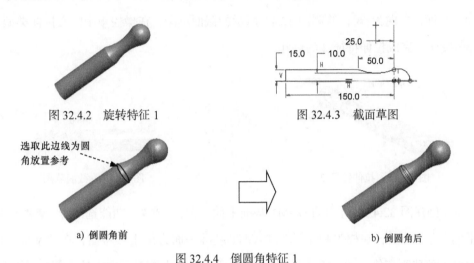

图 32.4.2　旋转特征 1　　　　　　图 32.4.3　截面草图

选取此边线为圆
角放置参考

a) 倒圆角前　　　　　　　　　　　　　　b) 倒圆角后

图 32.4.4　倒圆角特征 1

Step4. 创建图 32.4.5 所示的拉伸特征 1。单击 模型 功能选项卡 形状 ▾ 区域中的"拉伸"按钮 拉伸，按下操控板中的"移除材料"按钮；在图形区右击，从系统弹出的快捷菜单中选择 定义内部草绘... 命令；选取 FRONT 基准平面为草绘平面，RIGHT 基准平面为参考平面，方向为 右；单击 草绘 按钮，绘制图 32.4.6 所示的截面草图；在操控板中定义拉伸类型为，输入深度值 50.0；在操控板中单击"确定"按钮，完成拉伸特征 1 的创建。

图 32.4.5　拉伸特征 1　　　　　　　　图 32.4.6　截面草图

Step5. 创建图 32.4.7b 所示的镜像特征 1。选取 Step4 所创建的拉伸特征 1 为镜像特征；单击 模型 功能选项卡 编辑 ▾ 区域中的"镜像"按钮；在图形区选取 TOP 基准平面为镜像平面；在操控板中单击 按钮，完成镜像特征 1 的创建。

a) 镜像前　　　　　　　　　　　　　　b) 镜像后

图 32.4.7　镜像特征 1

Step6. 创建图 32.4.8 所示的拉伸特征 2。在操控板中单击"拉伸"按钮 ⬚拉伸，按下操控板中的"移除材料"按钮 ⬚；选取图 32.4.8 所示的模型表面为草绘平面，RIGHT 基准平面为参考平面，方向为 右；绘制图 32.4.9 所示的截面草图，在操控板中定义拉伸类型为 ⇉⊨；单击 ✔ 按钮，完成拉伸特征 2 的创建。

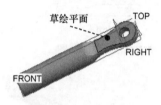

图 32.4.8　拉伸特征 2

图 32.4.9　截面草图

Step7. 创建图 32.4.10 所示的 DTM1 基准平面。单击 模型 功能选项卡 基准 ▾ 区域中的"平面"按钮 ⬚，在模型树中选取 RIGHT 基准平面为偏距参考面，在"基准平面"对话框中输入偏移距离值 60.0，方向如图 32.4.10 所示，单击该对话框中的 确定 按钮。

Step8. 创建图 32.4.11 所示的拉伸特征 3。在操控板中单击"拉伸"按钮 ⬚拉伸，选取 DTM1 基准平面为草绘平面，TOP 基准平面为参考平面，方向为 左；绘制图 32.4.12 所示的截面草图，在操控板中定义拉伸类型为 ⊥，输入深度值 12.0，单击 ⅍ 按钮，然后单击 ✔ 按钮，完成拉伸特征 3 的创建。

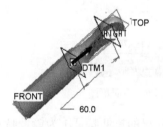

图 32.4.10　DTM1 基准平面

图 32.4.11　拉伸特征 3

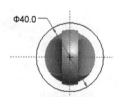

图 32.4.12　截面草图

Step9. 创建图 32.4.13 所示的 DTM2 基准平面。单击 模型 功能选项卡 基准 ▾ 区域中的"平面"按钮 ⬚，在模型中选取模型端面为偏距参考面，在"基准平面"对话框中输入偏移距离值 20.0，方向如图 32.4.13 所示，单击该对话框中的 确定 按钮。

Step10. 创建图 32.4.14 所示的拉伸特征 4。在操控板中单击"拉伸"按钮 ⬚拉伸；选取 DTM2 基准平面为草绘平面，采用系统默认的参考平面，方向为 下；绘制图 32.4.15 所示的截面草图，在操控板中定义拉伸类型为 ⊥，输入深度值 12.0，单击 ⅍ 按钮，然后单击 ✔ 按钮，完成拉伸特征 4 的创建。

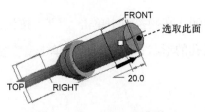
图 32.4.13 DTM2 基准平面

图 32.4.14 拉伸特征 4

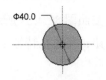
图 32.4.15 截面草图

Step11. 创建图 32.4.16 所示的拉伸特征 5。在操控板中单击"拉伸"按钮 拉伸，按下操控板中的"移除材料"按钮；选取 DTM1 基准平面为草绘平面，TOP 基准平面为参考平面，方向为 右；绘制图 32.4.17 所示的截面草图，在操控板中定义拉伸类型为，选取拉伸到图 32.4.16 所示的平面；单击 按钮，完成拉伸特征 5 的创建。

图 32.4.16 拉伸特征 5

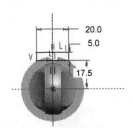
图 32.4.17 截面草图

Step12. 创建图 32.4.18b 所示的镜像特征 2。在模型树中选取拉伸特征 5 为镜像特征，选取 FRONT 基准平面为镜像平面，单击 按钮，完成镜像特征 2 的创建。

a) 镜像前

b) 镜像后

图 32.4.18 镜像特征 2

Step13. 创建图 32.4.19 所示的拉伸特征 6。在操控板中单击"拉伸"按钮 拉伸，按下操控板中的"移除材料"按钮；选取图 32.4.20 所示的模型表面为草绘平面，TOP 基准平面为参考平面，方向为 左；绘制图 32.4.21 所示的截面草图，在操控板中定义拉伸类型为；单击 按钮，完成拉伸特征 6 的创建。

Step14. 创建图 32.4.22 所示的孔特征 1。单击 模型 功能选项卡 工程 区域中的 孔 按钮；选取图 32.4.22 所示的模型表面为主参考；按住 Ctrl 键，选取基准轴 A_1 为次参考；在操控板中按下"螺孔"按钮，并按下"攻螺纹"按钮；选择 ISO 螺纹标准，螺钉尺寸选择 M12×1，孔的深度类型为 ⏬，输入深度值 20.00；在操控板中单击 形状 按钮，按照图 32.4.23 所示的"形状"界面中的参数设置来定义孔的形状；在操控板中单击 ✔ 按钮，完成孔特征 1 的创建。

图 32.4.19　拉伸特征 6

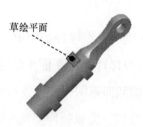

图 32.4.20　定义草绘平面

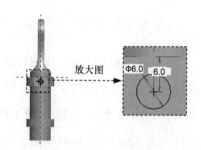

图 32.4.21　截面草图

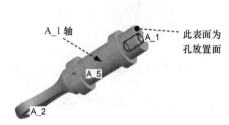

图 32.4.22　孔特征 1

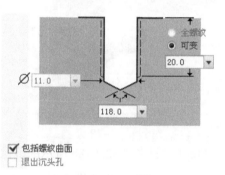

图 32.4.23　定义参数

Step15. 创建图 32.4.24b 所示的倒角特征 1。单击 模型 功能选项卡 工程 ▼ 区域中的 倒角 ▼ 按钮，选取图 32.4.24a 所示的边线为倒角放置参考；在操控板中选取倒角方案 DxD，输入 D 值 1.0；

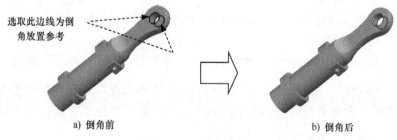

a) 倒角前　　　　　　　　　　　　　　　　　　b) 倒角后

图 32.4.24　倒角特征 1

Step16. 创建图 32.4.25b 所示的倒圆角特征 2。选取图 32.4.25a 所示的两条边线为圆角放置参考，输入倒圆角半径值 1.0。

选取这两条边线为
圆角放置参考

a) 倒圆角前　　　　　　　　　b) 倒圆角后

图 32.4.25　倒圆角特征 2

Step17. 创建图 32.4.26b 所示的倒圆角特征 3。选取图 32.4.26a 所示的边线为圆角放置参考，输入倒圆角半径值 1.0。

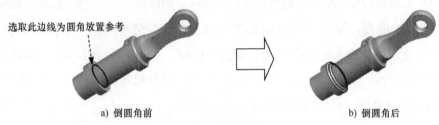

选取此边线为圆角放置参考

a) 倒圆角前　　　　　　　　　b) 倒圆角后

图 32.4.26　倒圆角特征 3

Step18. 保存零件模型文件。

32.5 限 位 轴

限位轴为减振器的一个轴类零件，主要运用拉伸、装饰螺纹线及倒角命令创建。限位轴零件模型及模型树如图 32.5.1 所示。

图 32.5.1　限位轴零件模型及模型树

Step1. 新建零件模型。模型命名为 LIMIT_SHAFT。

Step2. 创建图 32.5.2 所示的拉伸特征 1。单击 模型 功能选项卡 形状 ▼ 区域中的"拉伸"按钮 拉伸 ；在图形区右击，从系统弹出的快捷菜单中选择 定义内部草绘... 命令；选取 TOP 基准平面为草绘平面，RIGHT 基准平面为参考平面，方向为 左 ；单击 草绘 按钮，绘制图 32.5.3 所示的截面草图；在操控板中定义拉伸类型为 基 ，输入深度值 120.0；在操控板中单击"完成"按钮 ✓ ，完成拉伸特征 1 的创建。

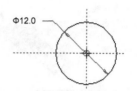

图 32.5.2　拉伸特征 1　　　　　　　图 32.5.3　截面草图

Step3. 创建图 32.5.4 所示的螺纹修饰特征 1。单击 模型 功能选项卡中的 工程 ▼ 按钮，在系统弹出的菜单中选择 修饰螺纹 选项；单击"螺纹"操控板中的 放置 按钮，选取图 32.5.4 所示的要进行螺纹修饰的曲面；单击"螺纹"操控板中的 深度 按钮，选取图 32.5.4 所示的螺纹起始曲面，螺纹深度方向如图 32.5.5 所示；在 ⬆ 文本框中输入螺纹长度值 20.0，在 ⌀ 文本框中输入螺纹小径 12；单击"修饰：螺纹"对话框中的 ∞ 按钮，预览所创建的螺纹修饰特征（将模型显示切换到线框状态，可看到螺纹示意线），如果定义的螺纹修饰特征符合设计意图，可单击对话框中的 ✓ 按钮。

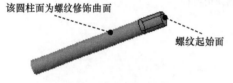

图 32.5.4　螺纹修饰特征 1　　　　　　　图 32.5.5　螺纹深度方向

Step4. 创建图 32.5.6b 所示的倒角特征 1。单击 模型 功能选项卡 工程 ▼ 区域中的 🔷 倒角 ▼ 按钮，选取图 32.5.6a 所示的边线为倒角放置参考；选取倒角方案 D×D ；输入 D 值 1.0。

图 32.5.6　倒角特征 1

Step5. 保存零件模型文件。

32.6　下 挡 环

下挡环为减振器的一个挡环零件，主要运用旋转、孔、阵列及倒角等命令创建。下挡环零件模型及模型树如图 32.6.1 所示。

Step1. 新建零件模型。模型命名为 RINGER_DOWN。

图 32.6.1　下挡环零件模型及模型树

Step2. 创建图 32.6.2 所示的旋转特征 1。单击 模型 功能选项卡 形状▼ 区域中的"旋转"按钮 ᐱᐱ 旋转；在图形区右击，从系统弹出的快捷菜单中选择 定义内部草绘... 命令；选取 FRONT 基准平面为草绘平面，RIGHT 基准平面为参考平面，方向为 右；单击 草绘 按钮，绘制图 32.6.3 所示的截面草图（包括旋转中心线）；在操控板中选择旋转类型为 ⏱，在"角度"文本框中输入角度值 360.0，并按 Enter 键；在操控板中单击"确定"按钮 ✓，完成旋转特征 1 的创建。

图 32.6.2　旋转特征 1

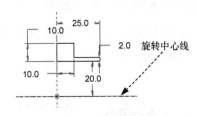

图 32.6.3　截面草图

Step3. 创建图 32.6.4 所示的孔特征 1。单击 模型 功能选项卡 工程▼ 区域中的 ꙮ孔 按钮；选取图 32.6.4 所示的曲面 1 为主参考；选择放置类型为 径向；选取 TOP 基准平面为偏移参考 1，并在其后的文本框中输入偏移值 0；选取曲面 2 为偏移参考 2，并在其后的文本框中输入偏移值 5；在操控板中按下"使用标准孔轮廓"按钮 ꓴ 与"钻孔肩部深度"按钮 ꓴ▾；输入钻孔直径 6.0，深度类型为 ⏱，输入深度值 6.0；在操控板中单击 形状 按钮，按照图 32.6.5 所示的"形状"界面中的参数设置来定义孔的形状；在操控板中单击 ✓ 按钮，完成孔特征 1 的创建。

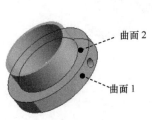

图 32.6.4　孔特征 1

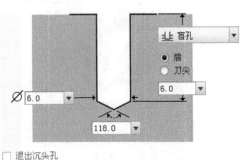

图 32.6.5　定义参数

Step4. 创建图 32.6.6b 所示的阵列特征 1。在模型树中选取 Step3 所创建的孔特征 1 并右击，选择 ⊞ 命令；在"阵列"操控板的 选项 选项卡的下拉列表中选择 一般 选项；在操控板的阵列控制方式下拉列表中选择 轴 选项；在模型中选择基准轴 A_1 为阵列参考；接受系统默认的阵列角度方向，输入阵列的角度值 60.0；输入阵列个数值 6.0；在操控板中单击 ✔ 按钮，完成阵列特征 1 的创建。

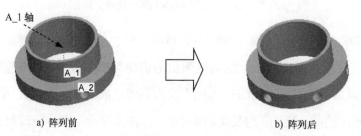

a) 阵列前　　　　　　　　　　　　b) 阵列后

图 32.6.6　阵列特征 1

Step5. 创建图 32.6.7b 所示的倒角特征 1。单击 模型 功能选项卡 工程 ▾ 区域中的 ◇ 倒角 ▾ 按钮；选取图 32.6.7a 所示的两条边线为倒角放置参考，在操控板中选取倒角方案 D x D；输入 D 值 1.0。

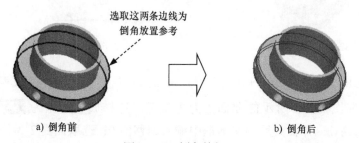

a) 倒角前　　　　　　　　　　　　b) 倒角后

图 32.6.7　倒角特征 1

Step6. 创建图 32.6.8b 所示的倒角特征 2。选取图 32.6.8a 所示的边线为倒角放置参考；选取倒角方案 D x D；输入 D 值 1.0。

a) 倒角前　　　　　　　　　　　　b) 倒角后

图 32.6.8　倒角特征 2

Step7. 保存零件模型文件。

32.7 上 挡 环

上挡环也是减振器的一个挡环零件，运用旋转和"倒角"命令即可完成创建。上挡环零件模型及模型树如图 32.7.1 所示。

图 32.7.1 上挡环零件模型及模型树

Step1. 新建零件模型。模型命名为 RINGER_TOP。

Step2. 创建图 32.7.2 所示的旋转特征 1。单击 模型 功能选项卡 形状 ▼ 区域中的"旋转"按钮 中 旋转；在图形区右击，从系统弹出的快捷菜单中选择 定义内部草绘... 命令；选取 FRONT 基准平面为草绘平面，RIGHT 基准平面为参考平面，方向为 左；单击 草绘 按钮，绘制图 32.7.3 所示的截面草图（包括中心线）；在操控板中选择旋转类型为 ⬩，在"角度"文本框中输入角度值 360.0，并按 Enter 键；在操控板中单击"确定"按钮 ✓，完成旋转特征 1 的创建。

图 32.7.2 旋转特征 1

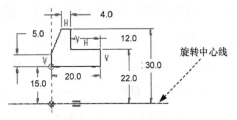

图 32.7.3 截面草图

Step3. 创建图 32.7.4b 所示的倒角特征 1。单击 模型 功能选项卡 工程 ▼ 区域中的 ◇ 倒角 ▼ 按钮，选取图 32.7.4a 所示的边线为倒角放置参考；在操控板中选取倒角方案 D x D，输入 D 值 1.0。

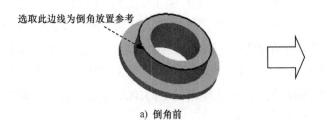

选取此边线为倒角放置参考

a) 倒角前

b) 倒角后

图 32.7.4 倒角特征 1

Step4. 保存零件模型文件。

32.8 装 配 零 件

Task1. 添加驱动轴、限位轴和上挡环的子装配（图 32.8.1）

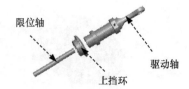

图 32.8.1　组装图和分解图

Step1. 将工作目录设置至 D：\creo8.5\work\ch32\。

Step2. 单击"新建"按钮 ，在系统弹出的文件"新建"对话框中进行下列操作：选中 类型 选项组下的 装配 单选项；选中 子类型 选项组下的 设计 单选项；在 名称 文本框中输入文件名 sub_asm_01；通过取消 使用默认模板 复选框中的"√"号来取消"使用默认模板"；单击该对话框中的 确定 按钮。

Step3. 选取适当的装配模板。在系统弹出的"新文件选项"对话框中进行下列操作：在模板选项组中选取 mmns_asm_design 模板命令；单击该对话框中的 确定 按钮。

Step4. 引入第一个零件（驱动轴），如图 32.8.2 所示。单击 模型 功能选项卡 元件 ▾ 区域中的"组装"按钮 ；此时系统弹出文件"打开"对话框，选择零件 1 模型文件 initiative_shaft.prt，然后单击 打开 ▾ 按钮；进入零件装配界面，在操控板中单击 放置 按钮，在 放置 界面的 约束类型 下拉列表中选择 默认 选项，将元件按默认放置，此时操控板中显示的信息为 状况:完全约束 ；单击操控板中的 ✔ 按钮。

Step5. 引入第二个零件（上挡环），如图 32.8.3 所示。单击 模型 功能选项卡 元件 ▾ 区域中的"组装"按钮 ；此时系统弹出文件"打开"对话框，选择零件 2 模型文件 ringer_top.prt，然后单击 打开 ▾ 按钮；在操控板中单击 放置 按钮，在 放置 界面的 约束类型 下拉列表中选择 重合 选项，选择元件中的 A_1 轴（图 32.8.4），再选择组件中的 A_1 轴（图 32.8.4）。完成后单击新建约束，选择约束类型为 重合 ，选择元件中的曲面 1（图 32.8.5），再选择组件中的曲面 2（图 32.8.5）。完成后单击新建约束，选择约束类型为 重合 ，选择元件中的 TOP 基准平面，再选择组件中的 TOP 基准平面。此时界面中显示的信息为 完全约束 ；单击操控板中的 ✔ 按钮。

图 32.8.2 装配零件 1

图 32.8.3 装配零件 2

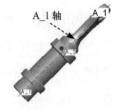

图 32.8.4 对齐轴线

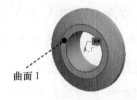

图 32.8.5 曲面 1 和曲面 2

Step6. 装配第三个零件（限位轴），如图 32.8.6 所示。单击 模型 功能选项卡 元件▾ 区域中的"组装"按钮 ；此时系统弹出"打开"对话框，选择零件 3 模型文件 limit_shaft.prt，然后单击 打开 ▾ 按钮；进入零件装配界面，在操控板中单击 放置 按钮，在 放置 界面的 约束类型 下拉列表中选择 工 重合 选项，选择元件中的 A_1 轴（图 32.8.7），再选择组件中的 A_1 轴（图 32.8.7）。完成后单击新建约束，选择约束类型为 工 距离 选项，选择元件中的曲面 3（图 32.8.8），再选择组件中的曲面 2（图 32.8.8）；输入偏移值为 20.0，将元件按默认放置。此时界面中显示的信息为 完全约束；单击操控板中的 ✔ 按钮。

图 32.8.6 装配零件 3

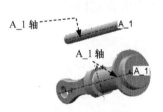

图 32.8.7 对齐轴线

图 32.8.8 曲面 2 和曲面 3

Step7. 保存装配零件。

Task2. 连接轴和下挡环的子装配（图 32.8.9）

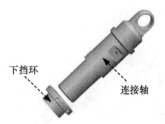

图 32.8.9 组装图和分解图

Step1. 单击"新建"按钮 ⬜，在系统弹出的文件"新建"对话框中进行下列操作：选中 类型 选项组下的 ◉ 🗂 装配 单选项；选中 子类型 选项组下的 ◉ 设计 单选项；在 名称 文本框中输入文件名 SUB_ASM_02；通过取消 ☐ 使用默认模板 复选框中的"√"号来取消"使用默认模板"；单击该对话框中的 确定 按钮。

Step2. 选取适当的装配模板。在系统弹出的"新文件选项"对话框中进行下列操作：在模板选项组中选取 mmns_asm_design 模板命令；单击该对话框中的 确定 按钮。

Step3. 装配第四个零件（连接轴），如图 32.8.10 所示。单击 模型 功能选项卡 元件 ▾ 区域中的"组装"按钮 🗗；此时系统弹出文件"打开"对话框，选择零件 4 模型文件 connect_shaft.prt，然后单击 打开 ▾ 按钮；进入零件装配界面，在操控板中单击 放置 按钮，在 放置 界面的 约束类型 下拉列表中选择 🔲 默认 选项，将元件按默认放置，此时操控板中显示的信息为 状况:完全约束；单击操控板中的 ✔ 按钮。

Step4. 装配第五个零件（下挡环），如图 32.8.11 所示。单击 模型 功能选项卡 元件 ▾ 区域中的"组装"按钮 🗗；此时系统弹出文件"打开"对话框，选择零件 5 模型文件 ringer_down.prt，然后单击 打开 ▾ 按钮；进入零件装配界面，在操控板中单击 放置 按钮，在 放置 界面的 约束类型 下拉列表中选择 🔳 重合 选项，选择元件中的 A_1 轴（图 32.8.12），再选择组件中的 A_1 轴（图 32.8.12）。完成后单击新建约束，选择约束类型为 🔳 重合，选择元件中的曲面 4（如图 32.8.13 所示），再选择组件中的曲面 5（如图 32.8.13 所示），选择约束类型为 🔳 重合，选择元件中的 TOP 基准平面，再选择组件中的 TOP 基准平面。此时界面中显示的信息为 完全约束；单击操控板中的 ✔ 按钮。

Step5. 保存装配零件。

图 32.8.10　装配零件 4

图 32.8.11　装配零件 5

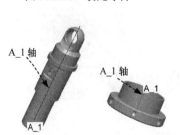

图 32.8.12　对齐轴线

图 32.8.13　曲面 4 和曲面 5

Task3. 减振器的总装配过程（图32.1.1）

Step1.单击"新建"按钮，在系统弹出的文件"新建"对话框中进行下列操作：选中 类型 选项组下的 ◉ 装配 单选项；选中 子类型 选项组下的 ◉设计 单选项；在 名称 文本框中输入文件名 DAMPER_ASM；通过取消 □ 使用默认模板 复选框中的"√"号来取消"使用默认模板"；单击该对话框中的 确定 按钮。

Step2.选取适当的装配模板。在系统弹出的"新文件选项"对话框中进行下列操作：在模板选项组中选取 mmns_asm_design 模板命令；单击该对话框中的 确定 按钮。

Step3.装配第一个子装配。单击 模型 功能选项卡 元件▾ 区域中的"组装"按钮；此时系统弹出文件"打开"对话框，选择装配文件sub_asm_01.asm，然后单击 打开 ▾ 按钮；进入零件装配界面，在操控板中单击 放置 按钮，在 放置 界面的 约束类型 下拉列表中选择 默认 选项，将元件按默认放置，此时操控板中显示的信息为 状况:完全约束；单击操控板中的 ✔ 按钮。

Step4.装配零件 damping_spring.prt（弹簧）。单击 模型 功能选项卡 元件▾ 区域中的"组装"按钮；此时系统弹出文件"打开"对话框，选择零件模型文件 damping_spring.prt，然后单击 打开 ▾ 按钮；进入零件装配界面，在操控板中单击 放置 按钮，在 放置 界面的 约束类型 下拉列表中选择 重合 选项，选择元件中的轴1（图32.8.14），再选择组件中的轴2（图32.8.14），完成后单击新建约束，选择约束类型为 重合，选择元件中的平面1（图32.8.15），再选择组件中的平面2（图32.8.15），此时界面中显示的信息为 完全约束；单击操控板中的 ✔ 按钮。

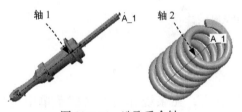
图 32.8.14 选取重合轴

图 32.8.15 选取重合面

Step5.装配零件 sub_asm_02.asm。单击 模型 功能选项卡 元件▾ 区域中的"组装"按钮；此时系统弹出文件"打开"对话框，选择装配模型文件 sub_asm_02.asm，然后单击 打开 ▾ 按钮；进入零件装配界面，在操控板中单击 放置 按钮，在 放置 界面的 约束类型 下拉列表中选择 重合 选项，选择元件中的轴3（图32.8.16），再选择组件中的轴4（图32.8.16），完成后单击新建约束，选择约束类型为 重合，选择元件中的平面3（图32.8.17），再选择组件中的平面4（图32.8.17），选择约束类型为 重合，选择元件中的 TOP 基准平面，再选择组件中的 FRONT 基准平面，此时界面中显示的信息为 完全约束；

单击操控板中的 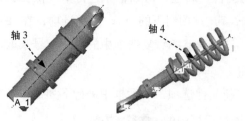 按钮。

图 32.8.16　选取重合轴　　　　　　　图 32.8.17　选取重合面

Step6. 在装配零件上创建旋转特征，如图 32.8.18 所示。单击 模型 功能选项卡 元件 ▾ 区域中的"创建"按钮 ；此时系统弹出"元件创建"对话框，选中 类型 选项组下的 ◉ 零件 单选项，选中 子类型 选项组下的 ◉ 实体 单选项，然后在 名称 文本框中输入文件名 ROTATE_RINGER，单击 确定 按钮；在弹出的"创建选项"对话框中选中 ◉ 空 单选项，单击 确定 按钮；在模型树中选择 ▢ ROTATE_RINGER.PRT，然后右击，在系统弹出的快捷菜单中选择 激活 命令；在操控板中单击"旋转"按钮 ◈ 旋转，选取 ASM_FRONT 基准平面为草绘平面，ASM_RIGHT 基准平面为参考，方向为 右；单击 草绘 按钮，绘制图 32.8.19 所示的截面草图（包括中心线）；在操控板中选择旋转类型为 ⊥，在"角度"文本框中输入角度值 360.0；单击 ✔ 按钮，完成旋转特征的创建。

图 32.8.18　创建旋转特征　　　　　　　图 32.8.19　截面草图

Step7. 在装配模型树中选择 ▢ DAMPER_ASM.ASM 后右击，在系统弹出的快捷菜单中选择 激活 命令。

Step8. 保存装配文件。

实例 33 球 轴 承

33.1 概 述

本实例介绍球轴承的创建和装配过程：首先是创建轴承的内环、保持架及轴承滚珠，分别生成一个模型文件，然后装配模型，并在装配体中创建轴承外环。其中，创建外环时用到"在装配体中创建零件模型"的方法。球轴承装配组件模型如图 33.1.1 所示。

图 33.1.1 球轴承装配组件模型

33.2 轴 承 内 环

轴承内环零件模型及模型树如图 33.2.1 所示。

Step1. 新建零件模型。新建一个零件模型，命名为 BEARING_IN。

Step2. 创建图 33.2.2 所示的旋转特征 1。单击 模型 功能选项卡 形状 ▼ 区域中的"旋转"按钮 中旋转 ；在图形区右击，从系统弹出的快捷菜单中选择 定义内部草绘... 命令；选

图 33.2.1 轴承内环零件模型及模型树

取 FRONT 基准平面为草绘平面，RIGHT 基准平面为参考平面，方向为 右 ；单击 草绘 按钮，绘制图 33.2.3 所示的截面草图（包括中心线）；在操控板中选择旋转类型为 ⊥ ，在"角度"文本框中输入角度值 360.0，并按 Enter 键；在操控板中单击"确定"按钮 ✓ ，完成旋转特征 1 的创建。

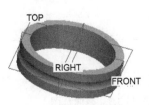

图 33.2.2 旋转特征 1

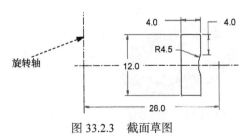

图 33.2.3 截面草图

Step3. 创建图 33.2.4b 所示的倒角特征 1。单击 模型 功能选项卡 工程 ▾ 区域中的
倒角 ▾ 按钮，选取图 33.2.4a 所示的两条边线为倒角参考；在操控板中选取倒角方案 D x D，
输入 D 值 1.0。

选取这两条边线为倒角参考

a) 倒角前   b) 倒角后

图 33.2.4   倒角特征 1

Step4. 保存零件模型文件。

33.3   轴承保持架

轴承保持架零件模型及模型树如图 33.3.1 所示。

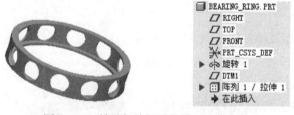

图 33.3.1   轴承保持架零件模型及模型树

Step1. 新建零件模型。新建一个零件模型，命名为 BEARING_RING。

Step2. 创建图 33.3.2 所示的旋转特征 1。在操控板中单击"旋转"按钮 旋转，按下操
控板中的 按钮；选取 FRONT 基准平面为草绘平面，RIGHT 基准平面为参考平面，方向
为 右；单击 草绘 按钮，绘制图 33.3.3 所示的截面草图（包括中心线）；在 的文本框
中输入加厚值 1.0；在操控板中选择旋转类型为 ，在"角度"文本框中输入角度值 360.0，
单击 按钮，完成旋转特征 1 的创建。

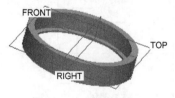

图 33.3.2   旋转特征 1

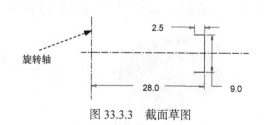

图 33.3.3   截面草图

Step3. 创建图 33.3.4 所示的 DTM1 基准平面。单击 <u>模型</u> 功能选项卡 <u>基准 ▾</u> 区域中的 "平面" 按钮 <u>▱</u>；在模型树中选取 FRONT 基准平面为偏距参考面，在 "基准平面" 对话框中输入偏移距离值 28.0，单击该对话框中的 <u>确定</u> 按钮。

Step4. 创建图 33.3.5 所示的拉伸特征 1。在操控板中单击 "拉伸" 按钮 <u>拉伸</u>，按下操控板中的 "移除材料" 按钮 <u>▱</u>；选取 DTM1 基准平面为草绘平面，RIGHT 基准平面为参考平面，方向为 <u>右</u>；绘制图 33.3.6 所示的截面草图；在操控板中定义拉伸类型为 <u>⬝⬚</u>，输入深度值 20；单击 <u>✔</u> 按钮，完成拉伸特征 1 的创建。

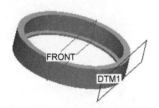

图 33.3.4 DTM1 基准平面

图 33.3.5 拉伸特征 1

图 33.3.6 截面草图

Step5. 创建图 33.3.7b 所示的阵列特征 1。在模型树中选中拉伸特征 1 后右击，选择 <u>⊞</u> 命令；在 "阵列" 操控板 <u>选项</u> 选项卡的下拉列表中选择 <u>常规</u> 选项；在阵列控制方式下拉列表中选择 <u>轴</u> 选项；选取图 33.3.8 中的轴 A_1 为阵列中心轴；在 "阵列" 操控板中输入阵列个数 12，成员之间的角度值为 30；单击 <u>✔</u> 按钮，完成阵列特征 1 的创建。

a) 阵列前

b) 阵列后

选取此轴

图 33.3.7 阵列特征 1

图 33.3.8 定义阵列轴

Step6. 保存零件模型文件。

33.4 轴承滚珠

轴承滚珠零件模型及模型树如图 33.4.1 所示。

Step1. 新建零件模型。新建一个零件模型，命名为 BALL。

Step2. 创建图 33.4.2 所示的旋转特征 1。在操控板中单击 "旋转" 按钮 <u>旋转</u>；选取 FRONT 基准平面为草绘平面，RIGHT 基准平面为参考平面，方向为 <u>右</u>；单击 <u>草绘</u> 按钮，绘制图 33.4.3 所示的截面草图（包括中心线）；在操控板中选择旋转类型为 <u>⬝⬚</u>，在 "角度"

文本框中输入角度值 360.0；单击 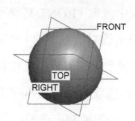 按钮，完成旋转特征 1 的创建。

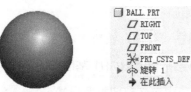

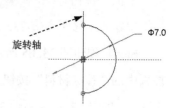

图 33.4.1　轴承滚珠零件模型及模型树　　图 33.4.2　旋转特征 1　　图 33.4.3　截面草图

Step3. 保存零件模型文件。

33.5　轴承的装配

装配组件如图 33.1.1 所示。

Step1. 将工作目录设置至 D：\creo8.5\work\ch33。

Step2. 单击"新建"按钮 □，在系统弹出的文件"新建"对话框中进行下列操作：选中 类型 选项组下的 ◉ □ 装配 单选项；选中 子类型 选项组下的 ◉ 设计 单选项；在 名称 文本框中输入文件名 BEARING_ASM；通过取消 □ 使用默认模板 复选框中的"√"号来取消"使用默认模板"；单击该对话框中的 确定 按钮。

Step3. 选取适当的装配模板。在系统弹出的"新文件选项"对话框中进行下列操作：在模板选项组中选取 mmns_asm_design 模板命令；该对话框中的两个参数 DESCRIPTION 和 MODELED_BY 与 PDM 有关，一般不对此进行操作；□ 复制关联绘图 复选框一般不用进行操作；单击该对话框中的 确定 按钮。

Step4. 引入第一个零件。单击 模型 功能选项卡 元件 ▾ 区域中的"组装"按钮 。此时系统弹出文件"打开"对话框，选择轴承零件模型文件 BEARING_IN.PRT，然后单击 打开 ▾ 按钮。

Step5. 完全约束放置第一个零件。完成 Step4 操作后，系统弹出图 33.5.1 所示的"元件放置"操控板，在该操控板中单击 放置 按钮，在"放置"界面的 约束类型 下拉列表中选择 □ 默认 选项，将元件按默认放置，此时操控板中显示的信息为 状况:完全约束 ，说明零件已经完全约束放置；单击操控板中的 ✔ 按钮。

Step6. 引入第二个零件。单击 模型 功能选项卡 元件 ▾ 区域中的"组装"按钮 ；然后在系统弹出的文件"打开"对话框中选择轴承零件模型文件 BEARING_RING.PRT，单击 打开 ▾ 按钮；在"元件放置"操控板中单击 移动 按钮，系统弹出图 33.5.2 所示的"移动"界面，其设置如图 33.5.2 所示；在"元件放置"操控板中单击 放置 按钮，

在 约束类型 下拉列表中选择 重合 约束类型；分别选取图 33.5.3 所示的两个元件上要重合的轴线 A_1 和 A_1，此时界面中显示的信息为 部分约束；在"放置"界面中单击"新建约束"字符。在 约束类型 下拉列表中选择 重合 约束类型，分别选取两元件的 FRONT 基准平面，此时界面中显示的信息为 部分约束；在"放置"界面中单击"新建约束"字符。在 约束类型 下拉列表中选择 重合 约束类型，分别选取两元件的 TOP 基准平面，此时界面中显示的信息为 完全约束。

图 33.5.1 "元件放置"操控板

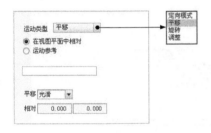

图 33.5.2 "移动"界面

图 33.5.3 定义对齐约束

Step7. 引入第三个零件。单击 模型 功能选项卡 元件▼ 区域中的"组装"按钮 ；然后在系统弹出的文件"打开"对话框中选择轴承零件模型文件 BALL.PRT，单击 打开 ▼ 按钮；在"元件放置"操控板中单击 移动 按钮，系统弹出图 33.5.2 所示的"移动"界面，其设置如图 33.5.2 所示；在"元件放置"操控板中单击 放置 按钮，在 约束类型 下拉列表中选择约束类型为 相切，分别选取图 33.5.4 所示的两个元件表面；单击"新建约束"字符，在 约束类型 下拉列表中选择 重合 约束类型，分别选取两元件的 FRONT 基准平面；单击"新建约束"字符，在 约束类型 下拉列表中选择 重合 约束类型，分别选取两元件的 TOP 基准平面。

图 33.5.4 定义相切约束

Step8. 创建图 33.5.5b 所示的阵列特征 1。在模型树中选择 BALL.PRT 后右击，在系统弹出的快捷菜单中选择 ⊞ 命令，系统出现"阵列"操控板；在"阵列"操控板的下拉列表中选择 ▉轴▉；选取图 33.5.6 中的轴 A_1 为阵列中心轴；在"阵列"操控板中输入阵列个数 12，成员之间的角度值 30；在操控板中单击 ✓ 按钮，完成阵列特征 1 的创建。

a) 阵列前

b) 阵列后

选取此轴

图 33.5.5　阵列特征 1　　　　　　　　　　　　　　　　图 33.5.6　选取阵列中心轴

Step9. 创建轴承外环。单击 ▉模型▉ 功能选项卡 ▉ 元件 ▾ ▉ 区域中的"创建"按钮 ▉，此时系统弹出图 33.5.7 所示的"元件创建"对话框，选中 ▉类型▉ 选项组下的 ◉ 零件 单选项，选中 ▉子类型▉ 选项组下的 ◉ 实体 单选项，然后在 ▉名称▉ 文本框中输入文件名 BEARING_OUT；单击 ▉ 确定 ▉ 按钮，此时系统弹出图 33.5.8 所示的"创建选项"对话框，选中 ◉ 创建特征 单选项，并单击 ▉ 确定 ▉ 按钮。

图 33.5.7　"元件创建"对话框

图 33.5.8　"创建选项"对话框

Step10. 创建图 33.5.9 所示的旋转特征 1。单击"旋转"按钮 ⊙ 旋转；选取 ASM_FRONT 基准平面为草绘平面，ASM_RIGHT 基准平面为参考平面，方向为 右；单击 ▉ 草绘 ▉ 按钮，绘制图 33.5.10 所示的截面草图（包括中心线）；在操控板中选择旋转类型为 ▉，在"角度"文本框中输入角度值 360.0；单击 ✓ 按钮，完成旋转特征 1 的创建。

图 33.5.9　旋转特征 1

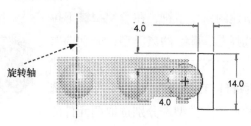

图 33.5.10　截面草图

Step11. 创建图 33.5.11b 所示的倒角特征 1。单击 模型 功能选项卡 工程 ▼ 区域中的
🔷 倒角 ▼ 按钮，选取图 33.5.11a 所示的两条边线为倒角放置参考；选取倒角方案为 D x D，
输入 D 值 1.0。

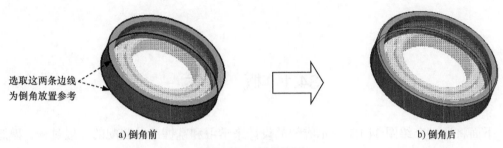

选取这两条边线
为倒角放置参考

a) 倒角前   b) 倒角后

图 33.5.11 倒角特征 1

Step12. 在装配模型树中选择 🔲 BEARING_ASM.ASM 后右击，在系统弹出的快捷菜单中选择
激活 命令。

Step13. 保存装配模型文件。

实例 34 衣 架

34.1 概 述

下面将通过介绍图 34.1.1 所示衣架的设计来学习和掌握产品装配的一般过程，熟悉装配的操作流程。本实例先通过设计每个零部件，然后再到装配，循序渐进，由浅入深进行讲解。在设计零件的过程中，需要将所有零件保存在同一目录下，并注意零件的尺寸及每个特征的位置，为以后的装配提供方便。衣架的最终装配模型如图 34.1.1 所示。

图 34.1.1 装配模型

34.2 衣架零件（一）

零件模型及模型树如图 34.2.1 所示。

 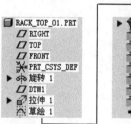 

图 34.2.1 零件模型及模型树

Step1. 新建零件模型。选择下拉菜单 文件▾ ➡ □ 新建(N) 命令，在 -类型- 选项组中选择 ◉ □ 零件 选项，在 名称 文本框中输入文件名称 RACK_TOP_01，取消选中 □ 使用默认模板 复选框，单击 确定 按钮，在系统弹出的"新文件选项"对话框的 模板 选项组中选择 mmns_part_solid 模板，单击 确定 按钮。

Step2. 创建图 34.2.2a 所示的旋转特征 1。单击 模型 功能选项卡 形状 ▼ 区域中的"旋转"按钮 ⌀ 旋转；在图形区右击，从系统弹出的快捷菜单中选择 定义内部草绘... 命令；选取 FRONT 基准平面为草绘平面，RIGHT 基准平面为参考平面，方向为 右；单击 草绘 按钮，绘制图 34.2.2b 所示的截面草图（包括中心线）；在操控板中选择旋转类型为 ⊥，在"角度"文本框中输入角度值 360.0，并按 Enter 键；在操控板中单击"确定"按钮 ✓，完成旋转特征 1 的创建。

a) 旋转特征 1

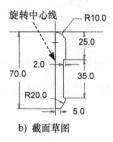
b) 截面草图

图 34.2.2　旋转特征 1

Step3. 创建图 34.2.3 所示的 DTM1 基准平面。单击 模型 功能选项卡 基准 ▼ 区域中的"平面"按钮 ▱；选取图 34.2.3 所示的模型表面为偏距参考平面，在"基准平面"对话框中输入偏移距离值 0.0；单击该对话框中的 确定 按钮。

Step4. 创建图 34.2.4 所示的拉伸特征 1。在操控板中单击"拉伸"按钮 ▱ 拉伸，按下操控板中的"移除材料"按钮 ▱；选取 DTM1 基准平面为草绘平面，接受系统默认的参考平面，方向为 右，绘制图 34.2.5 所示的截面草图；在操控板中定义拉伸类型为 ⊥，输入深度值 15.0；单击 ✓ 按钮，完成拉伸特征 1 的创建。

图 34.2.3　DTM1 基准平面

图 34.2.4　拉伸特征 1

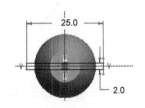
图 34.2.5　截面草图

Step5. 创建图 34.2.6 所示的扫描特征 1。在操控板中单击"草绘"按钮 ➤；选取 RIGHT 基准平面作为草绘平面，选取 TOP 基准平面为参考平面，方向为 左；单击 草绘 按钮，绘制图 34.2.7 所示的草图；单击 模型 功能选项卡 形状 ▼ 区域中的 ➤扫描 ▼ 按钮；在图形区中选取图 34.2.7 所示的扫描轨迹曲线，单击箭头，切换扫描的起始点，切换后的扫描轨迹曲线如图 34.2.7 所示，在操控板中确认"实体"按钮 □ 和"恒定截面"按钮 ― 被按下；在操控板中单击"创建或编辑扫描截面"按钮 ✎，系统自动进入草绘环境，绘制并标注扫描截面草图，如图 34.2.8 所示，完成截面的绘制和标注后，单击"确定"按钮 ✓ ；单击操控板中的 ✓ 按钮，完成扫描特征 1 的创建。

图 34.2.6　扫描特征 1

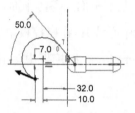
图 34.2.7　扫描轨迹草图

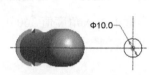
图 34.2.8　截面草图

Step6. 创建图 34.2.9b 所示的倒圆角特征 1。单击 模型 功能选项卡 工程 ▼ 区域中的 倒圆角 ▼ 按钮，选取图 34.2.9a 所示的边线为圆角放置参考，在"倒圆角半径"文本框中输入值 5.0。

a) 倒圆角前　　　　　　　　　　　　b) 倒圆角后
图 34.2.9　倒圆角特征 1

Step7. 创建图 34.2.10b 所示的倒圆角特征 2。选取图 34.2.10a 所示的边线为圆角放置参考，输入倒圆角半径值 2.0。

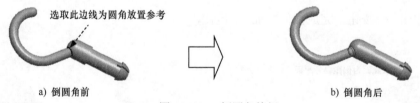
a) 倒圆角前　　　　　　　　　　　　b) 倒圆角后
图 34.2.10　倒圆角特征 2

Step8. 创建图 34.2.11b 所示的倒圆角特征 3。选取图 34.2.11a 所示的两条边线为圆角放置参考，输入倒圆角半径值 0.5。

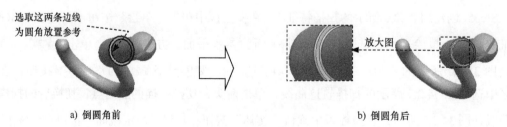
a) 倒圆角前　　　　　　　　　　　　b) 倒圆角后
图 34.2.11　倒圆角特征 3

Step9. 创建图 34.2.12b 所示的倒圆角特征 4。选取图 34.2.12a 所示的边线为圆角放置参考，输入倒圆角半径值 0.5。

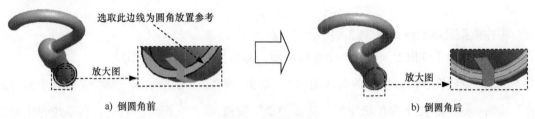

选取此边线为圆角放置参考

放大图

a) 倒圆角前

放大图

b) 倒圆角后

图 34.2.12　倒圆角特征 4

Step10. 创建图 34.2.13b 所示的倒圆角特征 5。选取图 34.2.13a 所示的两条边线为圆角放置参考，输入倒圆角半径值 0.5。

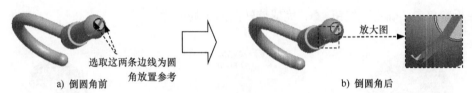

选取这两条边线为圆角放置参考

放大图

a) 倒圆角前

b) 倒圆角后

图 34.2.13　倒圆角特征 5

Step11. 创建图 34.2.14b 所示的倒圆角特征 6。选取图 34.2.14a 所示的两条边线为圆角放置参考，输入倒圆角半径值 0.5。

选取这两条边线为圆角放置参考

放大图

a) 倒圆角前

b) 倒圆角后

图 34.2.14　倒圆角特征 6

Step12. 创建图 34.2.15b 所示的倒圆角特征 7。选取图 34.2.15a 所示的两条边线为圆角放置参考，输入倒圆角半径值 0.5。

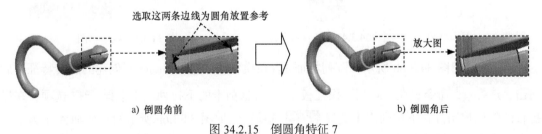

选取这两条边线为圆角放置参考

放大图

a) 倒圆角前

放大图

b) 倒圆角后

图 34.2.15　倒圆角特征 7

Step13. 保存零件模型文件。

34.3　衣架零件（二）

零件模型及模型树如图 34.3.1 所示。

Step1. 新建零件模型。新建一个零件模型，命名为 RACK_TOP_02。

Step2. 创建图 34.3.2 所示的旋转曲面 1。单击 模型 功能选项卡 形状 ▼ 区域中的"旋转"按钮 ⚬ 旋转，按下操控板中的"曲面类型"按钮 ⬜；在图形区右击，在系统弹出的快捷菜单中选择 定义内部草绘... 命令；选取 FRONT 基准平面为草绘平面，RIGHT 基准平面为参考平面，方向为 右；单击 草绘 按钮，绘制图 34.3.3 所示的截面草图（包括几何中心线）；在操控板中选择旋转类型为 ⬛，在"角度"文本框中输入角度值 360.0，并按 Enter 键；在操控板中单击"确定"按钮 ✓，完成旋转曲面 1 的创建。

RACK_TOP_02.PRT
◻ RIGHT
◻ TOP
◻ FRONT
✳ PRT_CSYS_DEF
▶ ⚬ 旋转 1
▶ ⊞ 阵列 1 / 旋转 2
➜ 在此插入

图 34.3.1　零件模型及模型树　　　　　　　　图 34.3.2　旋转曲面 1

Step3. 创建图 34.3.4 所示的旋转特征 2。在操控板中单击"旋转"按钮 ⚬ 旋转；选取 FRONT 基准平面为草绘平面，RIGHT 基准平面为参考平面，方向为 右；单击 草绘 按钮，绘制图 34.3.5 所示的截面草图（包括旋转中心线）；在操控板中选择旋转类型为 ⬛，在"角度"文本框中输入角度值 360.0；单击 ✓ 按钮，完成旋转特征 2 的创建。

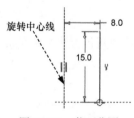

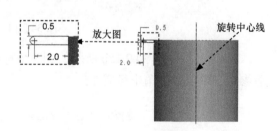

图 34.3.3　截面草图　　　图 34.3.4　旋转特征 2　　　图 34.3.5　截面草图

Step4. 创建图 34.3.6b 所示的阵列特征 1。在模型树中选择 Step3 所创建的旋转特征 2 后右击，选择 ⊞ 命令；在"阵列"操控板 选项 选项卡的下拉列表中选择 一般 选项；在操控板的阵列控制方式下拉列表中选择 方向 选项；选取图 34.3.6a 所示的基准轴 A_1 为第一方向的参考；在操控板的第一方向文本框中输入增量值 1.0，在"阵列个数"文本框中输入值 16，并按 Enter 键；在操控板中单击 ✓ 按钮，完成阵列特征 1 的创建。

Step5. 保存零件模型文件。

图 34.3.6　阵列特征 1

34.4　衣架零件（三）

零件模型及模型树如图 34.4.1 所示。

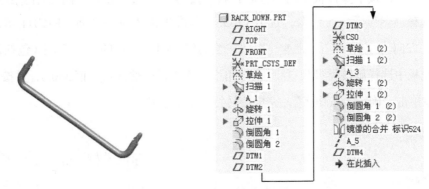

图 34.4.1　零件模型及模型树

Step1. 新建零件模型。新建一个零件模型，命名为 RACK_DOWN。

Step2. 创建图 34.4.2 所示的扫描特征 1。在操控板中单击"草绘"按钮 🔲；选取 FRONT 基准平面作为草绘平面，选取 RIGHT 基准平面为参考平面，方向为 右；单击 草绘 按钮，绘制图 34.4.3 所示的草图；单击 模型 功能选项卡 形状 ▾ 区域中的 🔲扫描 ▾ 按钮；在操控板中确认"实体"按钮 🔲 和"恒定截面"按钮 🔲 被按下，在图形区中选取图 34.4.3 所示的扫描轨迹曲线，单击箭头，切换扫描的起始点，切换后的扫描轨迹曲线如图 34.4.3 所示。在操控板中单击"创建或编辑扫描截面"按钮 🔲，系统自动进入草绘环境，绘制并标注扫描截面草图，如图 34.4.4 所示，完成截面的绘制和标注后，单击"确定"按钮 ✔；单击操控板中的 ✔ 按钮，完成扫描特征 1 的创建。

Step3. 创建图 34.4.5 所示的基准轴 A_1。单击 模型 功能选项卡 基准 ▾ 区域中的"基准轴"按钮 ⁄轴；选取图 34.4.6 所示的扫描特征曲面为参考，将其约束类型设置为 穿过；

单击对话框中的 确定 按钮。

图 34.4.2　扫描特征 1

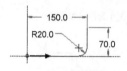

图 34.4.3　扫描轨迹草图

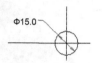

图 34.4.4　截面草图

图 34.4.5　基准轴 A_1

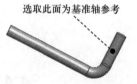

选取此面为基准轴参考

图 34.4.6　定义放置参考

Step4. 创建图 34.4.7 所示的旋转特征 1。单击 模型 功能选项卡 形状 ▼ 区域中的"旋转"按钮 ⚭ 旋转，按下操控板中的"移除材料"按钮 ⬜；在图形区右击，在系统弹出的快捷菜单中选择 定义内部草绘... 命令；选取 FRONT 基准平面为草绘平面，RIGHT 基准平面为参考平面，方向为 右；单击 草绘 按钮，绘制图 34.4.8 所示的截面草图（包括旋转中心线）；在操控板中选择旋转类型为 ⊥，在"角度"文本框中输入角度值 360.0，并按 Enter 键；在操控板中单击"确定"按钮 ✔，完成旋转特征 1 的创建。

图 34.4.7　旋转特征 1

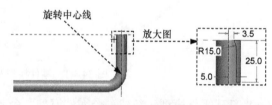

旋转中心线　　　放大图

图 34.4.8　截面草图

Step5. 创建图 34.4.9 所示的拉伸特征 1。单击 模型 功能选项卡 形状 ▼ 区域中的"拉伸"按钮 ⬜拉伸；在图形区右击，从弹出的快捷菜单中选择 定义内部草绘... 命令；选取 FRONT 基准平面为草绘平面，RIGHT 基准平面为参考平面，方向为 右；单击 草绘 按钮，绘制图 34.4.10 所示的截面草图；在操控板中定义拉伸类型为 ⯄；输入深度值 4.0；在操控板中单击"确定"按钮 ✔，完成拉伸特征 1 的创建。

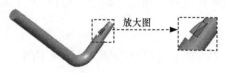

放大图

图 34.4.9　拉伸特征 1

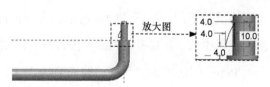

放大图

图 34.4.10　截面草图

Step6. 创建图 34.4.11b 所示的倒圆角特征 1。单击 模型 功能选项卡 工程 ▼ 区域中的 倒圆角 ▼ 按钮，选取图 34.4.11a 所示的边线为圆角放置参考；在"倒圆角半径"文本框中输入数值 0.5。

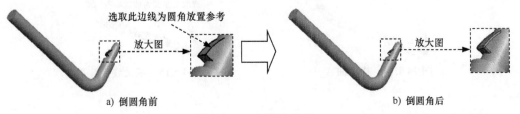

a) 倒圆角前   b) 倒圆角后

图 34.4.11 倒圆角特征 1

Step7. 创建图 34.4.12 所示的倒圆角特征 2。选取图 34.4.12 所示的边线为圆角放置参考，输入倒圆角半径值 0.5。

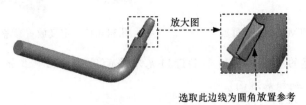

图 34.4.12 倒圆角特征 2

Step8. 创建图 34.4.13b 所示的镜像特征 1。单击 模型 功能选项卡中的 操作 ▼ 按钮，在系统弹出的菜单中选择 特征操作 命令；在"特征"菜单中选择 Copy (复制) 命令，在展开的菜单中依次选取 Mirror (镜像) ➡ All Feat (所有特征) ➡ Dependent (从属) ➡ Done (完成) 命令；选取 RIGHT 基准平面为镜像中心平面；单击菜单管理器中的 Done (完成) 命令，完成镜像特征 1 的创建。

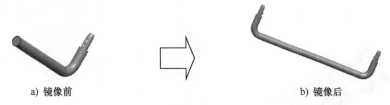

a) 镜像前   b) 镜像后

图 34.4.13 镜像特征 1

Step9. 创建图 34.4.14 所示的基准轴 A_5。单击 模型 功能选项卡 基准 ▼ 区域中的"基准轴"按钮 ✔轴，选取图 34.4.15 所示的扫描特征曲面为放置参考，将其约束类型设置为 穿过，单击对话框中的 确定 按钮。

Step10. 创建图 34.4.16 所示的 DTM4 基准平面。单击 模型 功能选项卡 基准 ▼ 区域中的"平面"按钮 ⬜；选取图 34.4.17 所示的基准轴 A_3 为放置参考，将其约束类型设置

为 穿过 ；选取 RIGHT 基准平面为放置参考，将其约束类型设置为 平行 ；单击该对话框中的 确定 按钮。

图 34.4.14　基准轴 A_5

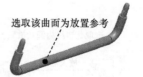

选取该曲面为放置参考

图 34.4.15　定义放置参考

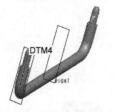

图 34.4.16　DTM4 基准平面

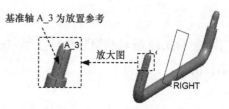

基准轴 A_3 为放置参考

放大图

图 34.4.17　定义放置参考

说明： 在此创建的基准轴 A_5 和 DTM4 基准平面用于装配中添加约束，也可以在装配的过程中再创建基准轴和基准面。

Step11. 保存零件模型文件。

34.5　衣架零件（四）

零件模型及模型树如图 34.5.1 所示。

图 34.5.1　零件模型及模型树

Step1. 新建零件模型。新建一个零件模型，命名为 CLAMP_01。

Step2. 创建图 34.5.2 所示的拉伸特征 1。单击 模型 功能选项卡 形状 ▼ 区域中的"拉伸"按钮 拉伸 ；在图形区右击，从系统弹出的快捷菜单中选择 定义内部草绘... 命令；选取

FRONT 基准平面为草绘平面，RIGHT 基准平面为参考平面，方向为 右；单击 草绘 按钮，绘制图 34.5.3 所示的截面草图；在操控板中定义拉伸类型为 ，输入深度值 20.0；在操控板中单击"确定"按钮 ，完成拉伸特征 1 的创建。

Step3. 创建图 34.5.4 所示的拉伸特征 2。在操控板中单击"拉伸"按钮 拉伸，按下操控板中的"移除材料"按钮 ；选取 TOP 基准平面为草绘平面，RIGHT 基准平面为参考平面，方向为 右；绘制图 34.5.5 所示的截面草图，在操控板中定义拉伸类型为 ，单击 选项 选项卡，在 深度 界面的 侧 1 下拉列表中选择 穿透 选项；在 侧 2 下拉列表中选择 穿透 选项；单击 按钮，完成拉伸特征 2 的创建。

图 34.5.2　拉伸特征 1

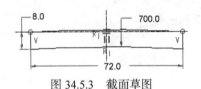

图 34.5.3　截面草图

图 34.5.4　拉伸特征 2

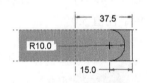

图 34.5.5　截面草图

Step4. 创建图 34.5.6 所示的旋转特征 1。单击 模型 功能选项卡 形状 区域中的"旋转"按钮 旋转，按下操控板中的"移除材料"按钮 ；在图形区右击，从系统弹出的快捷菜单中选择 定义内部草绘... 命令；选取 FRONT 基准平面为草绘平面，RIGHT 基准平面为参考平面，方向为 右；单击 草绘 按钮，绘制图 34.5.7 所示的截面草图（包括中心线）；在操控板中选择旋转类型为 ，在"角度"文本框中输入角度值 360.0，并按 Enter 键；在操控板中单击"确定"按钮 ，完成旋转特征 1 的创建。

图 34.5.6　旋转特征 1

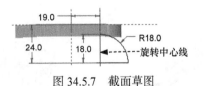

图 34.5.7　截面草图

Step5. 创建图 34.5.8b 所示的倒圆角特征 1。单击 模型 功能选项卡 工程 区域中的 倒圆角 按钮，选取图 34.5.8a 所示的边线为圆角放置参考，在"倒圆角半径"文本框中输入值 5.0。

a) 倒圆角前　　　　　　　　　　　　　　b) 倒圆角后

图 34.5.8　倒圆角特征 1

Step6. 创建图 34.5.9b 所示的倒圆角特征 2。选取图 34.5.9a 所示的边线为圆角放置参考，输入倒圆角半径值 2.0。

a) 倒圆角前　　　　　　　　　　　　　　b) 倒圆角后

图 34.5.9　倒圆角特征 2

Step7. 创建图 34.5.10b 所示的倒圆角特征 3。选取图 34.5.10a 所示的边线为圆角放置参考，输入倒圆角半径值 5.0。

a) 倒圆角前　　　　　　　　　　　　　　b) 倒圆角后

图 34.5.10　倒圆角特征 3

Step8. 创建图 34.5.11 所示的拉伸特征 3。在操控板中单击"拉伸"按钮 拉伸，按下操控板中的"移除材料"按钮 ；选取 FRONT 基准平面为草绘平面，RIGHT 基准平面为参考平面，方向为 右；绘制图 34.5.12 所示的截面草图，在操控板中定义拉伸类型为 ，输入深度值 25.0；单击 按钮，完成拉伸特征 3 的创建。

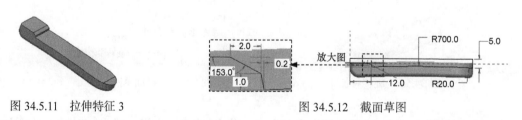

图 34.5.11　拉伸特征 3　　　　　　　　　　　图 34.5.12　截面草图

Step9. 创建图 34.5.13b 所示的抽壳特征 1。单击 模型 功能选项卡 工程 ▾ 区域中的"壳"按钮 回壳；选取图 34.5.13a 所示的模型表面为要移除的面；在 厚度 文本框中输入壁厚值 1.5；在操控板中单击 ✔ 按钮，完成抽壳特征 1 的创建。

a) 抽壳前   b) 抽壳后

图 34.5.13 抽壳特征 1

Step10. 创建图 34.5.14 所示的拉伸特征 4。在操控板中单击"拉伸"按钮 ⬚ 拉伸；选取图 34.5.14 所示的模型表面为草绘平面，采用系统默认的参考平面，方向为 上，绘制图 34.5.15 所示的截面草图；单击 ✗ 按钮，在操控板中定义拉伸类型为 ⬒，单击 ✔ 按钮，完成拉伸特征 4 的创建。

图 34.5.14 拉伸特征 4

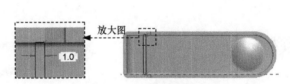

图 34.5.15 截面草图

Step11. 创建图 34.5.16 所示的拉伸特征 5。在操控板中单击"拉伸"按钮 ⬚ 拉伸，按下操控板中的"移除材料"按钮 ⬚；选取图 34.5.16 所示的模型表面为草绘平面，RIGHT 基准平面为参考平面，方向为 右，绘制图 34.5.17 所示的截面草图；在操控板中定义拉伸类型为 ⬒，选取图 34.5.18 所示的平面为拉伸终止面；单击 ✔ 按钮，完成拉伸特征 5 的创建。

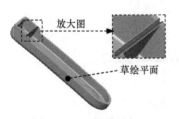

图 34.5.16 拉伸特征 5

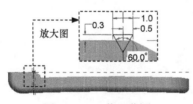

图 34.5.17 截面草图

图 34.5.18 定义拉伸终止面

Step12. 创建图 34.5.19b 所示的阵列特征 1。在模型树中单击选中 Step11 所创建的拉伸特征 5 后右击，选择 ⊞ 命令；在"阵列"操控板 选项 选项卡的下拉列表中选择 常规 选项；在操控板的阵列控制方式下拉列表中选择 方向 选项；选取图 34.5.19a 所示的边线为第一方向的参考，单击 ✗ 按钮使第一方向反向；在操控板的第一方向"阵列增量"文本框中输入增量值 1.0，"阵列个数"文本框中输入值 10；在操控板中单击 ✔ 按钮，完成阵列特征 1 的创建。

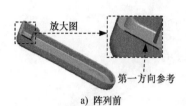

放大图　　　　　　　　　　　　　　　　放大图

第一方向参考

a) 阵列前　　　　　　　　　　　　　　b) 阵列后

图 34.5.19　阵列特征 1

Step13. 创建图 34.5.20 所示的 DTM1 基准平面。单击 模型 功能选项卡 基准 ▾ 区域中的"平面"按钮 ▱；在模型树中选取 TOP 基准平面为偏距参考面，在"基准平面"对话框中输入偏移距离值 –3.0；单击该对话框中的 确定 按钮。

Step14. 创建图 34.5.21 所示的拉伸特征 6。在操控板中单击"拉伸"按钮 ◔ 拉伸，选取 DTM1 基准平面为草绘平面；绘制图 34.5.22 所示的截面草图，单击 ✕ 按钮，在操控板中定义拉伸类型为 ⇌；单击 ✔ 按钮，完成拉伸特征 6 的创建。

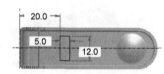

图 34.5.20　DTM1 基准平面　　　图 34.5.21　拉伸特征 6　　　图 34.5.22　截面草图

Step15. 创建图 34.5.23 所示的拉伸特征 7。在操控板中单击"拉伸"按钮 ◔ 拉伸；选取 FRONT 基准平面为草绘平面，RIGHT 基准平面为参考平面，方向为 右；绘制图 34.5.24 所示的截面草图，在操控板中定义拉伸类型为 ⊟，输入深度值 12.0；单击 ✔ 按钮，完成拉伸特征 7 的创建。

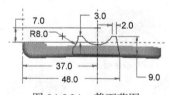

图 34.5.23　拉伸特征 7　　　　　　图 34.5.24　截面草图

Step16. 创建图 34.5.25 所示的拉伸特征 8。在操控板中单击"拉伸"按钮 ◔ 拉伸，按下操控板中的"移除材料"按钮 ◪；选取 FRONT 基准平面为草绘平面，RIGHT 基准平面为参考平面，方向为 右；绘制图 34.5.26 所示的截面草图，在操控板中定义拉伸类型为 ⊟，输入深度值 8.0；单击 ✔ 按钮，完成拉伸特征 8 的创建。

Step17. 创建图 34.5.27 所示的拉伸特征 9。在操控板中单击"拉伸"按钮 ◔ 拉伸，按下操控板中的"移除材料"按钮 ◪；选取 FRONT 基准平面为草绘平面，RIGHT 基准平面为参考平面，方向为 右；绘制图 34.5.28 所示的截面草图，在操控板中定义拉伸类型为 日，输入深度值 8.0；单击 ✔ 按钮，完成拉伸特征 9 的创建。

图 34.5.25　拉伸特征 8

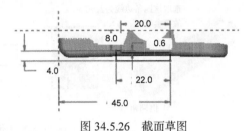

图 34.5.26　截面草图

图 34.5.27　拉伸特征 9

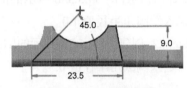

图 34.5.28　截面草图

Step18. 创建图 34.5.29 所示的拉伸特征 10。在操控板中单击"拉伸"按钮 拉伸，按下操控板中的"移除材料"按钮 ；选取 TOP 基准平面为草绘平面，RIGHT 基准平面为参考平面，方向为 右；绘制图 34.5.30 所示的截面草图，单击 选项 按钮，在 深度 界面的 侧1 下拉列表中选择 穿透 选项，在 侧2 的下拉列表中选择 穿透 选项；单击 ✔ 按钮，完成拉伸特征 10 的创建。

图 34.5.29　拉伸特征 10

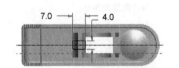

图 34.5.30　截面草图

Step19. 创建图 34.5.31b 所示的倒圆角特征 4。选取图 34.5.31a 所示的四条边线为圆角放置参考，输入倒圆角半径值 1.0。

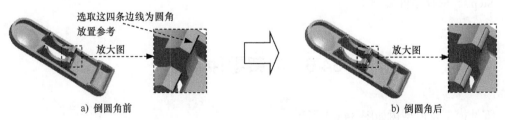

图 34.5.31　倒圆角特征 4

Step20. 创建图 34.5.32b 所示的倒圆角特征 5。选取图 34.5.32a 所示的四条边线为圆角放置参考，输入倒圆角半径值 0.5。

选取这四条边线为圆角放置参考

放大图

a) 倒圆角前

放大图

b) 倒圆角后

图 34.5.32　倒圆角特征 5

Step21. 创建图 34.5.33b 所示的倒圆角特征 6。选取图 34.5.33a 所示的边线为圆角放置参考，输入倒圆角半径值 1.0。

Step22. 创建图 34.5.34 所示的倒圆角特征 7。选取图 34.5.34 所示的六条边线为圆角放置参考，输入倒圆角半径值 0.5。

选取此边线为圆角放置参考

选取这六条边线为圆角参考

a) 倒圆角前　　　　　　b) 倒圆角后

图 34.5.33　倒圆角特征 6　　　　图 34.5.34　倒圆角特征 7

Step23. 创建图 34.5.35b 所示的倒圆角特征 8。选取图 34.5.35a 所示的边线为圆角放置参考，输入倒圆角半径值 0.5。

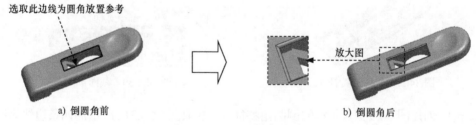

选取此边线为圆角放置参考

放大图

a) 倒圆角前

b) 倒圆角后

图 34.5.35　倒圆角特征 8

Step24. 保存零件模型文件。

34.6　衣架零件（五）

零件模型及模型树如图 34.6.1 所示。

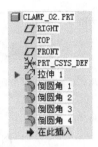

图 34.6.1　零件模型及模型树

Step1. 新建零件模型。新建一个零件模型，命名为 CLAMP_02。

Step2. 创建图 34.6.2 所示的拉伸特征 1。单击 模型 功能选项卡 形状 ▼ 区域中的"拉伸"按钮 拉伸 ；在图形区右击，从系统弹出的快捷菜单中选择 定义内部草绘... 命令；选取 FRONT 基准平面为草绘平面，RIGHT 基准平面为参考平面，方向为 右 ；单击 草绘 按钮，绘制图 34.6.3 所示的截面草图；在操控板中定义拉伸类型为 ⊟，输入深度值 8.0；在操控板中单击"确定"按钮 ✔，完成拉伸特征 1 的创建。

图 34.6.2　拉伸特征 1

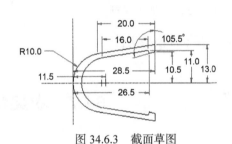

图 34.6.3　截面草图

Step3. 创建图 34.6.4b 所示的倒圆角特征 1。单击 模型 功能选项卡 工程 ▼ 区域中的 倒圆角 ▼ 按钮，选取图 34.6.4a 所示的五条边线为圆角放置参考，在"倒圆角半径"文本框中输入值 0.5。

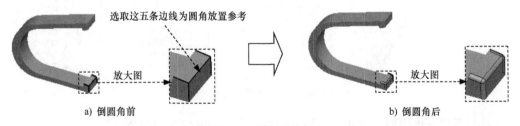

a) 倒圆角前　　　　　　　　　　　　　　　　　　　　b) 倒圆角后

图 34.6.4　倒圆角特征 1

Step4. 创建图 34.6.5b 所示的倒圆角特征 2。选取图 34.6.5a 所示的五条边线为圆角放置参考，输入倒圆角半径值 0.5。

Step5. 创建图 34.6.6 所示的倒圆角特征 3。选取图 34.6.6 所示的边线为圆角放置参考，输入倒圆角半径值 0.5。

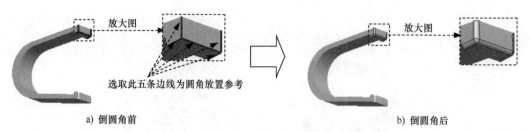

选取此五条边线为圆角放置参考

a) 倒圆角前

放大图

b) 倒圆角后

图 34.6.5　倒圆角特征 2

Step6. 创建图 34.6.7 所示的倒圆角特征 4。选取图 34.6.7 所示的边线为圆角放置参考，输入倒圆角半径值 0.5。

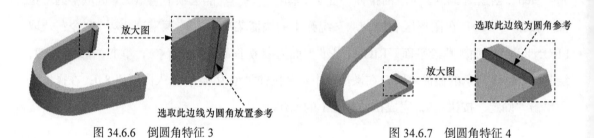

放大图

选取此边线为圆角放置参考

图 34.6.6　倒圆角特征 3

选取此边线为圆角参考

放大图

图 34.6.7　倒圆角特征 4

Step7. 保存零件模型文件。

34.7　衣架零件（六）

零件模型及模型树如图 34.7.1 所示。

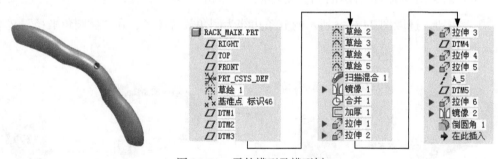

图 34.7.1　零件模型及模型树

Step1. 新建零件模型。新建一个零件模型，命名为 RACK_MAIN。

Step2. 创建图 34.7.2 所示的草图 1。单击"草绘"按钮 ；选取 FRONT 基准平面为草绘平面，RIGHT 基准平面为参考平面，方向为 右 ；单击 草绘 按钮，绘制图 34.7.2 所示的草图 1。完成后单击 ✓ 按钮。

Step3. 创建图 34.7.3 所示的基准点——PNT0、PNT1、PNT2。单击"创建基准点"按

钮 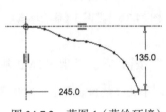，系统弹出"基准点"对话框；单击草图曲线 1 的端点即可完成基准点 PNT0 的创建；在"基准点"列表框中单击 ➡ 新点 命令，然后在曲线上单击一点为 PNT1，在"基准点"对话框的 偏移 下拉列表中选择 比率 选项，指定比率值为 0.8；在"基准点"列表框中单击 ➡ 新点 命令，然后在曲线上单击一点为 PNT2，在 偏移 下拉列表中选择 比率 选项，指定比率值为 0.4；单击 确定 按钮，完成基准点 PNT0、PNT1、PNT2 的创建。

图 34.7.2　草图 1（草绘环境）

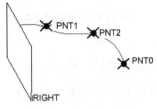

图 34.7.3　创建基准点

Step4. 创建图 34.7.4 所示的 DTM1 基准平面。单击 模型 功能选项卡 基准 ▾ 区域中的"平面"按钮 ▱；如图 34.7.4 所示，选取草图曲线 1 为放置参考，将其约束类型设置为 法向；按住 Ctrl 键，选取 PNT1 基准点为放置参考，将其约束类型设置为 穿过；单击该对话框中的 确定 按钮，完成 DTM1 基准平面的创建。

Step5. 参考 Step4 创建图 34.7.5 所示的 DTM2 基准平面。将草图曲线 1 的约束类型设置为 法向；按住 Ctrl 键，选取 PNT2 基准点并将其约束类型设置为 穿过。

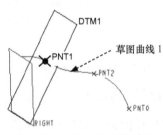

图 34.7.4　DTM1 基准平面

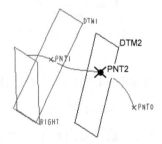

图 34.7.5　DTM2 基准平面

Step6. 参考 Step4 创建图 34.7.6 所示的 DTM3 基准平面。将草图曲线 1 的约束类型设置为 法向；按住 Ctrl 键，选取 PNT0 基准点并将其约束类型设置为 穿过。

Step7. 创建图 34.7.7 所示的草图 2。单击"草绘"按钮 ◠；选取 RIGHT 基准平面为草绘平面，TOP 基准平面为参考平面，方向为 上；单击 草绘 按钮，绘制图 34.7.7 所示的草图 2，完成后单击 ✓ 按钮。

Step8. 创建图 34.7.8 所示的草图 3。单击"草绘"按钮

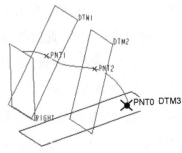

图 34.7.6　DTM3 基准平面

；选取 DTM1 基准平面为草绘平面，FRONT 基准平面为参考平面，方向为 下 ；单击 草绘 按钮，选取基准点 PNT1 为参考，绘制图 34.7.8 所示的草图 3，完成后单击 ✓ 按钮。

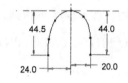

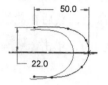

图 34.7.7　草图 2（草绘环境）　　　　图 34.7.8　草图 3（草绘环境）

Step9. 创建图 34.7.9 所示的草图 4。单击"草绘"按钮 ；选取 DTM2 基准平面为草绘平面，FRONT 基准平面为参考平面，方向为 下 ；单击 草绘 按钮，选取基准点 PNT2 为参考，绘制图 34.7.9 所示的草图 4，完成后单击 ✓ 按钮。

Step10. 创建图 34.7.10 所示的草图 5。单击"草绘"按钮 ，选取 DTM3 基准平面为草绘平面，FRONT 基准平面为参考平面，方向为 下 ；单击 草绘 按钮，选取基准点 PNT0 为参考，绘制图 34.7.10 所示的草图 5，完成后单击 ✓ 按钮。

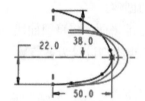

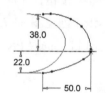

图 34.7.9　草图 4（草绘环境）　　　　图 34.7.10　草图 5（草绘环境）

Step11. 创建图 34.7.11 所示的扫描混合特征 1。单击 模型 功能选项卡 形状 ▼ 区域中的 扫描混合 按钮；在操控板中确认"曲面"按钮 被按下，选取 Step2 所创建的草图 1 为扫描轨迹，箭头方向如图 34.7.12 所示；在"扫描混合"操控板中单击 参考 按钮，在"参考"界面的 截平面控制 下拉列表中选择 垂直于轨迹 选项。由于 垂直于轨迹 为系统默认的选项，此步可省略。在"扫描混合"操控板中单击 截面 选项卡，在 截面 界面中选中 ⦿ 选定截面 单选项。单击草图 5 后， 插入 按钮变亮，草图 5 为剖面 1，单击 插入 按钮，再单击草图 4，此曲线即为剖面 2，单击 插入 按钮，再单击草图 3，此曲线即为剖面 3，单击 插入 按钮，再单击草图 2，此曲线即为剖面 4；在"扫描混合"操控板中单击 相切 选项卡，在 相切 界面中将终止截面的约束条件改为垂直，系统默认与剖面平面垂直；在"扫描混合"操控板中单击"预览"按钮 ，预览所创建的扫描混合特征。单击"确定"按钮 ✓ ，完成扫描混合特征 1 的创建。

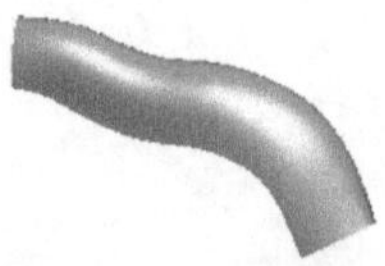

图 34.7.11 扫描混合特征 1

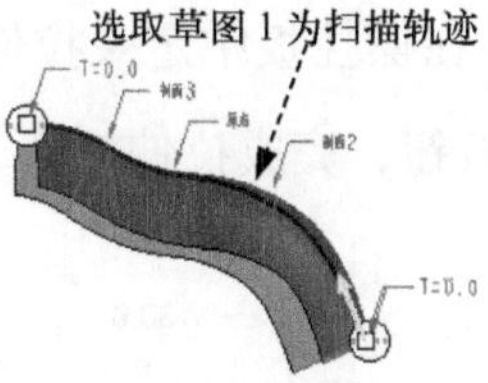

图 34.7.12 扫描轨迹

Step12. 创建图 34.7.13b 所示的镜像特征 1。在模型树中单击 扫描混合 1；单击 模型 功能选项卡 编辑 ▾ 区域中的“镜像”按钮；在系统 选择要镜像的平面或目的基准平面. 的提示下，选取 RIGHT 基准平面为镜像平面；在操控板中单击 ✓ 按钮，完成镜像特征 1 的创建。

Step13. 创建图 34.7.14 所示的曲面合并特征 1。按住 Ctrl 键，在图形区内选取扫描混合特征 1 与镜像特征 1 的面组为要合并的对象；单击 模型 功能选项卡 编辑 ▾ 区域中的 合并 按钮；单击 ✓ 按钮，完成曲面合并特征 1 的创建。

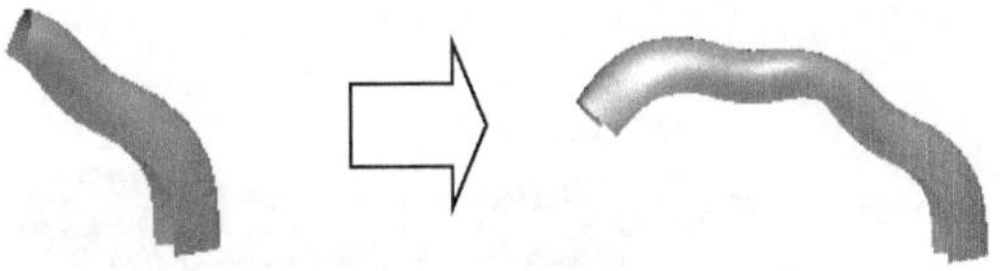

a) 镜像前 b) 镜像后

图 34.7.13 镜像特征 1

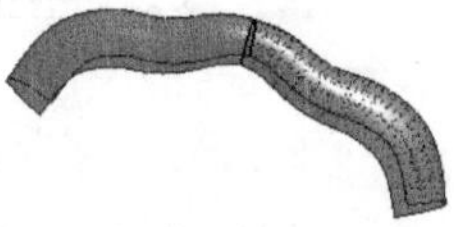

图 34.7.14 曲面合并特征 1

Step14. 创建图 34.7.15 所示的曲面加厚特征 1。在模型树中选择 合并 1 作为加厚对象；单击 模型 功能选项卡 编辑 ▾ 区域中的 加厚 按钮；在操控板中输入厚度值 2.0，单击 按钮使加厚材料方向指向内侧；单击 ✓ 按钮，完成曲面加厚特征 1 的创建。

Step15. 创建图 34.7.16 所示的拉伸特征 1。单击 模型 功能选项卡 形状 ▾ 区域中的“拉伸”按钮 拉伸，按下操控板中的“移除材料”按钮；在图形区右击，从系统弹出的快捷菜单中选择 定义内部草绘... 命令，选取 FRONT 基准平面为草绘平面，RIGHT 基准平面为参考平面，方向为 右；单击 草绘 按钮，绘制图 34.7.17 所示的截面草图；在操控板中选择拉伸类型为 ⫼，单击 选项 选项卡，在 选项 界面 第2侧 的下拉列表中选择 穿透 选项；在操控板中单击“确定”按钮 ✓，完成拉伸特征 1 的创建。

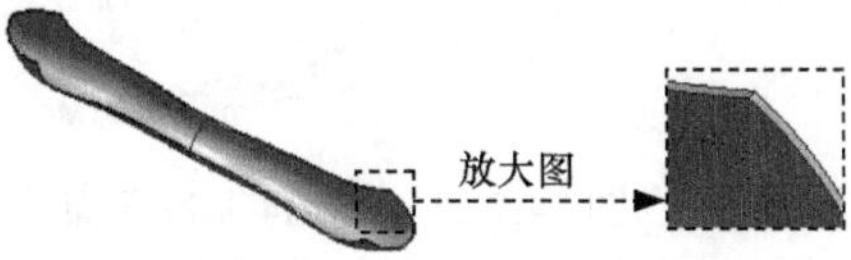

图 34.7.15 曲面加厚特征 1

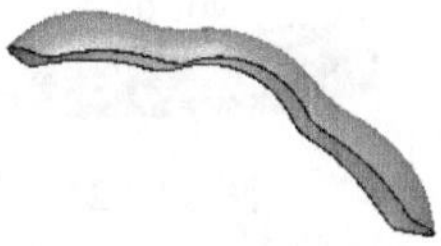

图 34.7.16 拉伸特征 1

Step16. 创建图 34.7.18 所示的拉伸特征 2。在操控板中单击“拉伸”按钮 拉伸；选取 TOP 基准平面为草绘平面，RIGHT 基准平面为参考平面，方向为 右；绘制图 34.7.19 所示的截面草图，在操控板中定义拉伸类型为 ⟂，单击 ✕ 按钮调整拉伸方向，输入深度值10.0；单击 ✓ 按钮，完成拉伸特征2的创建。

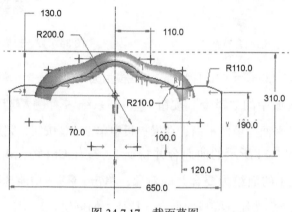

图 34.7.17　截面草图

图 34.7.18　拉伸特征 2

图 34.7.19　截面草图

Step17. 创建图 34.7.20 所示的拉伸特征 3。在操控板中单击"拉伸"按钮 ⬚拉伸，按下操控板中的"移除材料"按钮 ⬚；选取 TOP 基准平面为草绘平面，RIGHT 基准平面为参考平面，方向为 右；绘制图 34.7.21 所示的截面草

图 34.7.20　拉伸特征 3

图，在操控板中定义拉伸类型为 ⬚；单击 选项 选项卡，在 选项 界面 第2侧 的下拉列表中选择 ⬚穿透 选项；单击 ✓ 按钮，完成拉伸特征3的创建。

Step18. 创建图 34.7.22 所示的 DTM4 基准平面。单击"平面"按钮 ⬚，选取 TOP 基准平面为偏距参考面，调整偏移方向，在"基准平面"对话框中输入偏移距离值 70.0；单击该对话框中的 确定 按钮。

图 34.7.21　截面草图

图 34.7.22　DTM4 基准平面

Step19. 创建图 34.7.23 所示的拉伸特征 4。在操控板中单击"拉伸"按钮 ⬚拉伸；选取 DTM4 基准平面为草绘平面，RIGHT 基准平面为参考平面，方向为 右；单击"反向"调整草绘视图方向；绘制图 34.7.24 所示的截面草图，在操控板中定义拉伸类型为 ⟌，单

击  按钮调整拉伸方向；单击 ✓ 按钮，完成拉伸特征 4 的创建。

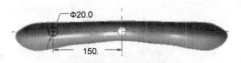

图 34.7.23　拉伸特征 4　　　　　　　图 34.7.24　截面草图

Step20. 创建图 34.7.25 所示的拉伸特征 5。在操控板中单击"拉伸"按钮 ⬜拉伸，按下操控板中的"移除材料"按钮 ⬜；选取 DTM4 基准平面为草绘平面，RIGHT 基准平面为参考平面，方向为 右；单击"反向"调整草绘视图方向，绘制图 34.7.26 所示的截面草图，单击"完成"按钮 ✓；在操控板中定义拉伸类型为 ⬓，输入深度值 25.0；单击 ✓ 按钮，完成拉伸特征 5 的创建。

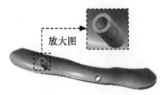

图 34.7.25　拉伸特征 5　　　　　　　图 34.7.26　截面草图

Step21. 创建图 34.7.27 所示的 DTM5 基准平面。单击"平面"按钮 ⬜，选取基准轴 A_3 为放置参考，将约束类型设置为 穿过；按住 Ctrl 键，选取 RIGHT 基准平面为放置参考，将约束类型设置为 平行；单击该对话框中的 确定 按钮。

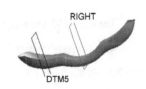

图 34.7.27　DTM5 基准平面

Step22. 创建图 34.7.28 所示的拉伸特征 6。在操控板中单击"拉伸"按钮 ⬜拉伸，按下操控板中的"移除材料"按钮 ⬜；选取 DTM5 基准平面为草绘平面，TOP 基准平面为参考平面，方向为 左；绘制图 34.7.29 所示的截面草图，在操控板中定义拉伸类型为 ⬓，输入深度值 12.0；单击 ✓ 按钮，完成拉伸特征 6 的创建。

Step23. 创建图 34.7.30 所示的镜像特征 2。按住 Ctrl 键，在模型树中单击 ⬚拉伸 4、⬚拉伸 5 和 ⬚拉伸 6 特征；选取 RIGHT 基准平面为镜像平面；单击 ✓ 按钮，完成镜像特征 2 的创建。

　　　　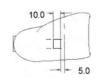　　　　

图 34.7.28　拉伸特征 6　　　　图 34.7.29　截面草图　　　　图 34.7.30　镜像特征 2

Step24. 创建图 34.7.31 所示的倒圆角特征 1。单击 模型 功能选项卡 工程 ▾ 区域中

的 ⟨倒圆角 ▼⟩ 按钮，选取图 34.7.31 所示的边线为圆角放置参考，在 "倒圆角半径" 文本框中输入值 0.5。

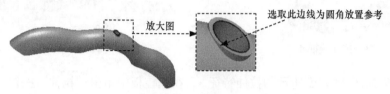

图 34.7.31　倒圆角特征 1

Step25. 隐藏项目。在导航选项卡区单击 ▤▾ 按钮，在系统弹出的下拉菜单中选择 层树(L) 命令；在导航选项卡区右击，在系统弹出的快捷菜单中选择 新建层... 命令；系统弹出 "层属性" 对话框，将选项卡区切换到 "模型树" 界面；在模型树中单击要隐藏的对象；单击 "层属性" 对话框中的 确定 按钮，即可完成隐藏操作。

Step26. 保存零件模型文件。

34.8　零件装配

Task1. 创建 clamp_01 和 clamp_02 的子装配模型

Step1. 单击 "新建" 按钮 🗋，在系统弹出的文件 "新建" 对话框中进行下列操作：选中 类型 选项组下的 ◉ 📁 装配 单选项；选中 子类型 选项组下的 ◉ 设计 单选项；在 名称 文本框中输入文件名 pin；取消选中 ☐ 使用默认模板 复选框，单击该对话框中的 确定 按钮；在系统弹出的 "新文件选项" 对话框的 模板 选项组中选择 mmns_asm_design 模板，单击该对话框中的 确定 按钮。

Step2. 创建图 34.8.1 所示的 clamp_01（1）。单击 模型 功能选项卡 元件 ▼ 区域中的 "组装" 按钮 🗗。在系统弹出的 "打开" 对话框中选择衣架零件模型文件 clamp_01.prt，单击 打开 ▼ 按钮；在系统弹出的 "元件放置" 操控板中单击 放置 选项卡，在 "放置" 界面的 约束类型 下拉列表中选择 ⊥ 默认 选项，将元件按默认放置，此时操控板中显示的信息为 状况:完全约束；单击操控板中的 ✔ 按钮。

Step3. 创建图 34.8.2 所示的 clamp_02。单击 模型 功能选项卡 元件 ▼ 区域中的 "组装" 按钮 🗗，在系统弹出的 "打开" 对话框中选择衣架零件模型文件 clamp_02.prt；单击 打开 ▼ 按钮；在 "元件放置" 操控板中单击 移动 选项卡，在 运动类型 下拉列表中选择 平移 选项，在 "移动" 界面中选中 ◉ 在视图平面中相对 单选项，将 clamp_02 移动到合适的位置；在 "放置" 界面的 约束类型 下拉列表中选择 ▯▮ 重合 选项，选取图 34.8.3 所示

的面为要重合的面；单击"反向"按钮，调整方向，单击 →新建约束 选项，在"放置"界面的 约束类型 下拉列表中选择 重合 选项，选取 clamp_02 上的 FRONT 基准平面与 ASM_FRONT 基准平面重合，单击 →新建约束 选项，在"放置"界面的 约束类型 下拉列表中选择 重合 选项，选取图 34.8.4 所示的 clamp_02 的边与 clamp_01 的面重合。

图 34.8.1 创建 clamp_01（1）

图 34.8.2 创建 clamp_02

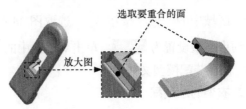

图 34.8.3 定义重合参考

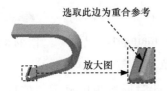

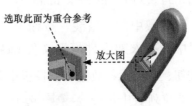

图 34.8.4 定义重合参考

Step4. 创建图 34.8.5 所示的 clamp_01（2）。单击 模型 功能选项卡 元件 ▼ 区域中的"组装"按钮 ，在系统弹出的"打开"对话框中选择衣架零件模型文件 clamp_01.prt；单击 打开 ▼ 按钮；在"元件放置"操控板中单击 移动 选项卡，在 运动类型 下拉列表中选择 平移 选项，在"移动"界面中选中 ◉ 在视图平面中相对 单选项，将 clamp_01 移动到合适的位置；在"放置"界面的 约束类型 下拉列表中选择 重合 选项，选取 clamp_01 的 FRONT 基准平面与 PIN_ASM 的 FRONT 基准平面重合，单击"反向"按钮，调整方向；单击 →新建约束 选项，在 约束类型 下拉列表中选择 重合 选项，选取图 34.8.6 所示的面为要重合的面；单击 →新建约束 选项，在 约束类型 下拉列表中选择 重合 选项，选取图 34.8.7 所示的 clamp_02 的边与 clamp_01 的曲面重合，此时操控板中显示的信息为 状况:完全约束 ；单击"元件放置"操控板中的 ✔ 按钮。

图 34.8.5 创建 clamp_01（2）

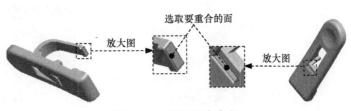

图 34.8.6 定义重合参考

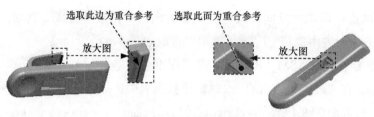

图 34.8.7　定义重合参考

Step5. 创建图 34.8.8 所示的基准轴 A_1。单击 模型 功能选项

卡 基准 ▾ 区域中的"轴"按钮 ，选取图 34.8.8 所示的曲面为参

考，将其约束类型设置为 穿过 ，单击对话框中的 确定 按钮。

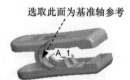

图 34.8.8　基准轴 A_1

Step6. 保存装配模型文件。

Task2. 衣架的总装配

Step1. 新建装配体模型。新建一个装配体模型，将模型命名为 RACK。

Step2. 创建图 34.8.9 所示的 rack_main。单击 模型 功能选

项卡 元件 ▾ 区域中的"组装"按钮 ，在系统弹出的

"打开"对话框中选择衣架零件模型文件 rack_main.prt，单击

图 34.8.9　创建 rack_main

打开 ▾ 按钮；在"元件放置"操控板中单击 放置 选项

卡，在 约束类型 下拉列表中选择 默认 选项，此时操控板中显示的信息为 状况:完全约束 ；

单击操控板中的 ✔ 按钮。

Step3. 创建图 34.8.10 所示的 rack_top_01。单击 模型 功能选项卡 元件 ▾ 区域中

的"组装"按钮 ，在系统弹出的"打开"对话框中选择衣架零件模型文件 rack_top_01.prt；

单击 打开 ▾ 按钮；在 用户定义 ▾ 约束集的选项列表中选择 圆柱 选项；选取

图 34.8.11 所示的面为轴对齐参考；单击 放置 选项卡，单击 Translation1 选项，定义"平移

轴"约束。选取图 34.8.12 所示的面为平移轴的参考，在"放置"界面中选中 ☑最小限制 复

选框，将最小值设置为 15.0；在"放置"界面中选中 ☑最大限制 复选框，将最大值设置为

15.5，此时 状态 区域显示的信息为 完成连接定义 ；单击操控板中的 ✔ 按钮。

说明： 单击 模型 功能选项卡 元件 ▾ 区域"拖动元件"按钮 ，更新元件位置。

图 34.8.10　创建 rack_top_01

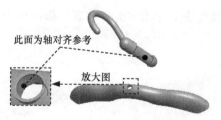

图 34.8.11　定义轴对齐参考

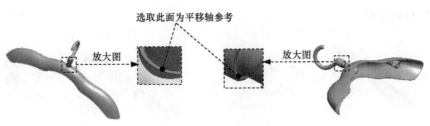

图 34.8.12 定义平移轴参考

Step4. 创建图 34.8.13 所示的 rack_top_02。单击 模型 功能选项卡 元件▼ 区域中的 "组装" 按钮 🖳，在系统弹出的 "打开" 对话框中选择衣架零件模型文件 rack_top_02.prt；单击 打开 ▼ 按钮；在 用户定义 ▼ 约束集的选项列表中选择 🔀 圆柱 选项；选取图 34.8.14 所示的面为轴对齐约束参考；选取图 34.8.15 所示的面为平移轴约束参考。在 "放置" 界面中选中 ☑ 最小限制 复选框，将最小值设置为 0.0；在 "放置" 界面中选中 ☑ 最大限制 复选框，将最大值设置为 0.1；此时 一状态一 区域显示的信息为 完成连接定义；单击操控板中的 ✔ 按钮。

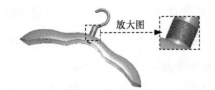

图 34.8.13 创建 rack_top_02

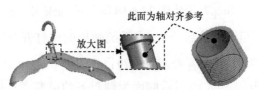

图 34.8.14 定义轴对齐参考

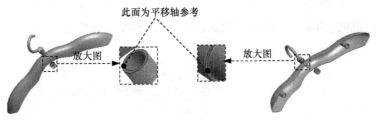

图 34.8.15 定义平移轴参考

Step5. 创建图 34.8.16b 所示的 spacer01。单击 模型 功能选项卡 元件▼ 区域中的 "创建" 按钮 🖳；在系统弹出的 "元件创建" 对话框中选中 类型 选项组下的 ◉ 零件 单选项，选中 子类型 选项组下的 ◉ 实体 单选项，然后在 名称 文本框中输入文件名 spacer01；单击 确定 按钮；在系统弹出的 "创建选项" 对话框中选中 ◉ 创建特征 单选项，并单击 确定 按钮；在操控板中单击 "旋转" 按钮 ⊕。选取 ASM_FRONT 基准平面为草绘平面，ASM_RIGHT 基准平面为参考平面，方向为 右；绘制图 34.8.17 所示的截面草图（包括中心线）；在操控板中选择旋转类型为 ⊥，在 "角度" 文本框中输入角度值 360.0；单击 ✔ 按钮，完成旋转特征的创建。

a) 创建前　　　　　　　　　　　　　　b) 创建后

图 34.8.16　创建 spacer01

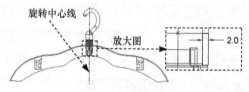

图 34.8.17　截面草图

Step6. 在装配体模型树中右击 RACK.ASM，在系统弹出的快捷菜单中选择 激活 命令。

Step7. 创建图 34.8.18 所示的 rack_down。单击 模型 功能选项卡 元件 ▾ 区域中的 "组装" 按钮 ，在系统弹出的 "打开" 对话框中选择衣架零件模型文件 rack_down.prt；单击 打开 ▾ 按钮；在 用户定义 ▾ 约束集的选项列表中选择 圆柱 选项；选取图 34.8.19 所示的面为轴对齐约束参考；选取图 34.8.20 所示的面为平移轴约束参考。在 "放置" 界面中选中 ☑ 最小限制 复选框，将最小值设置为 0.0；在 "放置" 界面中选中 ☑ 最大限制 复选框，将最大值设置为 0.1；单击 新建集 选项，选取图 34.8.21 所示的面为轴对齐约束参考，此时 —状态— 区域显示的信息为 完成连接定义；单击 ✔ 按钮。

图 34.8.18　创建 rack_down

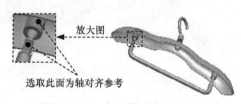

图 34.8.19　定义轴对齐约束（一）

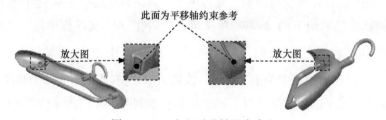

图 34.8.20　定义平移轴约束参考

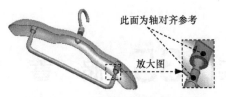

图 34.8.21　定义轴对齐约束（二）

Step8. 创建图 34.8.22 所示的 pin（一）。单击 模型 功能选项卡 元件 ▾ 区域中的 "组装" 按钮 📲，在系统弹出的 "打开" 对话框中选择衣架装配模型文件 pin.asm；单击 打开 ▾ 按钮；在 用户定义 ▾ 约束集的选项列表中选择 ⚙ 圆柱 选项；选取 pin 的基准轴 A_1 与 rack_down 的基准轴 A_5 为轴对齐约束参考，如图 34.8.23 所示，此时 ─状态─ 区域显示的信息为 完成连接定义；单击操控板中的 ✔ 按钮；单击 模型 功能选项卡 元件 ▾ 区域中的 "拖动元件" 按钮 👆，将零件拖动到合适的位置。

图 34.8.22　创建 pin（一）

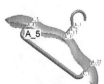

图 34.8.23　定义轴对齐约束参考

Step9. 创建图 34.8.24 所示的 pin（二）。单击 模型 功能选项卡 元件 ▾ 区域中的 "组装" 按钮 📲，在系统弹出的 "打开" 对话框中选择衣架零件模型文件 pin.asm；单击 打开 ▾ 按钮；在约束集的选项列表中选择 ⚙ 圆柱 选项；选取 pin 的基准轴 A_1 与 rack_down 的基准轴 A_5 为轴对齐约束参考，如图 34.8.25 所示，此时 ─状态─ 区域显示的信息为 完成连接定义；单击操控板中的 ✔ 按钮；单击 模型 功能选项卡 元件 ▾ 区域中的 "拖动元件" 按钮 👆，将零件拖动到合适的位置。

图 34.8.24　创建 pin（二）

图 34.8.25　定义轴对齐约束参考

说明：也可单击 模型 功能选项卡中的 操作 ▾ 按钮，在系统弹出的菜单中选择 特征操作 命令，然后再选择 Copy（复制）命令对 pin（一）进行复制，完成 pin（二）的创建。

Step10. 保存装配模型文件。

实例 35 储 蓄 罐

35.1 实 例 概 述

本实例介绍了一款精致的储蓄罐（图 35.1.1）的主要设计过程，采用的设计方法是自顶向下的方法（Top_Down Design）。许多家用电器（如计算机机箱、吹风机和计算机鼠标）也都可以采用这种方法进行设计，以获得较好的整体造型。

a) 方位 1

b) 方位 2

c) 方位 3

图 35.1.1　储蓄罐

35.2　创建储蓄罐的骨架模型

Task1. 设置工作目录

将工作目录设置至 D：\creo8.5\work\ch35\。

Task2. 新建一个装配体文件

Step1. 单击"新建"按钮 ，在系统弹出的"新建"对话框中进行下列操作：选中 类型 选项组下的 ⦿ 装配 单选项；选中 子类型 - 选项组下的 ⦿ 设计 单选项；在 名称 文本框中输入文件名 MONEY_SAVER；取消选中 □ 使用默认模板 复选框；单击该对话框中的 确定 按钮。

Step2. 选取适当的装配模板。在系统弹出的"新文件选项"对话框中进行下列操作：在模板选项组中选取 mmns_asm_design 模板命令；单击该对话框中的 确定 按钮。

Step3. 设置模型树的显示。在模型树操作界面中选择 ▼ ➡ 树过滤器(F)... 命令，然后在"模型树项"对话框中选中 ☑ 特征 复选框，并单击 确定 按钮。

Task3. 创建图 35.2.1 所示的骨架模型

在装配模式下，创建骨架模型 MONEY_SAVER_SKEL.PRT 的各个特征（图 35.2.1）。

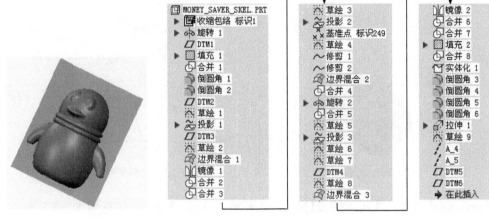

图 35.2.1　骨架模型及模型树

Step1. 在装配体中创建骨架模型 MONEY_SAVER_SKEL.PRT。单击 模型 功能选项卡 元件 ▾ 区域中的"创建"按钮 ；此时系统弹出"元件创建"对话框，选中 类型 选项组下的 ◉ 骨架模型，接受系统默认的名称 MONEY_SAVER_SKEL，然后单击 确定 按钮；在系统弹出的"创建选项"对话框中选中 ◉ 空 单选项，单击 确定 按钮。

Step2. 激活骨架模型。在模型树中选择 MONEY_SAVER_SKEL.PRT，然后右击，在系统弹出的快捷菜单中选择 激活 命令；单击 模型 功能选项卡 获取数据 ▾ 区域中的"收缩包络"按钮 ，系统弹出"收缩包络"操控板，在该操控板中进行下列操作：在"收缩包络"操控板中确认"将参考类型设置为组件上下文"按钮 已按下，在"收缩包络"操控板中单击 参考 按钮，系统弹出"参考"界面；单击 包括基准 文本框中的 单击此处添加项 字符，然后在模型树中选取 ASM_RIGHT、ASM_TOP、ASM_FRONT 和 ASM_DEF_CSYS 为基准参考，在"收缩包络"操控板中单击"完成"按钮 ，完成操作后，所选的基准平面便收缩到 MONEY_SAVER_SKEL.PRT 中，这样就把骨架模型中的设计意图传递到组件 MONEY_SAVER.ASM 中。

Step3. 在装配体中打开主控件 MONEY_SAVER_SKEL.PRT。在模型树中选择 MONEY_SAVER_SKEL.PRT 后右击，在快捷菜单中选择 打开 命令。

Step4. 创建图 35.2.2 所示的旋转曲面 1。单击 模型 功能选项卡 形状 ▾ 区域中的"旋转"按钮 旋转，在操控板中按下"曲面"按钮 ；在图形区右击，从系统弹出的快捷菜单中选择 定义内部草绘... 命令；选取 ASM_RIGHT 基准平面为草绘平面，ASM_TOP 基准平面为参考平面，方向为 左；单击 草绘 按钮，选取 ASM_FRONT 基准平面为参考，绘制

图 35.2.3 所示的截面草图（包括几何中心线）；在操控板中选择旋转类型为 ，在"角度"文本框中输入角度值 360.0，并按 Enter 键；在操控板中单击"确定"按钮 ，完成旋转曲面 1 的创建。

图 35.2.2　旋转曲面 1

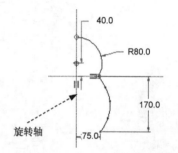

图 35.2.3　截面草图

Step5. 创建图 35.2.4 所示的 DTM1 基准平面。单击 模型 功能选项卡 基准 ▼ 区域中的"平面"按钮 ；选取 ASM_FRONT 为偏距参考面，在"基准平面"对话框中输入偏移距离值 170.0；单击该对话框中的 确定 按钮，完成 DTM1 基准平面的创建。

Step6. 创建图 35.2.5 所示的填充曲面 1。单击 模型 功能选项卡 曲面 ▼ 区域中的 填充 按钮；在图形区右击，从系统弹出的快捷菜单中选择 定义内部草绘... 命令；选取 DTM1 基准平面为草绘平面，选取 ASM_RIGHT 基准平面为参考平面，方向为 上 ；单击 草绘 按钮，选取 ASM_TOP 基准平面为参考，绘制图 35.2.6 所示的截面草图；在操控板中单击 按钮，完成填充曲面 1 的创建。

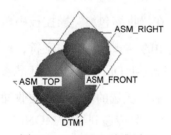

图 35.2.4　DTM1 基准平面

图 35.2.5　填充曲面 1

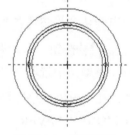

图 35.2.6　截面草图

Step7. 创建曲面合并特征 1。按住 Ctrl 键，选取图 35.2.2 所示的旋转曲面 1 和图 35.2.5 所示的填充曲面 1 为合并对象；单击 模型 功能选项卡 编辑 ▼ 区域中的 合并 按钮；单击 按钮，完成曲面合并特征 1 的创建。

Step8. 创建图 35.2.7b 所示的倒圆角特征 1。单击 模型 功能选项卡 工程 ▼ 区域中的 倒圆角 ▼ 按钮；选取图 35.2.7a 所示的边线为圆角放置参考，在"倒圆角半径"文本框中输入值 35.0。

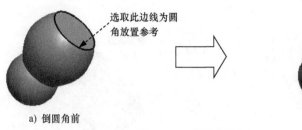

a) 倒圆角前   b) 倒圆角后

图 35.2.7　倒圆角特征 1

Step9. 创建图 35.2.8b 所示的倒圆角特征 2。选取图 35.2.8a 所示的边线为圆角放置参考，输入倒圆角半径值 20.0。

a) 倒圆角前   b) 倒圆角后

图 35.2.8　倒圆角特征 2

Step10. 创建图 35.2.9 所示的 DTM2 基准平面。单击 模型 功能选项卡 基准 ▼ 区域中的 "平面" 按钮 ▢；选取基准轴 A_1 和 ASM_RIGHT 基准平面，接受系统默认的约束类型，在 "旋转" 文本框中输入旋转角度 25.0；单击该对话框中的 确定 按钮。

Step11. 创建图 35.2.10 所示的草图 1。在操控板中单击 "草绘" 按钮 ▨；选取 DTM2 基准平面为草绘平面，ASM_FRONT 基准平面为参考平面，方向为 下；单击 草绘 按钮，选取基准轴 A_1 为参考，绘制图 35.2.11 所示的草图 1。

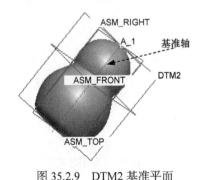

图 35.2.9　DTM2 基准平面

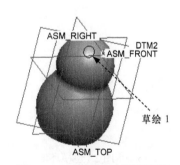

图 35.2.10　草图 1（建模环境）

Step12. 创建投影曲线 1。选取图 35.2.10 所示草图 1；单击 模型 功能选项卡 编辑 ▼ 区域中的 ⚘投影 按钮；选取图 35.2.12 所示的投影曲面，系统立即产生图 35.2.12 所示的投影曲线，接受系统默认的投影方向；单击 ✔ 按钮，完成投影曲线 1 的创建。

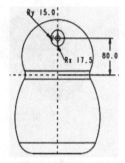

图 35.2.11　草图 1（草绘环境）

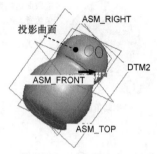

图 35.2.12　定义投影曲面

Step13. 创建图 35.2.13 所示的 DTM3 基准平面。单击 模型 功能选项卡 基准 ▼ 区域中的 "平面" 按钮 ▢，选取图 35.2.14 所示的 DTM2 基准平面和基准轴 A_1，接受系统默认的约束类型，旋转角度值为 90.0；单击该对话框中的 确定 按钮。

Step14. 创建图 35.2.15 所示的草图 2。在操控板中单击 "草绘" 按钮 ▨；选取 DTM3 基准平面为草绘平面，选取 ASM_FRONT 基准平面为参考平面，方向为 下 ；单击 草绘 按钮，绘制图 35.2.16 所示的草图 2。

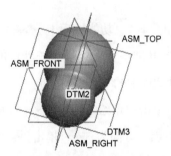

图 35.2.13　DTM3 基准平面

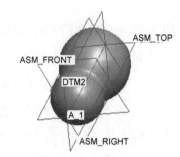

图 35.2.14　选取轴和面

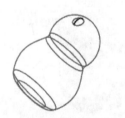

图 35.2.15　草图 2（建模环境）

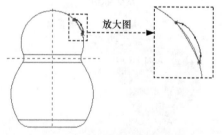

图 35.2.16　草图 2（草图环境）

Step15. 创建图 35.2.17 所示的边界混合曲面 1。单击 模型 功能选项卡 曲面 ▼ 区域中的 "边界混合" 按钮 ▨；按住 Ctrl 键，依次选取图 35.2.18 所示的第一方向的曲线 1、曲线 2 和曲线 3 为边界曲线；在操控板中单击 ✔ 按钮，完成边界混合曲面 1 的创建。

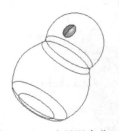

图 35.2.17　边界混合曲面 1

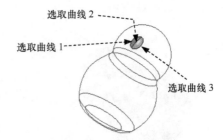

图 35.2.18　选取边界曲线

说明： 在选取边界曲线 1 和曲线 3 时，可以单击右键切换选取，具体操作参看录像。

Step16. 创建图 35.2.19b 所示的镜像特征 1。选取边界混合曲面 1 为镜像特征；单击 模型 功能选项卡 编辑 ▼ 区域中的"镜像"按钮 ，选取 ASM_TOP 基准平面为镜像平面；在操控板中单击 ✔ 按钮，完成镜像特征 1 的创建。

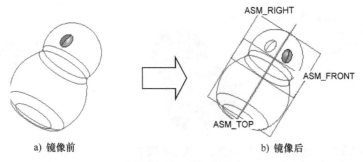

a) 镜像前　　　　　　　　　　　　　　b) 镜像后

图 35.2.19　镜像特征 1

Step17. 创建图 35.2.20 所示的曲面合并特征 2。按住 Ctrl 键，选取图 35.2.21 所示的曲面为合并对象；单击 合并 按钮，单击箭头调整合并方向；单击 ✔ 按钮，完成曲面合并特征 2 的创建。

图 35.2.20　曲面合并特征 2

图 35.2.21　定义合并曲面

Step18. 参考 Step17，创建图 35.2.22 所示的曲面合并特征 3。

Step19. 创建图 35.2.23 所示的草图 3。在操控板中单击"草绘"按钮 ；选取 ASM_RIGHT 基准平面为草绘平面，ASM_FRONT 基准平面为参考平面，方向为 下 ；单击 草绘 按钮，选取 ASM_TOP 基准平面为参考，绘制图 35.2.24 所示的草图 3。

图 35.2.22　曲面合并特征 3

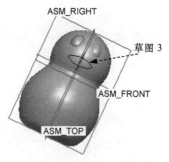

图 35.2.23　草图 3（建模环境）

Step20. 创建图 35.2.25 所示的投影曲线 2。选取图 35.2.23 所示的草图 3，单击 投影 按钮；选取图 35.2.26 所示的投影曲面，系统立即产生图 35.2.26 所示的投影曲线，接受系统默认的投影方向；单击 ✔ 按钮，完成投影曲线 2 的创建。

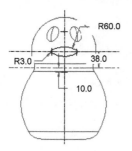

图 35.2.24　草图 3（草绘环境）

图 35.2.25　投影曲线 2

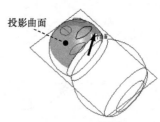

图 35.2.26　选取投影曲面

Step21. 创建图 35.2.27 所示的基准点——PNT0、PNT1。单击 模型 功能选项卡 基准 ▾ 区域中的"基准点"按钮 点 ▾；按住 Ctrl 键，依次选取图 35.2.28 所示的曲线 1 和 ASM_TOP 基准平面，完成点 PNT0 的创建；单击"基准点"对话框中的 ➡ 新点 命令，按住 Ctrl 键，依次选取图 35.2.29 所示的曲线 2 和 ASM_TOP 基准平面，完成点 PNT1 的创建；单击对话框中的 确定 按钮，完成基准点 PNT0、PNT1 的创建。

图 35.2.27　基准点 PNT0、PNT1

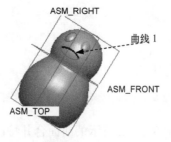

图 35.2.28　选取曲线 1

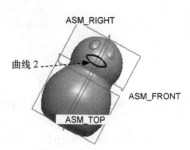

图 35.2.29　选取曲线 2

Step22. 创建图 35.2.30 所示的草图 4。在操控板中单击"草绘"按钮 ，选取 ASM_TOP 基准平面为草绘平面，ASM_FRONT 基准平面为参考平面，方向为 下，单击 反向 按钮调整草绘视图方向；单击 草绘 按钮，选取 ASM_RIGHT 基准平面为参考，绘制图 35.2.31 所示的草图 4。

图 35.2.30 草图 4（建模环境）

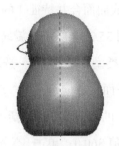

图 35.2.31 草图 4（草绘环境）

Step23. 创建图 35.2.32 所示的曲线修剪特征 1。选取图 35.2.33 所示的模型上的曲线 1；单击 模型 功能选项卡 编辑 ▼ 区域中的 修剪 按钮；选取基准点 PNT0 作为修剪对象；此时基准点 PNT0 处出现一方向箭头，调整箭头的方向，使箭头指向两侧；单击 ✔ 按钮，完成曲面修剪特征 1 的创建。

Step24. 创建图 35.2.34 所示的曲线修剪特征 2。参考 Step23 的方法，修剪图 35.2.34 所示的曲线。

图 35.2.32 曲线修剪特征 1

图 35.2.33 选取曲线

图 35.2.34 曲线修剪特征 2

Step25. 创建图 35.2.35 所示的边界混合曲面 2。单击"边界混合"按钮 ；按住 Ctrl 键，依次选取图 35.2.36 所示的曲线 1、曲线 2 和曲线 3 为第一方向曲线；单击 ✔ 按钮，完成边界混合曲面 2 的创建。

说明：在选取边界曲线时，可以单击右键切换选取，具体操作参看录像。

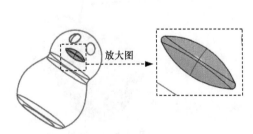

图 35.2.35 边界混合曲面 2

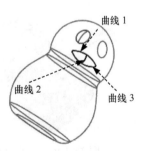

图 35.2.36 选取边界曲线

Creo 产品设计实例精解

（Creo 8.0 中文版）

Step26. 创建图 35.2.37 所示的曲面合并特征 4。按住 Ctrl 键，选取图 35.2.37 所示的曲面和 Step25 所创建的边界混合曲面 2 为合并对象；单击 合并 按钮，接受系统默认方向；单击 按钮，完成曲面合并特征 4 的创建。

Step27. 创建图 35.2.38 所示的旋转曲面 2。在操控板中单击"旋转"按钮 旋转，按下操控板中的"曲面类型"按钮 ；选取 ASM_RIGHT 基准平面为草绘平面，ASM_FRONT 基准平面为参考平面，方向为 下；单击 草绘 按钮，选取 ASM_TOP 基准平面为参考，绘制图 35.2.39 所示的截面草图（包括中心线）；在操控板中选择旋转类型为 ，在"角度"文本框中输入角度值 360.0；单击 按钮，完成旋转曲面 2 的创建。

图 35.2.37 曲面合并特征 4

图 35.2.38 旋转曲面 2

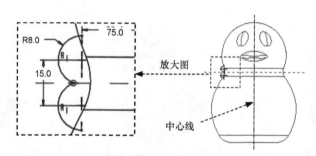

图 35.2.39 截面草图

Step28. 创建曲面合并特征 5。按住 Ctrl 键，选取图 35.2.40 所示的曲面 1 和曲面 2 为合并对象；单击 合并 按钮，调整箭头方向如图 35.2.41 所示；单击 按钮，完成曲面合并特征 5 的创建。

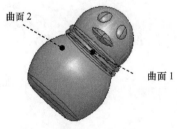

图 35.2.40 选取合并曲面

图 35.2.41 调整方向

300

Step29. 创建图 35.2.42 所示的草图 5。在操控板中单击"草绘"按钮 ；选取 ASM_TOP 基准平面为草绘平面，ASM_RIGHT 基准平面为参考平面，方向为 上 ；单击 反向 按钮调整草绘视图方向，单击 草绘 按钮，绘制图 35.2.43 所示的草图 5。

Step30. 创建图 35.2.44 所示的投影曲线 3。选取图 35.2.42 所示草图 5 为要投影的线，单击 投影 按钮；选择图 35.2.45 所示的投影曲面，系统立即产生图 35.2.45 所示的投影曲线，调整投影方向；单击 按钮，完成投影曲线 3 的创建。

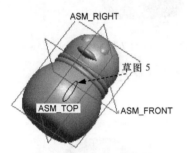
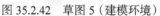

图 35.2.42　草图 5（建模环境）

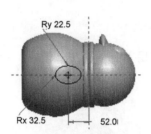

图 35.2.43　草图 5（草绘环境）

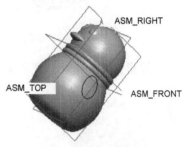

图 35.2.44　投影曲线 3

Step31. 创建图 35.2.46 所示的草图 6。在操控板中单击"草绘"按钮 ；选取 ASM_RIGHT 基准平面为草绘平面，ASM_FRONT 基准平面为参考平面，方向为 下 ，单击 草绘 按钮，选取 ASM_TOP 基准平面为参考，绘制图 35.2.47 所示的草图 6。

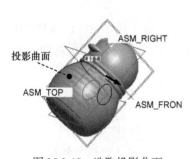

图 35.2.45　选取投影曲面

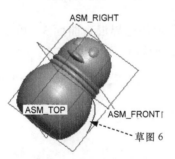

图 35.2.46　草图 6（建模环境）

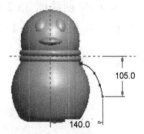

图 35.2.47　草图 6（草绘环境）

Step32. 创建图 35.2.48 所示的草图 7。在操控板中单击"草绘"按钮 ；选取 ASM_RIGHT 基准平面为草绘平面，ASM_FRONT 基准平面为参考平面，方向为 下 ；单击 草绘 按钮，选取 ASM_TOP 基准平面为参考，绘制图 35.2.49 所示的草图 7。

Step33. 创建图 35.2.50 所示的 DTM4 基准平面。单击 模型 功能选项卡 基准 ▼ 区域中的"平面"按钮 ；选取 ASM_FRONT 基准平面和图 35.2.50 所示的曲线 6 的端点为参考；采用系统默认的约束类型，单击该对话框中的 确定 按钮。

Step34. 创建图 35.2.51 所示的草图 8。在操控板中单击"草绘"按钮 ；选取 DTM4 基准平面为草绘平面，ASM_RIGHT 基准平面为参考平面，方向为 上 ；单击 草绘 按钮，选取 ASM_TOP 基准平面为参考，绘制图 35.2.52 所示的草图 8。

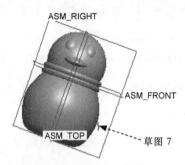

图 35.2.48　草图 7（建模环境）

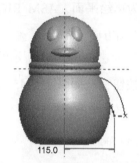

图 35.2.49　草图 7（草绘环境）

注意：草绘中的圆是约束在草图 6 和草图 7 上面的，所以没有任何尺寸约束。

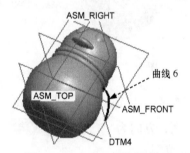

图 35.2.50　DTM4 基准平面

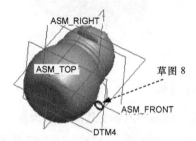

图 35.2.51　草图 8（建模环境）

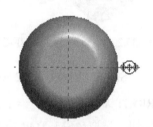

图 35.2.52　草图 8（草绘环境）

Step35. 创建图 35.2.53 所示的边界混合曲面 3。单击"边界混合"按钮 ；按住 Ctrl 键，依次选取图 35.2.54 所示的曲线 1、曲线 2 为第一方向曲线，选取图 35.2.54 所示的曲线 3、曲线 4 为第二方向曲线；单击 按钮，完成边界混合曲面 3 的创建。

图 35.2.53　边界混合曲面 3

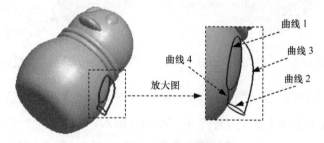

图 35.2.54　选取方向曲线

Step36. 创建图 35.2.55b 所示的镜像特征 2。选取 Step35 所创建的边界混合曲面 3 为镜像特征，选取 ASM_TOP 基准平面为镜像平面，单击 按钮，完成镜像特征 2 的创建。

Step37. 创建曲面合并特征 6。按住 Ctrl 键，选取图 35.2.56 所示的曲面和 Step36 所镜像的曲面为合并对象；单击 合并 按钮，单击箭头调整合并方向；单击 按钮，完成曲面合并特征 6 的创建。

a) 镜像前   b) 镜像后

图 35.2.55　镜像特征 2

Step38. 创建曲面合并特征 7。按住 Ctrl 键，选取图 35.2.57 所示的曲面和 Step35 所创建的边界混合曲面 3 为合并对象；单击 合并 按钮，单击箭头调整合并方向；单击 ✔ 按钮，完成曲面合并特征 7 的创建。

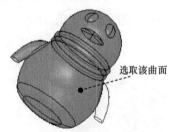

图 35.2.56　曲面合并特征 6   图 35.2.57　曲面合并特征 7

Step39. 创建图 35.2.58 所示的填充曲面 2。单击 填充 按钮；选取 DTM4 基准平面为草绘平面，选取 ASM_TOP 基准平面为参考平面，方向为 右；选取 ASM_RIGHT 基准平面为参考，绘制图 35.2.59 所示的截面草图；单击 ✔ 按钮，完成填充曲面 2 的创建。

Step40. 创建曲面合并特征 8。按住 Ctrl 键，选取图 35.2.60 所示的曲面和 Step39 所创建的填充曲面 2；单击 合并 按钮，接受系统默认方向；单击 ✔ 按钮，完成曲面合并特征 8 的创建。

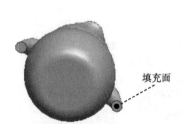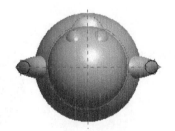

图 35.2.58　填充曲面 2   图 35.2.59　截面草图   图 35.2.60　曲面合并特征 8

Step41. 创建图 35.2.61 所示的曲面实体化特征 1。选取 Step40 中的曲面合并特征 8 为实体化对象；单击 模型 功能选项卡 编辑 ▾ 区域中的 实体化 按钮；单击 ✔ 按钮，完成曲面实体化特征 1 的创建。

Step42. 创建图 35.2.62b 所示的倒圆角特征 3。选取图 35.2.62a 所示的两条边线为圆角放置参考，输入倒圆角半径值 10.0。

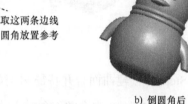

a) 倒圆角前   b) 倒圆角后

图 35.2.61　曲面实体化特征 1　　　图 35.2.62　倒圆角特征 3

Step43. 创建图 35.2.63b 所示的倒圆角特征 4。选取图 35.2.63a 所示的四条边线为圆角放置参考，输入倒圆角半径值 15.0。

a) 倒圆角前   b) 倒圆角后

图 35.2.63　倒圆角特征 4

Step44. 创建倒圆角特征 5。选取图 35.2.64 所示的边线为圆角放置参考，输入倒圆角半径值为 2.0。

Step45. 创建倒圆角特征 6。选取图 35.2.65 所示的两条边线为圆角放置参考，输入倒圆角半径值为 8.0。

图 35.2.64　倒圆角特征 5　　　　图 35.2.65　倒圆角特征 6

Step46. 创建图 35.2.66 所示的拉伸曲面 1。在操控板中单击"拉伸"按钮，按下操控板中的"曲面类型"按钮；选取 ASM_TOP 基准平面为草绘平面，ASM_FRONT 基准平面为参考平面，方向为 下；选取 ASM_RIGHT 基准平面为参考，单击 反向 按钮调整草绘视图方向；绘制图 35.2.67 所示的截面草图，在操控板中定义拉伸类型为 日，输入深度值 300.0；单击 ✓ 按钮，完成拉伸曲面 1 的创建。

图 35.2.66　拉伸曲面 1

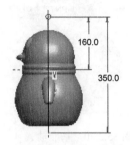

图 35.2.67　截面草图

Step47. 创建图 35.2.68 所示的草图 9。在操控板中单击"草绘"按钮 ，选取拉伸曲面 1 为草绘平面，选取 ASM_TOP 基准平面为参考平面，方向为 左；单击 草绘 按钮，选取 ASM_FRONT 基准平面为参考，绘制图 35.2.69 所示的草图 9。

图 35.2.68　草图 9（建模环境）

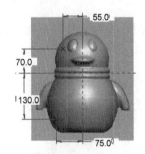

图 35.2.69　草图 9（草图环境）

Step48. 创建图 35.2.70 所示的基准轴 A_4。单击 模型 功能选项卡 基准 ▾ 区域中的"基准轴"按钮 轴；按住 Ctrl 键，选择 ASM_RIGHT 基准平面和 PNT2 基准点为参考，接受系统默认的约束类型；单击"基准轴"对话框中的 确定 按钮。

Step49. 创建图 35.2.71 所示的基准轴 A_5。单击 模型 功能选项卡 基准 ▾ 区域中的"基准轴"按钮 轴；按住 Ctrl 键，选择 ASM_RIGHT 基准平面和 PNT3 基准点为参考，接受系统默认的约束类型；单击"基准轴"对话框中的 确定 按钮。

Step50. 创建 DTM5 基准平面。单击 模型 功能选项卡 基准 ▾ 区域中的"平面"按钮 ；选取 ASM_RIGHT 基准平面为偏距参考面，在"基准平面"对话框中输入偏移距离值 –20.0；单击该对话框中的 确定 按钮。

Step51. 创建 DTM6 基准平面。单击 模型 功能选项卡 基准 ▾ 区域中的"平面"按钮 ；选取 ASM_RIGHT 基准平面为偏距参考面，在"基准平面"对话框中输入偏移距离值

20.0；单击该对话框中的 确定 按钮。

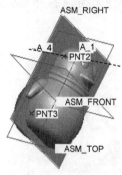

图 35.2.70　基准轴 A_4

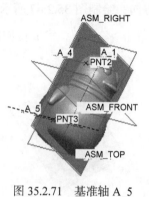

图 35.2.71　基准轴 A_5

Step52. 保存零件模型文件。

35.3　创建储蓄罐后盖

在零件模式下，创建储蓄罐后盖零件 MONEY_SAVER_BACK.PRT 的各个特征（图 35.3.1）。

图 35.3.1　零件模型及模型树

Step1. 在装配体中创建储蓄罐后盖零件 MONEY_SAVER_BACK.PRT。单击 模型 功能选项卡 元件▼ 区域中的"创建"按钮 🖳；此时系统弹出"元件创建"对话框，选中 类型 选项组下的 ⊙零件 单选项，选中 子类型 选项组下的 ⊙实体 单选项，然后在 名称 文本框中输入文件名 MONEY_SAVER_BACK，单击 确定 按钮；在弹出的"创建选项"对话框中选中 ⊙空 单选项，单击 确定 按钮。

Step2. 激活后盖零件。在模型树中选择 ☐ MONEY_SAVER_BACK.PRT，然后右击，在系统弹出的快捷菜单中选择 激活 命令；单击 模型 功能选项卡中的 获取数据▼ 按钮，在系统弹出的菜单中选择 合并/继承 命令，系统弹出"合并/继承"操控板，在该操控板中进行下列操作：在操控板中确认"将参考类型设置为组件上下文"按钮 被按下，在操控板中单击 参考 按钮，系统弹出"参考"界面；选中 复制基准 复选框，然后选取骨架模型；单击"完成"按钮 。

Step3. 在模型树中选择 MONEY_SAVER_BACK.PRT，然后右击，在快捷菜单中选择 打开 命令。

Step4. 创建图 35.3.2b 所示的曲面实体化特征 1。选取图 35.3.2a 所示的曲面为要实体化的对象；单击 模型 功能选项卡 编辑 ▼ 区域中的 实体化 按钮，并按下"移除材料"按钮 ；单击调整图形区中的箭头使其指向要去除的实体；在操控板中单击"完成"按钮 ，完成曲面实体化特征 1 的创建。

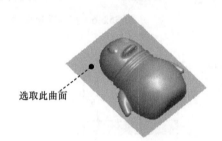
选取此曲面

a) 实体化前

b) 实体化后

图 35.3.2　曲面实体化特征 1

Step5. 创建倒圆角特征 1。选取图 35.3.3 所示的边线为圆角放置参考，输入倒圆角半径值 2.0。

Step6. 创建图 35.3.4b 所示的抽壳特征 1。单击 模型 功能选项卡 工程 ▼ 区域中的"壳"按钮 回壳；选取图 35.3.4a 所示的模型表面为要移除的面；在 厚度 文本框中输入壁厚值 0.5；在操控板中单击 按钮，完成抽壳特征 1 的创建。

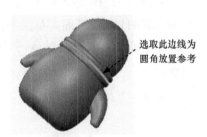
选取此边线为圆角放置参考

图 35.3.3　倒圆角特征 1

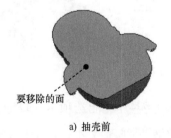
要移除的面

a) 抽壳前

b) 抽壳后

图 35.3.4　抽壳特征 1

Step7. 创建图 35.3.5 所示的扫描特征 1。单击 模型 功能选项卡 形状 ▼ 区域中的 扫描 ▼ 按钮；在操控板中确认"实体"按钮 和"恒定截面"按钮 被按下，在图形区中选取图 35.3.6 所示的扫描轨迹曲线，单击箭头，切换扫描的起始点，切换后的扫描轨迹曲线如图 35.3.6 所示；在操控板中单击"创建或编辑扫描截面"按钮 ⬚，系统自动进入草绘环境，绘制并标注扫描截面草图，如图 35.3.7 所示，完成截面草图的绘制和标注后，单击"确定"按钮 ✔；单击操控板中的 ✔ 按钮，完成扫描特征 1 的创建。

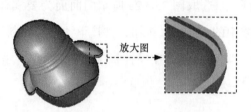
图 35.3.5　扫描特征 1

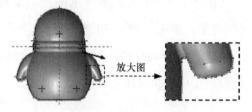
图 35.3.6　扫描轨迹曲线

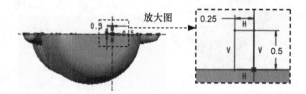
图 35.3.7　截面草图

Step8. 创建图 35.3.8 所示的拉伸特征 1。在操控板中单击"拉伸"按钮 ⬚拉伸；选取 ASM_RIGHT 基准平面为草绘平面，选取 ASM_FRONT 基准平面为参考平面，方向为 下；选取基准轴 A_4 和基准轴 A_5 为参考，绘制图 35.3.9 所示的截面草图；在操控板中定义拉伸类型为 ⬚，单击 ⬚ 按钮调整拉伸方向；单击 ✔ 按钮，完成拉伸特征 1 的创建。

注意：草绘中两圆的圆心分别捕捉到的是基准轴 A_4 和基准轴 A_5。

图 35.3.8　拉伸特征 1

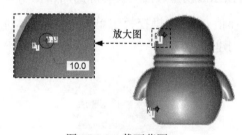
图 35.3.9　截面草图

Step9. 创建图 35.3.10 所示的拔模特征 1。单击 模型 功能选项卡 工程 ▾ 区域中的 ⬚拔模 ▾ 按钮；在操控板中单击 参考 选项卡，激活 拔模曲面 文本框，按住 Ctrl 键，选取图 35.3.11 所示的模型中两圆柱的侧表面为拔模曲面；激活 拔模枢轴 文本框，选取图 35.3.11 所示的模型中圆柱上表面为拔模枢轴平面；在"拔模角度"文本框中输入拔模角度值 3.0，定义拔模方向如图 35.3.11 所示；在操控板中单击 ✔ 按钮，完成拔模特征 1 的创建。

图 35.3.10　拔模特征 1

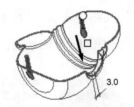

图 35.3.11　定义拔模曲面

Step10. 创建图 35.3.12 所示的拉伸特征 2。在操控板中单击"拉伸"按钮 ，按下操控板中的"移除材料"按钮 ；选取 DTM6 基准平面为草绘平面，选取 ASM_FRONT 基准平面为参考平面，方向为 下；选取基准轴 A_4 和基准轴 A_5 为参考，绘制图 35.3.13 所示的截面草图，在操控板中定义拉伸类型为 ；单击 按钮，完成拉伸特征 2 的创建。

图 35.3.12　拉伸特征 2

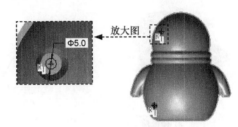

图 35.3.13　截面草图

Step11. 创建图 35.3.14 所示的拉伸特征 3。在操控板中单击"拉伸"按钮 ，按下操控板中的"移除材料"按钮 ；选取 DTM5 基准平面为草绘平面，选取 ASM_FRONT 基准平面为参考平面，方向为 下；选取基准轴 A_4 和基准轴 A_5 为参考，绘制图 35.3.15 所示的截面草图，在操控板中定义拉伸类型为 ；单击 按钮，完成拉伸特征 3 的创建。

图 35.3.14　拉伸特征 3

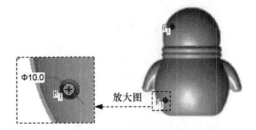

图 35.3.15　截面草图

Step12. 创建图 35.3.16b 所示的倒圆角特征 2。单击 模型 功能选项卡 工程 ▼ 区域中的 倒圆角 ▼ 按钮，选取图 35.3.16a 所示的两条边线为圆角放置参考，在"倒圆角半径"文本框中输入值 2.0。

Step13. 创建图 35.3.17b 所示的镜像特征 1。按住 Ctrl 键，在模型树中选取 拉伸 1、 拔模斜度 1、 拉伸 2、 拉伸 3 和 倒圆角 2 为镜像特征；单击 模型 功能选项卡 编辑 ▼

区域中的"镜像"按钮 ；在图形区选取 ASM_TOP 基准平面为镜像平面；在操控板中单击 按钮，完成镜像特征 1 的创建。

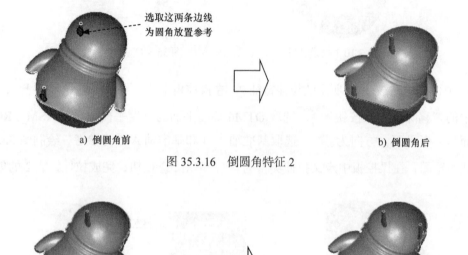

选取这两条边线
为圆角放置参考

a) 倒圆角前

b) 倒圆角后

图 35.3.16　倒圆角特征 2

a) 镜像前

b) 镜像后

图 35.3.17　镜像特征 1

Step14. 创建图 35.3.18 所示的拉伸特征 4。在操控板中单击"拉伸"按钮 拉伸，按下操控板中的"移除材料"按钮 ；选取 ASM_FRONT 基准平面为草绘平面，ASM_RIGHT 基准平面为参考平面，方向为 下 ；选取 DTM5 基准平面和 ASM_TOP 基准轴为参考，绘制图 35.3.19 所示的截面草图，在操控板中定义拉伸类型为 ；单击 按钮，完成拉伸特征 4 的创建。

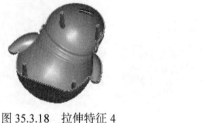

40.0　　　10.0

7.0

图 35.3.18　拉伸特征 4　　　　图 35.3.19　截面草图

Step15. 保存零件模型文件。

35.4　创建储蓄罐前盖

在零件模式下，创建储蓄罐前盖零件 MONEY_SAVER_FRONT 的各个特征（图 35.4.1）。

图 35.4.1　零件模型及模型树

Step1. 在装配体中创建储蓄罐前盖零件 MONEY_SAVER_FRONT.PRT。单击 模型 功能选项卡 元件 ▼ 区域中的"创建"按钮 ；此时系统弹出"元件创建"对话框，选中 类型 选项组下的 ◉零件 单选项，选中 子类型 选项组下的 ◉实体 单选项，然后在 名称 文本框中输入文件名 MONEY_SAVER_FRONT，单击 确定 按钮；在系统弹出的"创建选项"对话框中选中 ◉空 单选项，单击 确定 按钮。

Step2. 激活储蓄罐前盖零件。在模型树中选择 MONEY_SAVER_FRONT.PRT，然后右击，在系统弹出的快捷菜单中选择 激活 命令；单击 模型 功能选项卡中的 获取数据 ▼ 按钮，在系统弹出的菜单中选择 合并/继承 命令，系统弹出"合并/继承"操控板，在该操控板中进行下列操作：在操控板中确认"将参考类型设置为组件上下文"按钮 被按下，在操控板中单击 参考 按钮，系统弹出"参考"界面；选中 ☑复制基准 复选框，然后选取骨架模型；单击"完成"按钮 。

Step3. 在装配体中打开主控件 MONEY_SAVER_FRONT.PRT。在模型树中选中 MONEY_SAVER_FRONT.PRT，然后右击，并在快捷菜单中选择 打开 命令。

Step4. 创建图 35.4.2b 所示的曲面实体化特征 1。选取图 35.4.2a 所示的曲面为要实体化的对象；单击 模型 功能选项卡 编辑 ▼ 区域中的 实体化 按钮，并按下"移除材料"按钮 ；单击调整图形区中的箭头使其指向要去除的实体；单击 ✔ 按钮，完成曲面实体化特征 1 的创建。

Step5. 创建倒圆角特征 1。选取图 35.4.3 所示的边线为圆角放置参考，并输入倒圆角半径值 2.0。

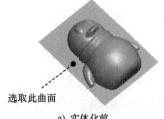

选取此曲面

选取此边线为圆角放置参考

a) 实体化前　　　　　　b) 实体化后

图 35.4.2　曲面实体化特征 1　　　　　图 35.4.3　倒圆角特征 1

Step6. 创建图 35.4.4b 所示的抽壳特征 1。单击 模型 功能选项卡 工程 ▼ 区域中的
"壳"按钮 回壳 ；选取图 35.4.4a 所示的模型表面为要移除的面；在 厚度 文本框中输入壁厚
值 0.5；在操控板中单击 ✓ 按钮，完成抽壳特征 1 的创建。

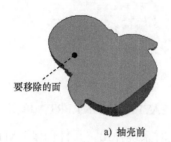

要移除的面

a) 抽壳前   b) 抽壳后

图 35.4.4　抽壳特征 1

Step7. 创建图 35.4.5 所示的扫描特征 1。单击 模型 功能选项卡 形状 ▼ 区域中的 扫描 ▼ 按钮；在操控板中确认"实体"按钮 □ 和"恒定截面"按钮 ⊨ 已被按下，在图形区中选取图 35.4.6 所示的扫描轨迹曲线（模型轮廓的外边线），单击箭头，切换扫描的起始点；切换后的扫描轨迹曲线

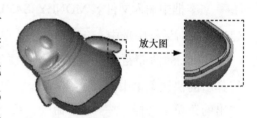

放大图

图 35.4.5　扫描特征 1

如图 35.4.6 所示；在操控板中单击"创建或编辑扫描截面"按钮 ▣ ，此时系统自动进入草绘环境，绘制并标注扫描截面的草图，如图 35.4.7 所示，完成截面草图的绘制和标注后，单击"移除材料"按钮 ◸ ；单击操控板中的 ✓ 按钮，完成扫描特征 1 的创建。

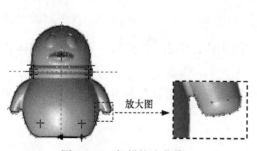

放大图

图 35.4.6　扫描轨迹曲线

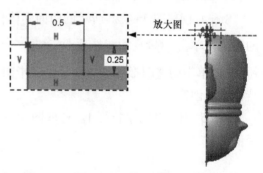

放大图

图 35.4.7　截面草图

Step8. 创建图 35.4.8 所示的拉伸特征 1。在操控板中单击"拉伸"按钮 ◹拉伸 ；选取
ASM_RIGHT 基准平面为草绘平面，ASM_FRONT 基准平面为参考平面，方向为 下 ；选取
基准轴 A_4 和基准轴 A_5 为参考，绘制图 35.4.9 所示的截面草图；在操控板中定义拉伸类
型为 ≝；单击 ✓ 按钮，完成拉伸特征 1 的创建。

图 35.4.8　拉伸特征 1

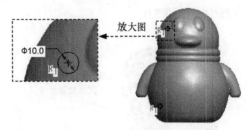

图 35.4.9　截面草图

Step9. 创建图 35.4.10 所示的拔模特征 1。单击 模型 功能选项卡 工程 ▼ 区域中的 拔模 ▼ 按钮；在操控板中单击 参考 选项卡，激活 拔模曲面 文本框；按住 Ctrl 键，选取图 35.4.11 所示的模型中两圆柱的侧表面为拔模曲面；激活 拔模枢轴 文本框，选取图 35.4.11 所示的模型中圆柱上表面为拔模枢轴平面；定义拔模方向如图 35.4.11 所示。在"拔模角度"文本框中输入拔模角度值 –3.0；在操控板中单击 ✔ 按钮，完成拔模特征 1 的创建。

图 35.4.10　拔模特征 1

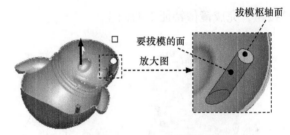

图 35.4.11　定义拔模曲面

Step10. 创建图 35.4.12 所示的拉伸特征 2。在操控板中单击"拉伸"按钮 拉伸，并按下操控板中的"移除材料"按钮；选取 DTM5 基准平面为草绘平面，选取 ASM_FRONT 基准平面为参考平面，方向为 下；选取基准轴 A_4 和基准轴 A_5 为参考，绘制图 35.4.13 所示的截面草图；单击 ✗ 按钮调整拉伸方向，然后在操控板中输入拉伸深度值 50；单击 ✔ 按钮，完成拉伸特征 2 的创建。

图 35.4.12　拉伸特征 2

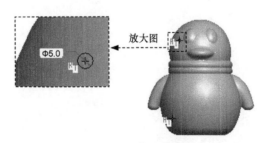

图 35.4.13　截面草图

Step11. 创建图 35.4.14b 所示的倒圆角特征 2。单击 模型 功能选项卡 工程 ▼ 区域中的 倒圆角 ▼ 按钮，并选取图 35.4.14a 所示的两条边线为圆角放置参考，然后在"倒圆角半径"文本框中输入值 2.0。

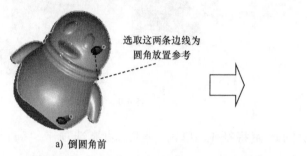

选取这两条边线为
圆角放置参考

a) 倒圆角前

b) 倒圆角后

图 35.4.14　倒圆角特征 2

Step12. 创建图 35.4.15b 所示的镜像特征 1。按住 Ctrl 键，在模型树中选取 📄拉伸 1、
📐拔模斜度 1、📄拉伸 2 和 🔿倒圆角 2 为镜像特征；单击 模型 功能选项卡 编辑 ▼ 区域
中的"镜像"按钮 🔟⃗；在图形区选取 ASM_TOP 基准平面为镜像平面；在操控板中单
击 ✔ 按钮，完成镜像特征 1 的创建。

a) 镜像前

b) 镜像后

图 35.4.15　镜像特征 1

Step13. 保存零件模型文件。

实例 36 遥控器的自顶向下设计

36.1 实 例 概 述

本实例详细讲解了一款遥控器的整个设计过程。该设计过程中采用了较为先进的设计方法——自顶向下（Top_Down Design）的设计方法。采用这种方法，不仅可以获得较好的整体造型，并且能够大大缩短产品的上市时间。设计流程图如图 36.1.1 所示。

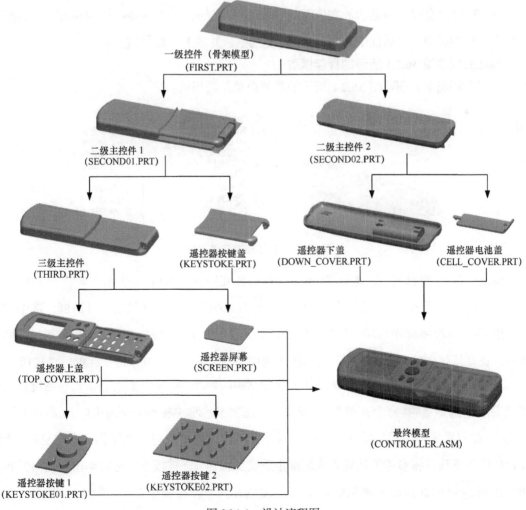

一级控件（骨架模型）
(FIRST.PRT)

二级主控件 1
(SECOND01.PRT)

二级主控件 2
(SECOND02.PRT)

三级主控件
(THIRD.PRT)

遥控器按键盖
(KEYSTOKE.PRT)

遥控器下盖
(DOWN_COVER.PRT)

遥控器电池盖
(CELL_COVER.PRT)

遥控器上盖
(TOP_COVER.PRT)

遥控器屏幕
(SCREEN.PRT)

遥控器按键 1
(KEYSTOKE01.PRT)

遥控器按键 2
(KEYSTOKE02.PRT)

最终模型
(CONTROLLER.ASM)

图 36.1.1 设计流程图

36.2 创建遥控器的骨架模型

Task1. 设置工作目录

将工作目录设置至 D：\creo8.5\work\ch36\。

Task2. 新建一个装配体文件

Step1. 单击"新建"按钮 ⬜，在系统弹出的文件"新建"对话框中进行下列操作：选中 类型 选项组下的 ◉ ⬜ 装配 单选项；选中 子类型 选项组下的 ◉ 设计 单选项；在 名称 文本框中输入文件名 CONTROLLER；取消选中 ☐ 使用默认模板 复选框；单击该对话框中的 确定 按钮。

Step2. 选取适当的装配模板。在系统弹出的"新文件选项"对话框中进行下列操作：在模板选项组中选择 mmns_asm_design 模板；单击该对话框中的 确定 按钮。

Step3. 设置模型树的显示。在模型树操作界面中选择 ⊞▾ ➡ ﹢☰ 树过滤器(F)... 命令，然后在"模型树项"对话框中选中 ☑ 特征 复选框，并单击 确定 按钮。

Task3. 创建图 36.2.1 所示的骨架模型

在装配环境下，创建图 36.2.1 所示的骨架模型及模型树。

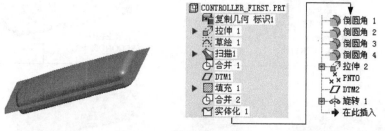

图 36.2.1 骨架模型及模型树

Step1. 在装配体中建立骨架模型 CONTROLLER_FIRST。单击 模型 功能选项卡 元件▾ 区域中的"创建"按钮 🗐；此时系统弹出"元件创建"对话框，选中 类型 选项组下的 ◉ 骨架模型 单选项，接受系统默认的名称 CONTROLLER_FIRST，然后单击 确定 按钮；在系统弹出的"创建选项"对话框中选中 ◉ 空 单选项，并单击 确定 按钮。

Step2. 激活骨架模型。在模型树中选择 🗐 CONTROLLER_FIRST.PRT，然后右击，在系统弹出的快捷菜单中选择 激活 命令；单击 模型 功能选项卡 获取数据▾ 区域中的"复制几何"按钮 🗗，此时系统弹出"复制几何"操控板，在该操控板中进行下列操作：在"复制几何"操控板中先确认"将参考类型设置为装配上下文"按钮 🗵 被按下，然后单击"仅限发布几何"按钮 🗗（使此按钮为弹起状态），在"复制几何"操控板中单击 参考 选项卡，系统弹出"参考"界面；单击 参考 文本框中的 单击此处添加项 字符，然后选取装配文件中的三个基准平面，在"复制几何"操控板中单击 选项 选项卡，选中 ⊙按原样复制所有曲面 单选项，在"复制几何"操控板中单击"完成"按钮 ✓，完成操作后，所选的基准面就会复制到 CONTROLLER_FIRST 中。

Step3. 在装配体中打开主控件 CONTROLLER_FIRST。在模型树中选择 ⊞ CONTROLLER_FIRST.PRT 后右击，然后在快捷菜单中选择 打开 命令。

Step4. 创建图 36.2.2 所示的拉伸曲面 1。单击 模型 功能选项卡 形状 ▾ 区域中的"拉伸"按钮 ⬚拉伸；在系统弹出的"拉伸"操控板中按下 ◻ 按钮；在图形区右击，从系统弹出的快捷菜单中选择 定义内部草绘... 命令；选取 ASM_TOP 基准平面为草绘平面，ASM_RIGHT 基准平面为参考平面，方向为 右；单击 草绘 按钮，选取 ASM_FRONT 基准平面为参考；绘制图 36.2.3 所示的截面草图；在操控板中定义拉伸类型为 ⥮，输入深度值 20；在操控板中单击"确定"按钮 ✓，完成拉伸曲面 1 的创建。

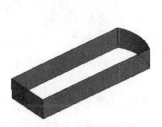

图 36.2.2 拉伸曲面 1

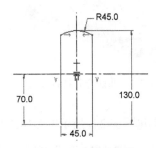

图 36.2.3 截面草图

Step5. 创建图 36.2.4 所示的草图 1。在操控板中单击"草绘"按钮 🖉；选取 ASM_RIGHT 基准平面为草绘平面，ASM_FRONT 基准平面为参考平面，方向为 右；单击 草绘 按钮，选取 ASM_TOP 基准平面为参考，绘制图 36.2.5 所示的草图 1。

图 36.2.4 草图 1（建模环境）

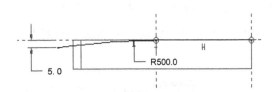

图 36.2.5 草图 1（草绘环境）

Step6. 创建图 36.2.6 所示的扫描特征 1。单击 模型 功能选项卡 形状 ▾ 区域中的 🗠扫描 ▾ 按钮；在操控板中确认"曲面"按钮 ◻ 和"恒定截面"按钮 ⊟ 被按下，在图形区中选取图 36.2.5 所示的扫描轨迹曲线，单击箭头，切换扫描的起始点，切换后的扫描轨迹曲线如图 36.2.7 所示；在操控板中单击"创建或编辑扫描截面"按钮 🗹，此时系统自动进入草绘环境，绘制并标注扫描截面草图，如图 36.2.8 所示；单击操控板中的 ✓ 按钮，完成扫描特征 1 的创建。

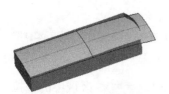

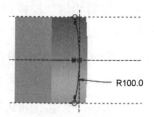

图 36.2.6 扫描特征 1   图 36.2.7 扫描起始点   图 36.2.8 截面草图

Step7. 创建图 36.2.9 所示的曲面合并特征 1。按住 Ctrl 键，选取图 36.2.10 所示的面组为合并对象；单击 模型 功能选项卡 编辑 ▼ 区域中的 合并 按钮；单击调整图形区中的箭头使其指向要保留的部分，如图 36.2.10 所示；单击 ✓ 按钮，完成曲面合并特征 1 的创建。

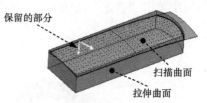

图 36.2.9 曲面合并特征 1   图 36.2.10 选取合并曲面

Step8. 创建图 36.2.11 所示的 DTM1 基准平面。单击 模型 功能选项卡 基准 ▼ 区域中的"平面"按钮 □；选取 ASM_TOP 基准平面为参考，将其约束类型设置为 平行；然后选取图 36.2.11 所示的顶点为参考，将其约束类型设置为 穿过；单击该对话框中的 确定 按钮。

Step9. 创建图 36.2.12 所示的填充曲面 1。单击 模型 功能选项卡 曲面 ▼ 区域中的 填充 按钮；在图形区右击，然后从系统弹出的快捷菜单中选择 定义内部草绘... 命令；选取 DTM1 基准平面为草绘平面，ASM_RIGHT 基准平面为参考平面，方向为 上；单击 草绘 按钮，选取 ASM_FRONT 基准平面为参考；绘制图 36.2.13 所示的截面草图；在操控板中单击 ✓ 按钮，完成填充曲面 1 的创建。

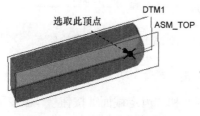

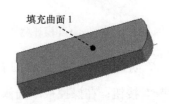

图 36.2.11 DTM1 基准平面   图 36.2.12 填充曲面 1

Step10. 创建图 36.2.14 所示的曲面合并特征 2。按住 Ctrl 键，选取图 36.2.14 所示的面组为合并对象；单击 🗗合并 按钮，再单击 ✔ 按钮，完成曲面合并特征 2 的创建。

Step11. 创建图 36.2.15 所示的曲面实体化特征 1。选取图 36.2.15 所示的封闭曲面为要实体化的对象；单击 模型 功能选项卡 编辑 ▾ 区域中的 实体化 按钮；单击 ✔ 按钮，完成曲面实体化特征 1 的创建。

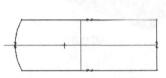

图 36.2.13　截面草图

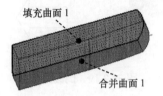

图 36.2.14　曲面合并特征 2

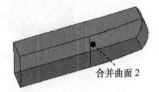

图 36.2.15　曲面实体化特征 1

Step12. 创建图 36.2.16b 所示的倒圆角特征 1。单击 模型 功能选项卡 工程 ▾ 区域中的 🔧倒圆角 ▾ 按钮，选取图 36.2.16a 所示的两条边线为圆角放置参考，然后在"倒圆角半径"文本框中输入值 8.0。

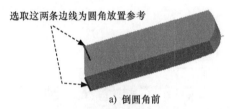

a) 倒圆角前

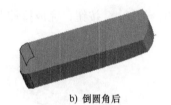

b) 倒圆角后

图 36.2.16　倒圆角特征 1

Step13. 创建图 36.2.17b 所示的倒圆角特征 2。选取图 36.2.17a 所示的两条边线为圆角放置参考，输入倒圆角半径值 5.0。

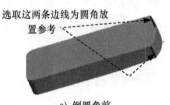

a) 倒圆角前

b) 倒圆角后

图 36.2.17　倒圆角特征 2

Step14. 创建图 36.2.18b 所示的倒圆角特征 3。选取图 36.2.18a 所示的边线为圆角放置参考，然后输入倒圆角半径值 3.0。

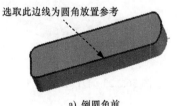

a) 倒圆角前

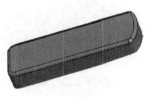

b) 倒圆角后

图 36.2.18　倒圆角特征 3

Step15. 创建图 36.2.19b 所示的倒圆角特征 4。选取图 36.2.19a 所示的边线为圆角放置参考，然后输入倒圆角半径值 6.0。

图 36.2.19　倒圆角特征 4

Step16. 创建图 36.2.20 所示的拉伸曲面 2。在操控板中单击"拉伸"按钮 拉伸，按下操控板中的"曲面类型"按钮 ；选取 ASM_RIGHT 基准平面为草绘平面，然后选取 ASM_FRONT 基准平面为参考平面，方向为 左；单击 草绘 按钮，选取 ASM_TOP 基准平面为参考，绘制图 36.2.21 所示的截面草图；在操控板中定义拉伸类型为 ，输入深度值 60；单击 按钮，完成拉伸曲面 2 的创建。

图 36.2.20　拉伸曲面 2

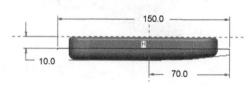

图 36.2.21　截面草图

Step17. 创建图 36.2.22 所示的基准点 PNT0。单击 模型 功能选项卡 基准 ▼ 区域中的"基准点"按钮 点 ▼ ；选取图 36.2.22 所示的模型上的边线和 ASM_RIGHT 基准平面为基准点的放置参考；单击对话框中的 确定 按钮，完成基准点 PNT0 的创建。

Step18. 创建图 36.2.23 所示的 DTM2 基准平面。单击 模型 功能选项卡 基准 ▼ 区域中的"平面"按钮 ，选取基准点 PNT0 和 ASM_FRONT 基准平面为参考，采用系统默认的约束类型，单击对话框中的 确定 按钮。

图 36.2.22　基准点 PNT0

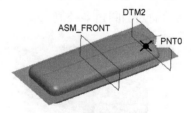

图 36.2.23　DTM2 基准平面

Step19. 创建图 36.2.24 所示的旋转特征 1。单击 模型 功能选项卡 形状 ▼ 区域中的

"旋转"按钮 旋转，按下操控板中的"移除材料"按钮 ；在图形区右击，从系统弹出的快捷菜单中选择 定义内部草绘... 命令；选取 DTM2 基准平面为草绘平面，ASM_TOP 基准平面为参考；单击 草绘 按钮，然后选取 ASM_RIGHT 基准平面和拉伸曲面 2 为参考；绘制图 36.2.25 所示的截面草图（包括几何中心线）；在操控板中选择旋转类型为 ，然后在"角度"文本框中输入角度值 360.0，并按 Enter 键；在操控板中单击"完成"按钮 ，完成旋转特征 1 的创建。

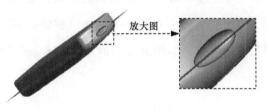

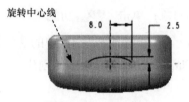

图 36.2.24 旋转特征 1   图 36.2.25 截面草图

Step20. 保存零件模型文件。

36.3 创建二级主控件 1

下面讲解二级主控件 1（SECOND01.PRT）的创建过程。零件模型及模型树如图 36.3.1 所示。

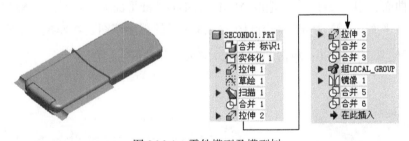

图 36.3.1 零件模型及模型树

Step1. 在装配体中建立二级主控件 SECOND01。单击 模型 功能选项卡 元件 区域中的"创建"按钮 ；此时系统弹出"元件创建"对话框，选中 类型 选项组下的 零件 单选项，选中 子类型 选项组下的 实体 单选项，然后在 名称 文本框中输入文件名 SECOND01，并单击 确定 按钮；在弹出的"创建选项"对话框中选中 空 单选项，然后单击 确定 按钮。

Step2. 激活二级主控件 1 模型。在模型树中选择 SECOND01.PRT，然后右击，在系统弹出的快捷菜单中选择 激活 命令；单击 模型 功能选项卡中的 获取数据 按钮，在系统弹出

的菜单中选择 合并/继承 命令，此时系统弹出"合并/继承"操控板。在该操控板中进行下列操作：在操控板中确认"将参考类型设置为组件上下文"按钮 被按下，在操控板中单击 参考 选项卡，系统弹出"参考"界面；选中 ☑复制基准 复选框，然后选取骨架模型；单击"确定"按钮 ✔。

Step3. 在模型树中选择 ▢ SECONDO1.PRT，然后右击，再在系统弹出的快捷菜单中选择 打开 命令。

Step4. 创建图 36.3.2b 所示的曲面实体化特征 1。选取图 36.3.2a 所示的曲面为要实体化的对象；单击 模型 功能选项卡 编辑 ▾ 区域中的 ◔实体化 按钮，并按下"移除材料"按钮 ◪；单击调整图形区中的箭头使其指向要去除的实体，如图 36.3.2a 所示；单击 ✔ 按钮，完成曲面实体化特征 1 的创建。

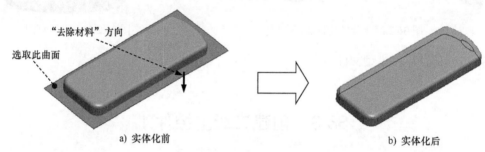

a) 实体化前　　　　　　　　　　　　　　　b) 实体化后

图 36.3.2　曲面实体化特征 1

Step5. 创建图 36.3.3 所示的拉伸曲面 1。在操控板中单击"拉伸"按钮 ⬭拉伸，按下操控板中的"曲面类型"按钮 ◔；选取 ASM_RIGHT 基准平面为草绘平面，ASM_FRONT 基准平面为参考平面，方向为 左；绘制图 36.3.4 所示的截面草图，在操控板中定义拉伸类型为 ⊟，然后输入深度值 60；单击 ✔ 按钮，完成拉伸曲面 1 的创建。

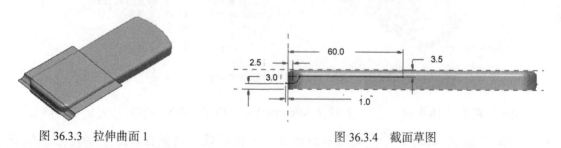

图 36.3.3　拉伸曲面 1　　　　　　　　　　图 36.3.4　截面草图

Step6. 创建图 36.3.5 所示的草图 1。在操控板中单击"草绘"按钮 ⬚；选取图 36.3.5 所示的面为草绘平面，接受系统默认的参考平面及参考方向；单击 草绘 按钮，选取图 36.3.6 所示的两条实体边线为参考，绘制图 36.3.6 所示的草图 1。

Step7. 创建图 36.3.7 所示的扫描特征 1。单击 模型 功能选项卡 形状 ▾ 区域中的 ⬚扫描 ▾ 按钮，按下操控板中的"曲面"按钮 ◔；在图形区选取图 36.3.6 所示的曲线为扫描轨迹；在操控板中单击"创建或编辑扫描截面"按钮 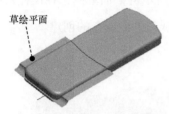，绘制图 36.3.8 所示的扫描截面草图；单击 ✓ 按钮，完成扫描特征 1 的创建。

图 36.3.5　草图 1（建模环境）

图 36.3.6　草图 1（草绘环境）

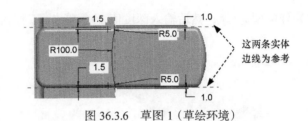

图 36.3.7　扫描特征 1

图 36.3.8　截面草图

Step8. 创建图 36.3.9 所示的曲面合并特征 1。按住 Ctrl 键，选取图 36.3.9 所示的扫描特征 1 与拉伸曲面 1 为合并对象；单击 合并 按钮，单击 ✓ 按钮，完成曲面合并特征 1 的创建。

Step9. 创建图 36.3.10 所示的拉伸曲面 2。在操控板中单击"拉伸"按钮 拉伸，按下操控板中的"曲面类型"按钮 ；选取 ASM_RIGHT 基准平面为草绘平面，ASM_FRONT 基准平面为参考平面，方向为 左；绘制图 36.3.11 所示的截面草图，在操控板中定义拉伸类型为 ，输入深度值 60；单击 ✓ 按钮，完成拉伸曲面 2 的创建。

图 36.3.9　曲面合并特征 1

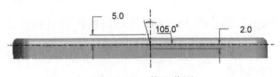

图 36.3.10　拉伸曲面 2

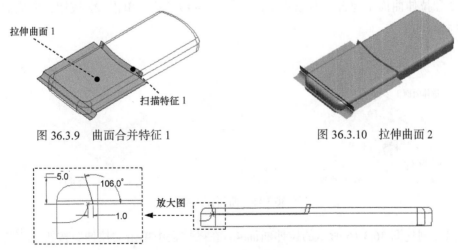

图 36.3.11　截面草图

Step10. 创建图 36.3.12 所示的拉伸曲面 3。在操控板中单击"拉伸"按钮 拉伸，按下操控板中的"曲面类型"按钮；选取图 36.3.12 所示的模型表面为草绘平面，ASM_RIGHT 基准平面为参考平面，方向为 下；绘制图 36.3.13 所示的截面草图，在操控板中定义拉伸类型为，然后输入深度值 20；单击 按钮，完成拉伸曲面 3 的创建。

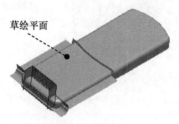
图 36.3.12 拉伸曲面 3

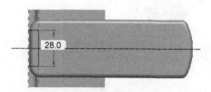
图 36.3.13 截面草图

Step11. 创建图 36.3.14b 所示的曲面合并特征 2。按住 Ctrl 键，选取图 36.3.14a 所示的拉伸曲面 3 和拉伸曲面 2 为合并对象；单击 合并 按钮，然后单击 按钮，完成曲面合并特征 2 的创建。

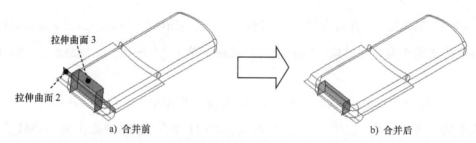
a) 合并前　　　　　　　　　b) 合并后
图 36.3.14 曲面合并特征 2

Step12. 创建图 36.3.15b 所示的曲面合并特征 3。按住 Ctrl 键，选取图 36.3.15a 所示的合并曲面 2 和拉伸曲面 1 为合并对象；单击 合并 按钮，然后单击 按钮，完成曲面合并特征 3 的创建。

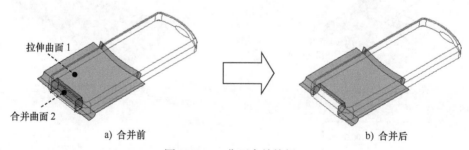
a) 合并前　　　　　　　　　b) 合并后
图 36.3.15 曲面合并特征 3

Step13. 创建图 36.3.16 所示的拉伸曲面 4。在操控板中单击"拉伸"按钮 拉伸，按下操控板中的"曲面类型"按钮；选取图 36.3.16 所示的曲面为草绘平面，接受系统默认的参考平面及方向；绘制图 36.3.17 所示的截面草图；在操控板中定义拉伸类型为 ，然后输入深度值 3.0；单击 ✔ 按钮，完成拉伸曲面 4 的创建。

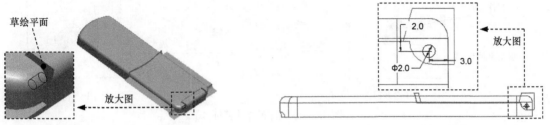

图 36.3.16　拉伸曲面 4　　　　　图 36.3.17　截面草图

Step14. 创建图 36.3.18 所示的 DTM3 基准平面。单击 **模型** 功能选项卡 **基准 ▼** 区域中的 "平面" 按钮 ◻，然后选取 ASM_RIGHT 基准平面和图 36.3.18 所示的边线上的一点为参考；采用系统默认的约束类型，然后单击该对话框中的 **确定** 按钮。

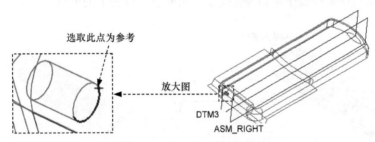

图 36.3.18　DTM3 基准平面

Step15. 创建图 36.3.19 所示的填充曲面 1。单击 **模型** 功能选项卡 **曲面 ▼** 区域中的 **▨填充** 按钮；在图形区右击，从系统弹出的快捷菜单中选择 **定义内部草绘...** 命令；选取 DTM3 基准平面为草绘平面，选取 ASM_FRONT 基准平面为参考平面，方向为 **左**；单击 **草绘** 按钮，绘制图 36.3.19 所示的截面草图；在操控板中单击 ✔ 按钮，完成填充曲面 1 的创建。

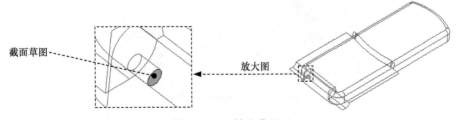

图 36.3.19　填充曲面 1

Step16. 创建图 36.3.20b 所示的曲面合并特征 4。按住 Ctrl 键，选取图 36.3.20a 所示的填充曲面 1 和拉伸曲面 4 为合并对象；单击 **▱合并** 按钮，然后单击 ✔ 按钮，完成曲面合并特征 4 的创建。

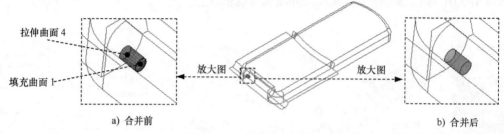

图 36.3.20　曲面合并特征 4

Step17. 创建组特征。按住 Ctrl 键，选取 Step13 ~Step16 所创建的特征后右击，在系统弹出的快捷菜单中选择 组 命令，完成特征组合。

Step18. 创建图 36.3.21b 所示的镜像特征 1。选取 Step17 所创建的组特征为镜像特征；单击 模型 功能选项卡 编辑 ▾ 区域中的"镜像"按钮 ⬚⬚；选取 ASM_RIGHT 基准平面为镜像中心平面；在操控板中单击 ✔ 按钮，完成镜像特征 1 的创建。

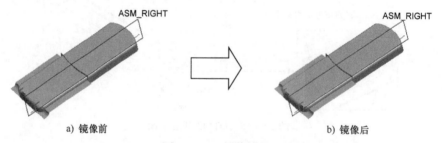

图 36.3.21　镜像特征 1

Step19. 创建图 36.3.22 所示的曲面合并特征 5。按住 Ctrl 键，选取图 36.3.22 所示的合并曲面 3 和合并曲面 4 为合并对象；单击 ⬚合并 按钮，单击 ✔ 按钮，完成曲面合并特征 5 的创建。

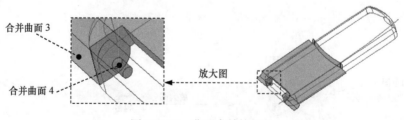

图 36.3.22　曲面合并特征 5

Step20. 创建图 36.3.23 所示的曲面合并特征 6。按住 Ctrl 键，选取图 36.3.23 所示的合并曲面 5 和镜像合并曲面 4 为合并对象；单击 ⬚合并 按钮，然后单击 ✔ 按钮，完成曲面合并特征 6 的创建。

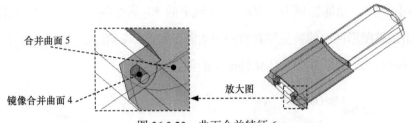

图 36.3.23　曲面合并特征 6

Step21. 保存零件模型文件。

36.4　创建二级主控件 2

下面讲解二级主控件 2（SECOND02.PRT）的创建过程。零件模型及模型树如图 36.4.1 所示。

图 36.4.1　二级主控件及模型树

Step1. 在装配体中建立二级主控件 SECOND02。单击 模型 功能选项卡 元件▼ 区域中的"创建"按钮 ；此时系统弹出"元件创建"对话框，选中 类型 选项组下的 ◉零件 单选项，并选中 子类型 选项组下的 ◉实体 单选项，然后在 名称 文本框中输入文件名 SECOND02，单击 确定 按钮。在弹出的"创建选项"对话框中选中 ◉空 单选项，然后单击 确定 按钮。

Step2. 激活二级主控件 2 模型。在模型树中选择 SECOND02.PRT，然后右击，在系统弹出的快捷菜单中选择 激活 命令；单击 模型 功能选项卡中的 获取数据▼ 按钮，在系统弹出的菜单中选择 合并/继承 命令，此时系统弹出"合并 / 继承"操控板。在该操控板中进行下列操作：在操控板中确认"将参考类型设置为组件上下文"按钮 被按下，在操控板中单击 参考 选项卡，此时系统弹出"参考"界面；选中 ☑复制基础 复选框，然后选取骨架模型；单击"确定"按钮 。

Step3. 在模型树中选择 SECOND02.PRT，然后右击，并在快捷菜单中选择 打开 命令。

Step4. 创建图 36.4.2b 所示的曲面实体化特征 1。选取图 36.4.2a 所示的曲面为要实体化的对象；单击 模型 功能选项卡 编辑 ▾ 区域中的 实体化 按钮，并按下"移除材料"按钮 ；单击调整图形区中的箭头使其指向要去除的实体，如图 36.4.2a 所示；在操控板中单击"确定"按钮 ✔，完成曲面实体化特征 1 的创建。

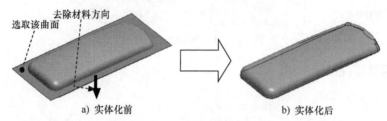

图 36.4.2　曲面实体化特征 1

Step5. 创建图 36.4.3 所示的复制曲面 1。在屏幕下方的"智能选取"栏中选择"几何"选项，然后选取图 36.4.3 所示的模型表面为要复制的曲面；单击 模型 功能选项卡 操作 ▾ 区域中的"复制"按钮 ，然后单击"粘贴"按钮 ；单击 ✔ 按钮，完成复制曲面 1 的创建。

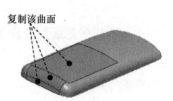

图 36.4.3　复制曲面 1

Step6. 创建图 36.4.4b 所示的偏移曲面 1。选取 Step5 所创建的复制曲面 1 为要偏移的曲面；单击 模型 功能选项卡 编辑 ▾ 区域中的 偏移 按钮；在操控板的偏移类型栏中选择"标准偏移"选项 ，在操控板的"偏移数值"文本框中输入偏移距离值 2.0，然后单击 按钮，并调整曲面向实体内部偏移；单击 ✔ 按钮，完成偏移曲面 1 的创建。

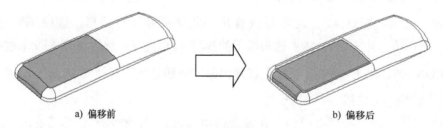

a) 偏移前　　　　　　　　　　　　　　b) 偏移后

图 36.4.4　偏移曲面 1

Step7. 创建图 36.4.5 所示的拉伸曲面 1。单击 模型 功能选项卡 形状 ▾ 区域中的"拉伸"按钮 拉伸，按下操控板中的"曲面类型"按钮 ；在图形区右击，然后从系统弹出的快捷菜单中选择 定义内部草绘… 命令；选取 ASM_TOP 基准平面为草绘平面，ASM_FRONT 基准平面为参考平面，方向为 左；单击 草绘 按钮，绘制图 36.4.6 所示的截面草图；在操控板中选择拉伸类型为 ，输入深度值 15.0；在操控板中单击 ✔ 按钮，完成拉伸曲面 1 的创建。

Step8. 创建图 36.4.7 所示的拉伸曲面 2。在操控板中单击"拉伸"按钮 拉伸，然后按下操控板中的"曲面类型"按钮 ；选取图 36.4.7 所示的面为草绘平面，绘制图 36.4.8 所示的截面草图；在操控板中选取深度类型为 ，输入深度值 10.0，然后单击 按钮调整拉伸方向；单击 按钮，完成拉伸曲面 2 的创建。

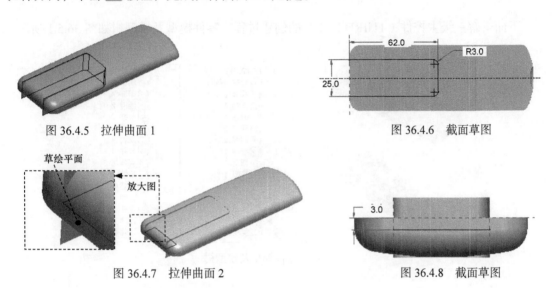

图 36.4.5 拉伸曲面 1

图 36.4.6 截面草图

图 36.4.7 拉伸曲面 2

图 36.4.8 截面草图

Step9. 创建图 36.4.9b 所示的曲面合并特征 1。按住 Ctrl 键，选取图 36.4.9a 所示的偏移面和拉伸曲面 1 为合并对象；单击 模型 功能选项卡 编辑 ▾ 区域中的 合并 按钮；单击 按钮，完成曲面合并特征 1 的创建。

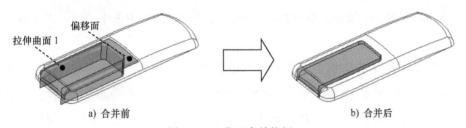

a) 合并前

b) 合并后

图 36.4.9 曲面合并特征 1

Step10. 创建图 36.4.10b 所示的曲面合并特征 2。按住 Ctrl 键，选取图 36.4.10a 所示的合并曲面 1 和拉伸曲面 2 为合并对象；单击 合并 按钮，单击 按钮，完成曲面合并特征 2 的创建。

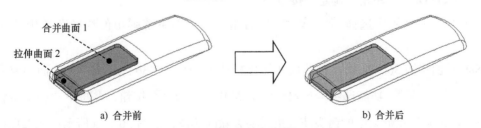

a) 合并前

b) 合并后

图 36.4.10 曲面合并特征 2

Step11. 保存零件模型文件。

36.5　创建三级主控件

下面讲解三级主控件（THIRD.PRT）的创建过程。零件模型及模型树如图 36.5.1 所示。

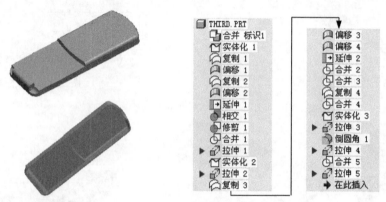

图 36.5.1　零件模型及模型树

Step1. 在装配体中建立三级主控件 THIRD。单击 模型 功能选项卡 元件 ▾ 区域中的"创建"按钮 🖼；此时系统弹出"元件创建"对话框，选中 类型 选项组下的 ◉ 零件 单选项，选中 子类型 选项组下的 ◉ 实体 单选项，然后在 名称 文本框中输入文件名 THIRD，并单击 确定 按钮；在弹出的"创建选项"对话框中选中 ◉ 空 单选项，并单击 确定 按钮。

Step2. 激活三级主控件模型。在模型树中选择 □ THIRD.PRT，然后右击，并在系统弹出的快捷菜单中选择 激活 命令；单击 模型 功能选项卡中的 获取数据 ▾ 按钮，在系统弹出的菜单中选择 合并/继承 命令，系统弹出"合并/继承"操控板，在该操控板中进行下列操作：在操控板中确认"将参考类型设置为组件上下文"按钮 🗷 被按下，在操控板中单击 参考 选项卡，此时系统弹出"参考"界面；选中 ☑ 复制基准 复选框，然后选取二级主控件 1（SECOND01）；单击"确定"按钮 ✔。

Step3. 在模型树中选择 □ THIRD.PRT 后右击，然后在系统弹出的快捷菜单中选择 打开 命令。

Step4. 创建图 36.5.2b 所示的曲面实体化特征 1。选取图 36.5.2a 所示的曲面为要实体化的对象；单击 模型 功能选项卡 编辑 ▾ 区域中的 🗂 实体化 按钮，并按下"移除材料"按钮 🗷；单击调整图形区中的箭头使其指向要去除的实体，如图 36.5.2a 所示；在操控板中单击"确定"按钮 ✔，完成曲面实体化特征 1 的创建。

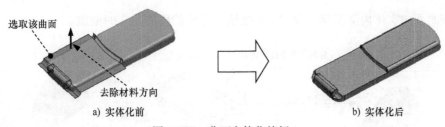

a) 实体化前　　　　　　　　b) 实体化后

图 36.5.2　曲面实体化特征 1

Step5. 创建图 36.5.3 所示的复制曲面 1。在屏幕下方的"智能选取"栏中选择"几何"选项，然后选取图 36.5.3 所示的 17 个模型表面为要复制的曲面；单击 模型 功能选项卡 操作 ▾ 区域中的"复制"按钮 🗐，然后单击"粘贴"按钮 🗐▾；在操控板中单击 选项 按钮，选中 ◉ 排除曲面并填充孔 单选项，并在 排除轮廓 选项中选取图 36.5.3 所示的面为排除面；单击 ✔ 按钮，完成复制曲面 1 的创建。

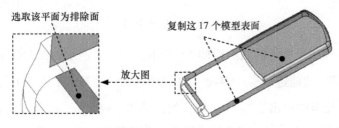

图 36.5.3　复制曲面 1

Step6. 创建图 36.5.4b 所示的偏移曲面 1。选取 Step5 所创建的复制曲面 1；单击 模型 功能选项卡 编辑 ▾ 区域中的 🗐偏移 按钮；在操控板的偏移类型栏中选择"标准偏移"选项 🗐，并在操控板的"偏移数值"文本框中输入偏移距离值 1.5，然后单击 🖊 按钮，调整曲面向实体内部偏移；单击 ✔ 按钮，完成偏移曲面 1 的创建。

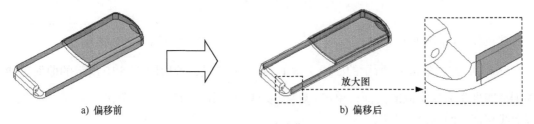

a) 偏移前　　　　　　　　　b) 偏移后

图 36.5.4　偏移曲面 1

Step7. 创建图 36.5.5 所示的复制曲面 2。选取图 36.5.5 所示的五个模型表面为要复制的曲面；单击"复制"按钮 🗐，然后单击"粘贴"按钮 🗐▾；单击 ✔ 按钮，完成复制曲面 2 的创建。

Step8. 创建图 36.5.6b 所示的偏移曲面 2。选取 Step7 所创建的复制曲面 2 为要偏移的曲面，并单击 🗐偏移 按钮；选择偏移"标准"类型 🗐，偏移距离值为 1.5，然后单击 🖊 按钮，调整曲面向实体内部偏移；单击 ✓ 按钮，完成偏移曲面 2 的创建。

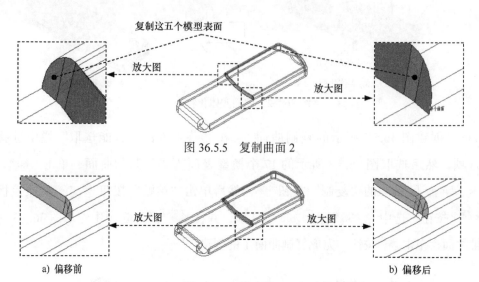

图 36.5.5　复制曲面 2

a) 偏移前　　　　　　　　　　　　　　　　　　b) 偏移后

图 36.5.6　偏移曲面 2

Step9. 创建图 36.5.7 所示的曲面延伸 1。选取图 36.5.8 所示曲线的任意一部分为要延伸的参考；单击 模型 功能选项卡 编辑 ▼ 区域中的 ➡延伸 按钮；在操控板的偏移类型栏中选取 🔲，并在操控板中单击 参考 按钮，然后单击 细节... 按钮，此时系统弹出"链"对话框；按住 Ctrl 键，选取图 36.5.8 所示的边线为延伸方向边线；在操控板的"延伸数值"文本框中输入延伸距离值 10.0；单击 ✓ 按钮，完成曲面延伸 1 的创建。

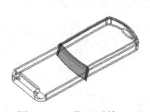

图 36.5.7　曲面延伸 1

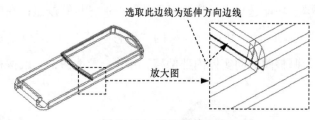

图 36.5.8　选取延伸边线

Step10. 创建图 36.5.9 所示的曲线交截 1。按住 Ctrl 键，选取图 36.5.10 所示的曲面延伸 1 和偏移曲面 1 为要交截的曲面；单击 模型 功能选项卡 编辑 ▼ 区域中的 ⬦相交 按钮，完成曲线交截 1 的创建。

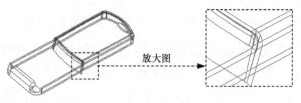

图 36.5.9　曲线交截 1

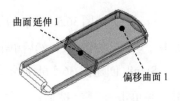

图 36.5.10　选取交截曲面

Step11. 创建图 36.5.11 所示的曲面修剪特征 1。选取偏移曲面 1 为要修剪的曲面；单击 模型 功能选项卡 编辑 ▼ 区域中的 修剪 按钮；选取曲线交截 1 为修剪对象；单击调整图形区中的箭头使其指向要保留的部分，如图 36.5.11 所示；单击 ✓ 按钮，完成曲面修剪特征 1 的创建。

Step12. 创建图 36.5.12 所示的曲面合并特征 1。按住 Ctrl 键，选取图 36.5.12 所示的曲面延伸 1 和曲面修剪 1 为合并对象；单击 模型 功能选项卡 编辑 ▼ 区域中的 合并 按钮；单击调整图形区中的箭头使其指向要保留的部分；单击 ✓ 按钮，完成曲面合并特征 1 的创建。

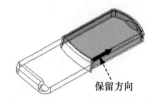
图 36.5.11 曲面修剪特征 1

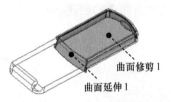
图 36.5.12 曲面合并特征 1

Step13. 创建图 36.5.13 所示的拉伸特征 1。在操控板中单击"拉伸"按钮 拉伸，然后按下操控板中的"移除材料"按钮 ；选取图 36.5.13 所示的模型表面为草绘平面，DTM1 基准平面为参考平面，方向为 上；绘制图 36.5.14 所示的截面草图，在操控板中定义拉伸类型为 ；然后单击 ✓ 按钮，完成拉伸特征 1 的创建。

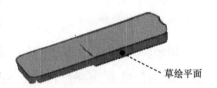
图 36.5.13 拉伸特征 1

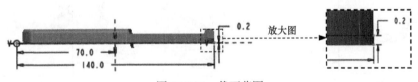
图 36.5.14 截面草图

Step14. 创建图 36.5.15b 所示的曲面实体化特征 2。选取图 36.5.15a 所示的曲面合并 1 为实体化的对象；单击 实体化 按钮，按下"移除材料"按钮 ；调整图形区中的箭头使其指向要去除的实体，如图 36.5.15a 所示；单击 ✓ 按钮，完成曲面实体化特征 2 的创建。

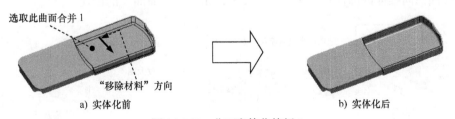
a) 实体化前   b) 实体化后
图 36.5.15 曲面实体化特征 2

Step15. 创建图 36.5.16 所示的拉伸曲面 2。单击 模型 功能选项卡 形状 ▼ 区域中的 "拉伸" 按钮 拉伸，按下操控板中的 "曲面类型" 按钮 ；在图形区右击，从系统弹出的快捷菜单中选择 定义内部草绘... 命令；选取 ASM_RIGHT 基准平面为草绘平面，ASM_FRONT 基准平面为参考平面，方向为 左；单击 草绘 按钮，绘制图 36.5.17 所示的截面草图；在操控板中选择拉伸类型为 ，并输入深度值 60.0；在操控板中单击 ✔ 按钮，完成拉伸曲面 2 的创建。

Step16. 创建图 36.5.18 所示的复制曲面 3。按住 Ctrl 键，选取图 36.5.18 所示的五个模型表面为要复制的曲面；单击 "复制" 按钮 ，然后单击 "粘贴" 按钮 ▼；单击 ✔ 按钮，完成复制曲面 3 的创建。

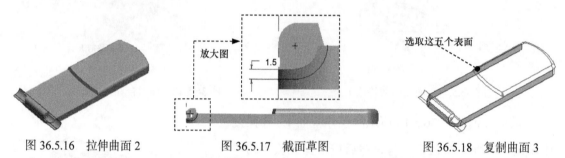

图 36.5.16　拉伸曲面 2　　　　图 36.5.17　截面草图　　　　图 36.5.18　复制曲面 3

Step17. 创建图 36.5.19b 所示的偏移曲面 3。选取 Step16 所创建的复制曲面 3 为要偏移的曲面；单击 偏移 按钮，选择偏移 "标准" 类型 ，偏移距离值为 1.5，然后单击 按钮，调整曲面向实体内部偏移；单击 ✔ 按钮，完成偏移曲面 3 的创建。

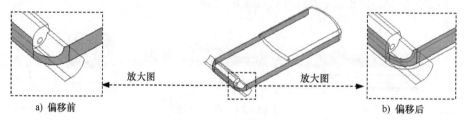

图 36.5.19　偏移曲面 3

Step18. 创建图 36.5.20b 所示的偏移曲面 4。选取图 36.5.20 所示的模型表面为要偏移的曲面；单击 偏移 按钮，选择偏移 "标准" 类型 ，偏移距离值为 1.5，然后单击 按钮，调整曲面向实体内部偏移；单击 ✔ 按钮，完成偏移曲面 4 的创建。

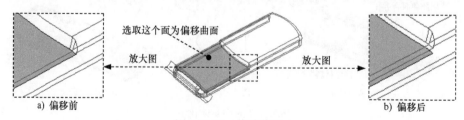

图 36.5.20　偏移曲面 4

Step19. 创建图 36.5.21 所示的曲面延伸 2。选取图 36.5.21 所示的边线中的任意一部分为要延伸的参考；单击 ⊡延伸 按钮，在操控板的偏移类型栏中选取 🔲，在操控板中单击 参考 按钮，然后单击 细节... 按钮，按住 Ctrl 键，选取图 36.5.22 所示的边线为延伸方向边线，输入延伸长度值 5.0；单击 ✓ 按钮，完成曲面延伸 2 的创建。

图 36.5.21 曲面延伸 2

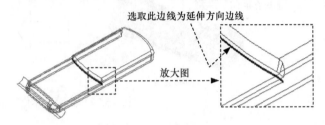

选取此边线为延伸方向边线

放大图

图 36.5.22 选取延伸边线

Step20. 创建图 36.5.23 所示的曲面合并特征 2。按住 Ctrl 键，选取图 36.5.23 所示的拉伸曲面 2 和偏移曲面 3 为合并对象；单击 ⊡合并 按钮，调整箭头方向如图 36.5.23 所示；单击 ✓ 按钮，完成曲面合并特征 2 的创建。

Step21. 创建图 36.5.24 所示的曲面合并特征 3。按住 Ctrl 键，选取图 36.5.24 所示的曲面合并 2 和偏移曲面 4 为合并对象；单击 ⊡合并 按钮，调整箭头方向如图 36.5.24 所示；单击 ✓ 按钮，完成曲面合并特征 3 的创建。

拉伸曲面 2

偏移曲面 3

图 36.5.23 曲面合并特征 2

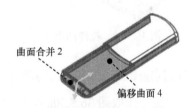

曲面合并 2

偏移曲面 4

图 36.5.24 曲面合并特征 3

Step22. 创建图 36.5.25 所示的复制曲面 4。按住 Ctrl 键，选取图 36.5.25 所示的模型表面为要复制的曲面；单击"复制"按钮 📄，然后单击"粘贴"按钮 📋▼；单击 ✓ 按钮，完成复制曲面 4 的创建。

Step23. 创建曲面合并特征 4。选取图 36.5.26 所示的曲面合并 3 和复制曲面 4 为合并对象；单击 ⊡合并 按钮，调整箭头方向如图 36.5.26 所示；单击 ✓ 按钮，完成曲面合并特征 4 的创建。

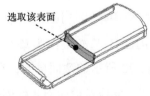

选取该表面

图 36.5.25 复制曲面 4

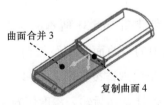

曲面合并 3

复制曲面 4

图 36.5.26 曲面合并特征 4

Step24. 创建图 36.5.27b 所示的曲面实体化特征 3。选取图 36.5.27a 所示的曲面合并 4 为实体化的对象；单击 实体化 按钮，按下"移除材料"按钮 ；调整图形区中的箭头使其指向要去除的实体，如图 36.5.27a 所示；单击 按钮，完成曲面实体化特征 3 的创建。

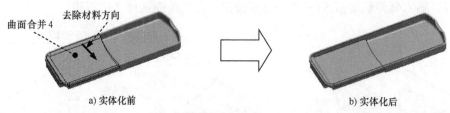

图 36.5.27　曲面实体化特征 3

Step25. 创建图 36.5.28 所示的拉伸曲面 3。在操控板中单击"拉伸"按钮 拉伸，按下操控板中的"曲面类型"按钮 ；选取图 36.5.28 所示的面为草绘平面，ASM_FRONT 基准平面为参考平面，方向为 左；绘制图 36.5.29 所示的截面草图，在操控板中定义拉伸类型为 ，输入深度值 2.0，然后单击 按钮调整拉伸方向；单击 按钮，完成拉伸曲面 3 的创建。

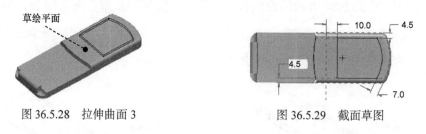

图 36.5.28　拉伸曲面 3　　　　　　　　图 36.5.29　截面草图

Step26. 创建图 36.5.30b 所示的倒圆角特征 1。单击 模型 功能选项卡 工程 ▾ 区域中的 倒圆角 ▾ 按钮，选取图 36.5.30a 所示的四条边线为圆角放置参考，在"倒圆角半径"文本框中输入值 3.0。

图 36.5.30　倒圆角特征 1

Step27. 创建图 36.5.31 所示的拉伸曲面 4。在操控板中单击"拉伸"按钮 拉伸，并按下操控板中的"曲面类型"按钮 ；选取 ASM_RIGHT 基准平面为草绘平面，ASM_FRONT 基准平面为参考平面，方向为 左；绘制图 36.5.32 所示的截面草图；在操控板中定义拉伸类型为 ，然后输入深度值 60.0；单击 按钮，完成拉伸曲面 4 的创建。

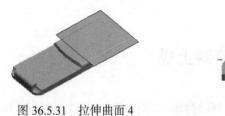

图 36.5.31 拉伸曲面 4

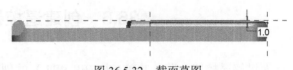

图 36.5.32 截面草图

Step28. 创建图 36.5.33 所示的曲面合并特征 5。选取图 36.5.33 所示的拉伸曲面 4 和拉伸曲面 3 为合并对象；单击 合并 按钮，调整箭头方向如图 36.5.33 所示；单击 ✔ 按钮，完成曲面合并特征 5 的创建。

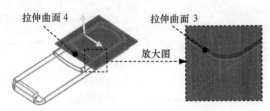

图 36.5.33 曲面合并特征 5

Step29. 创建图 36.5.34 所示的拉伸特征 5。在操控板中单击"拉伸"按钮 拉伸 ；选取图 36.5.35 所示的模型表面为草绘平面，采用系统默认的参考平面和方向；绘制图 36.5.36 所示的截面草图；在操控板中定义拉伸类型为 ，输入深度值 0.2；单击 ✔ 按钮，完成拉伸特征 5 的创建。

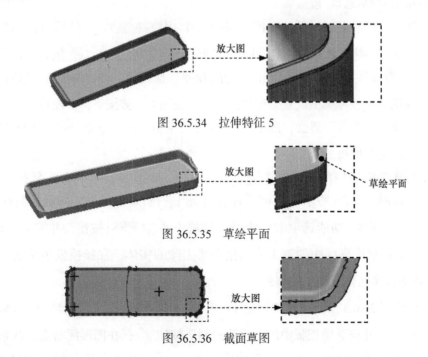

图 36.5.34 拉伸特征 5

图 36.5.35 草绘平面

图 36.5.36 截面草图

Step30. 保存零件模型文件。

36.6 创建遥控器上盖

下面讲解遥控器上盖（TOP_COVER.PRT）的创建过程。零件模型及模型树如图 36.6.1 所示。

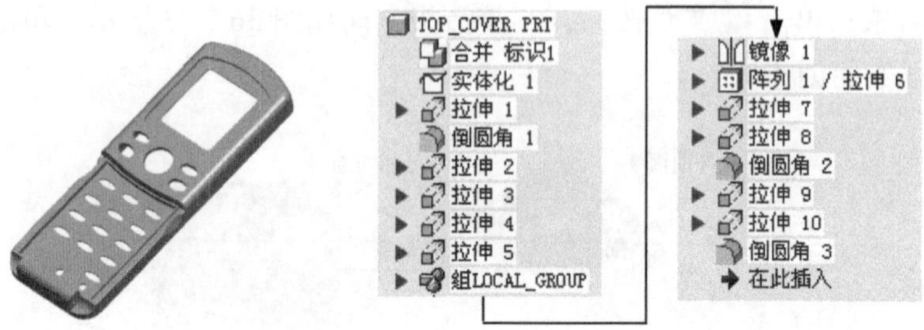

图 36.6.1 零件模型及模型树

Step1. 在装配体中建立遥控器上盖模型 TOP_COVER。单击 模型 功能选项卡 元件▼ 区域中的“创建”按钮；此时系统弹出“元件创建”对话框，选中 类型 选项组下的 ◉零件 单选项，并选中 子类型 选项组下的 ◉实体 单选项，然后在 名称 文本框中输入文件名 TOP_COVER，单击 确定 按钮。在系统弹出的“创建选项”对话框中选中 ◉空 单选项，然后单击 确定 按钮。

Step2. 激活遥控器上盖模型。在模型树中选择 TOP_COVER.PRT，然后右击，在系统弹出的快捷菜单中选择 激活 命令；单击 模型 功能选项卡中的 获取数据▼ 按钮，在系统弹出的菜单中选择 合并/继承 命令，系统弹出“合并 / 继承”操控板。在该操控板中进行下列操作：在操控板中确认“将参考类型设置为组件上下文”按钮被按下，在操控板中单击 参考 选项卡，系统弹出“参考”界面；选中 ☑复制基准 复选框，然后选取三级主控件 THIRD.PRT 模型；单击“确定”按钮✔。

Step3. 在模型树中选择 TOP_COVER.PRT，然后右击，在快捷菜单中选择 打开 命令。

Step4. 创建图 36.6.2b 所示的曲面实体化特征 1。选取图 36.6.2a 所示的曲面为要实体化的对象；单击 模型 功能选项卡 编辑▼ 区域中的 实体化 按钮，并按下“移除材料”按钮；单击调整图形区中的箭头使其指向要去除的实体；在操控板中单击“确定”按钮✔，完成曲面实体化特征 1 的创建。

Step5. 创建图 36.6.3 所示的拉伸特征 1。单击 模型 功能选项卡 形状▼ 区域中的“拉伸”按钮 拉伸，并按下操控板中的“移除材料”按钮；在图形区右击，从系统弹出的快捷菜单中选择 定义内部草绘... 命令；选取图 36.6.3 所示的面为草绘平面，ASM_FRONT 基准平面为参考平面，方向为 左 ；单击 反向 按钮调整草绘视图方向，绘制图 36.6.4 所示的截面草图；在操控板中定义拉伸类型为 ⼿⼿ ；在操控板中单击"确定"按钮 ✓ ，完成拉伸特征 1 的创建。

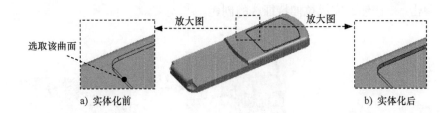

图 36.6.2 曲面实体化特征 1

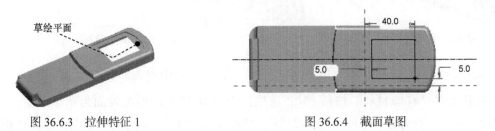

图 36.6.3 拉伸特征 1   图 36.6.4 截面草图

Step6. 创建图 36.6.5b 所示的倒圆角特征 1。单击 模型 功能选项卡 工程 ▼ 区域中的 ⟳ 倒圆角 ▼ 按钮，并选取图 36.6.5a 所示的四条边线为圆角放置参考，然后在"倒圆角半径"文本框中输入值 2.0。

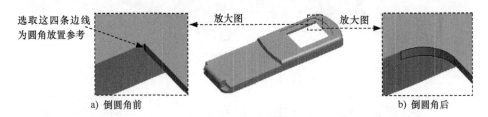

图 36.6.5 倒圆角特征 1

Step7. 创建图 36.6.6 所示的拉伸特征 2。在操控板中单击"拉伸"按钮 ⬚拉伸，按下操控板中的"移除材料"按钮 ⬚ ；选取图 36.6.6 所示的模型表面为草绘平面，ASM_FRONT 基准平面为参考平面，方向为 左 ；绘制图 36.6.7 所示的截面草图，在操控板中定义拉伸类型为 ⼿⼿ ；单击 ✓ 按钮，完成拉伸特征 2 的创建。

图 36.6.6 拉伸特征 2

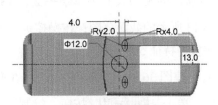

图 36.6.7 截面草图

Step8. 创建图 36.6.8 所示的拉伸特征 3。在操控板中单击"拉伸"按钮 拉伸，按下操控板中的"移除材料"按钮 ；选取图 36.6.6 所示的模型表面为草绘平面，ASM_FRONT 基准平面为参考平面，方向为 左；绘制图 36.6.9 所示的截面草图，在操控板中定义拉伸类型为 ；单击 按钮，完成拉伸特征 3 的创建。

图 36.6.8　拉伸特征 3

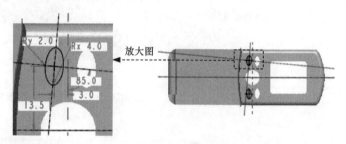
图 36.6.9　截面草图

Step9. 创建图 36.6.10 所示的拉伸特征 4。在操控板中单击"拉伸"按钮 拉伸，按下操控板中的"移除材料"按钮 ；选取图 36.6.10 所示的模型表面为草绘平面，ASM_FRONT 基准平面为参考平面，方向为 左；绘制图 36.6.11 所示的截面草图，在操控板中定义拉伸类型为 ，然后输入深度值 1.0；单击 按钮，完成拉伸特征 4 的创建。

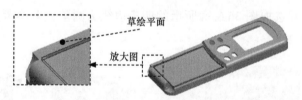
图 36.6.10　拉伸特征 4

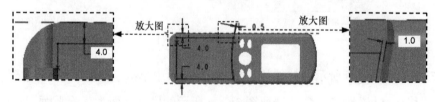
图 36.6.11　截面草图

Step10. 创建图 36.6.12 所示的拉伸特征 5。在操控板中单击"拉伸"按钮 拉伸；选取图 36.6.10 所示的模型表面为草绘平面，ASM_FRONT 基准平面为参考平面，方向为 左；绘制图 36.6.13 所示的截面草图；在操控板中定义拉伸类型为 ，输入深度值 1.0；单击 按钮，完成拉伸特征 5 的创建。

Step11. 创建图 36.6.14 所示的草图 1。在操控板中单击"草绘"按钮 ，系统弹出"草绘"对话框，单击 使用先前的 按钮，绘制图 36.6.15 所示的草图 1。

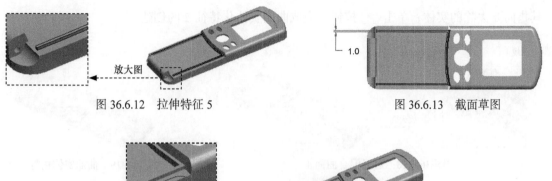

图 36.6.12　拉伸特征 5 　　　　　　　图 36.6.13　截面草图

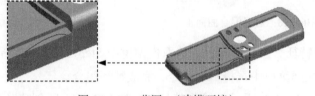

图 36.6.14　草图 1（建模环境）

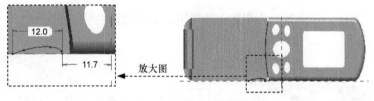

图 36.6.15　草图 1（草绘环境）

Step12. 创建图 36.6.16 所示的草图 2。在操控板中单击"草绘"按钮 ；选取图 36.6.16 所示的模型表面为草绘平面，ASM_FRONT 基准平面为参考平面，方向为 左 ；单击 草绘 按钮，并选取草图曲线 1 的端点为参考，绘制图 36.6.17 所示的草图 2。

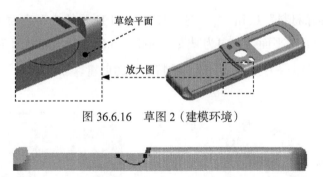

图 36.6.16　草图 2（建模环境）

图 36.6.17　草图 2（草绘环境）

Step13. 创建图 36.6.18 所示的边界混合曲面 1。单击 模型 功能选项卡 曲面 ▾ 区域中的"边界混合"按钮 ；按住 Ctrl 键，依次选取图 36.6.18 所示的曲线 1 和曲线 2 为边界曲线；单击 按钮，完成边界混合曲面 1 的创建。

Step14. 创建图 36.6.19 所示的曲面实体化特征 2。选取 Step13 所创建的边界混合曲面 1 为实体化对象；单击 实体化 按钮，并按下"移除材料"按钮 ；调整图形区中的箭头使其指向要去除的实体；单击 ✔ 按钮，完成曲面实体化特征 2 的创建。

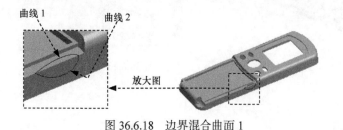 

图 36.6.18　边界混合曲面 1　　　　　　　　　图 36.6.19　曲面实体化特征 2

Step15. 创建组特征。按住 Ctrl 键，选取模型树中 Step11 ~Step14 所创建的特征后右击，然后在系统弹出的快捷菜单中选择 组 命令，完成特征组合。

Step16. 创建图 36.6.20b 所示的镜像特征 1。选取 Step15 所创建的组特征为镜像特征；单击 模型 功能选项卡 编辑 ▾ 区域中的"镜像"按钮 ▷◁；在图形区选取 ASM_RIGHT 基准平面为镜像平面；在操控板中单击 ✔ 按钮，完成镜像特征 1 的创建。

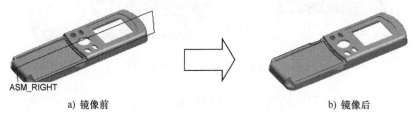

a) 镜像前　　　　　　　　　　　　　　　　　　b) 镜像后

图 36.6.20　镜像特征 1

Step17. 创建图 36.6.21 所示的拉伸特征 6。在操控板中单击"拉伸"按钮 拉伸，按下操控板中的"移除材料"按钮 △；选取图 36.6.21 所示的模型表面为草绘平面，ASM_FRONT 基准平面为参考平面，方向为 左；绘制图 36.6.22 所示的截面草图；在操控板中定义拉伸类型为 ⌇⌇；单击 ✔ 按钮，完成拉伸特征 6 的创建。

 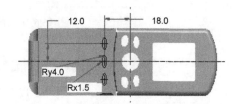

图 36.6.21　拉伸特征 6　　　　　　　　　　图 36.6.22　截面草图

Step18. 创建图 36.6.23b 所示的阵列特征 1。在模型树中选取 Step17 所创建的拉伸特征 6 后右击，然后选择 ▦ 命令；在"阵列"操控板 选项 选项卡的下拉列表中选择 一般 选项；在操控板的阵列控制方式下拉列表中选择 尺寸 选项；在操控板中单击 尺寸 选项卡，选取 Step17 所创建的拉伸特征 6 的"尺寸值 18.0"作为第一方向阵列参考尺寸，并在方向1 区域的 增量 文本框中输入增量值 9.0；在操控板的第一方向"阵列个数"文本框中输入值 4；在操控板中单击 ✓ 按钮，完成阵列特征 1 的创建。

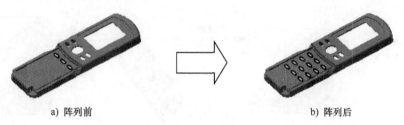

a) 阵列前　　　　　　　　　　　　　　　　b) 阵列后

图 36.6.23　阵列特征 1

Step19. 创建图 36.6.24 所示的拉伸特征 7。在操控板中单击"拉伸"按钮 □ 拉伸，按下操控板中的"移除材料"按钮 ☑；单击"草绘"对话框中的 使用先前的 按钮；绘制图 36.6.25 所示的截面草图；在操控板中定义拉伸类型为 ⌹⊨；单击 ✓ 按钮，完成拉伸特征 7 的创建。

图 36.6.24　拉伸特征 7

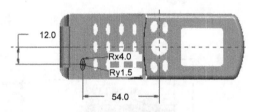

图 36.6.25　截面草图

Step20. 创建图 36.6.26 所示的拉伸特征 8。在操控板中单击"拉伸"按钮 □ 拉伸，并按下操控板中的"移除材料"按钮 ☑；单击"草绘"对话框中的 使用先前的 按钮；绘制图 36.6.27 所示的截面草图；在操控板中定义拉伸类型为 ⌹⊨；单击 ✓ 按钮，完成拉伸特征 8 的创建。

图 36.6.26　拉伸特征 8

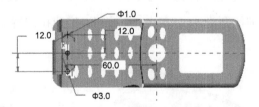

图 36.6.27　截面草图

Step21. 创建图 36.6.28b 所示的倒圆角特征 2。选取图 36.6.28a 所示的两条边线为圆角放置参考，输入倒圆角半径值 0.5。

Step22. 创建图 36.6.29 所示的拉伸特征 9。在操控板中单击"拉伸"按钮 □ 拉伸；选取图 36.6.29 所示的模型的表面为草绘平面，ASM_FRONT 基准平面为参考平面，方向为 右；

绘制图 36.6.30 所示的截面草图，并在操控板中定义拉伸类型为 ⊥，然后输入深度值 0.75；单击 ✔ 按钮，完成拉伸特征 9 的创建。

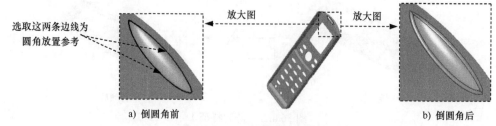

a) 倒圆角前   b) 倒圆角后

图 36.6.28   倒圆角特征 2

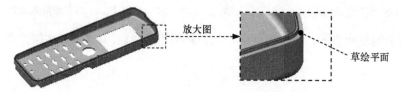

图 36.6.29   拉伸特征 9

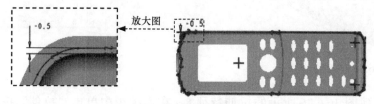

图 36.6.30   截面草图

Step23. 创建图 36.6.31 所示的拉伸特征 10。在操控板中单击"拉伸"按钮 ⬜拉伸，并按下操控板中的"移除材料"按钮 ⬚；选取 ASM_FRONT 基准平面为草绘平面，ASM_RIGHT 基准平面为参考平面，方向为 左；绘制图 36.6.32 所示的截面草图；在操控板中定义拉伸类型为 ⫴；单击 ✔ 按钮，完成拉伸特征 10 的创建。

图 36.6.31   拉伸特征 10

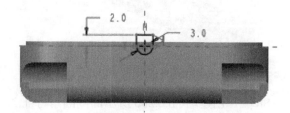

图 36.6.32   截面草图

Step24. 创建图 36.6.33b 所示的倒圆角特征 3。选取图 36.6.33a 所示的三条边线为圆角放置参考，输入倒圆角半径值 0.5。

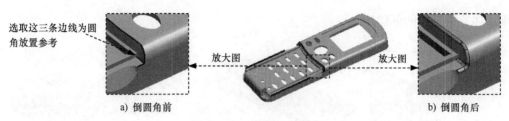

选取这三条边线为圆角放置参考

放大图   放大图

a) 倒圆角前   b) 倒圆角后

图 36.6.33　倒圆角特征 3

Step25. 保存零件模型文件。

36.7　创建遥控器屏幕

下面讲解遥控器屏幕（SCREEN.PRT）的创建过程。零件模型及模型树如图 36.7.1 所示。

图 36.7.1　零件模型及模型树

Step1. 在装配体中建立遥控器屏幕模型 SCREEN。单击 模型 功能选项卡 元件 ▼ 区域中的"创建"按钮 ；此时系统弹出"元件创建"对话框，选中 类型 选项组下的 ◉ 零件 单选项，并选中 子类型 选项组下的 ◉ 实体 单选项，然后在 名称 文本框中输入文件名 SCREEN，再单击 确定 按钮；在系统弹出的"创建选项"对话框中选中 ◉ 空 单选项，然后单击 确定 按钮。

Step2. 激活遥控器屏幕模型。在模型树中选择 SCREEN.PRT，然后右击，再在系统弹出的快捷菜单中选择 激活 命令；单击 模型 功能选项卡中的 获取数据 ▼ 按钮，并在系统弹出的菜单中选择 合并/继承 命令，此时系统弹出"合并 / 继承"操控板。在该操控板中进行下列操作：在操控板中确认"将参考类型设置为组件上下文"按钮 被按下，在操控板中单击 参考 选项卡，系统弹出"参考"界面；选中 ☑ 复制基准 复选框，然后选取三级主控件模型；单击"完成"按钮 。

Step3. 在模型树中选择 SCREEN.PRT 后右击，在系统弹出的快捷菜单中选择 打开 命令。

Step4. 创建图 36.7.2b 所示的曲面实体化特征 1。选取图 36.7.2a 所示的曲面为要实体化的对象；单击 模型 功能选项卡 编辑 ▼ 区域中的 实体化 按钮，并按下"替换曲面"按钮 ；单击调整图形区中的箭头使其指向图 36.7.2a 所示的替换方向；单击 按钮，完成曲面实体化特征 1 的创建。

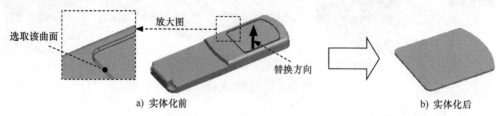

图 36.7.2　曲面实体化特征 1

Step5. 保存零件模型文件。

36.8　创建遥控器按键盖

下面讲解遥控器按键盖（KEYSTOKE.PRT）的创建过程。零件模型及模型树如图 36.8.1 所示。

图 36.8.1　零件模型及模型树

Step1. 在装配体中建立遥控器按键盖模型 KEYSTOKE。单击 模型 功能选项卡 元件▼ 区域中的"创建"按钮 ；此时系统弹出"元件创建"对话框，选中 类型 选项组下的 ◉零件 单选项，并选中 子类型 选项组下的 ◉实体 单选项，然后在 名称 文本框中输入文件名 KEYSTOKE，再单击 确定 按钮；在系统弹出的"创建选项"对话框中选中 ◉空 单选项，然后单击 确定 按钮。

Step2. 激活遥控器按键盖模型。在模型树中选择 KEYSTOKE.PRT，然后右击，再在系统弹出的快捷菜单中选择 激活 命令；单击 模型 功能选项卡中的 获取数据▼ 按钮，并在系统弹出的菜单中选择 合并/继承 命令，此时系统弹出"合并/继承"操控板。在该操控板中进行下列操作：在操控板中确认"将参考类型设置为组件上下文"按钮 被按下，在操控板中单击 参考 选项卡，系统弹出"参考"界面；选中 ☑复制基准 复选框，然后选取二级主控件 1 模型；单击"完成"按钮 。

Step3. 在模型树中选择 KEYSTOKE.PRT 后右击，并在系统弹出的快捷菜单中选择 打开 命令。

Step4. 创建图 36.8.2b 所示的曲面实体化特征 1。选取图 36.8.2a 所示的曲面为要实体化的对象；单击 模型 功能选项卡 编辑 ▼ 区域中的 实体化 按钮，并按下"移除材料"按钮 ；单击调整图形区中的箭头使其指向要去除的实体，如图36.8.2a所示；单击 ✔ 按钮，完成曲面实体化特征1的创建。

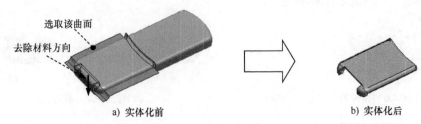

a) 实体化前　　　　　　　　　　　　　　b) 实体化后

图 36.8.2　曲面实体化特征 1

Step5. 创建图 36.8.3 所示的拉伸特征 1。单击 模型 功能选项卡 形状 ▼ 区域中的"拉伸"按钮 拉伸 ，按下操控板中的"移除材料"按钮 ；在图形区右击，然后从系统弹出的快捷菜单中选择 定义内部草绘... 命令；选取 ASM_RIGHT 基准平面为草绘平面，ASM_FRONT 基准平面为参考平面，方向为 左 ；单击 草绘 按钮，绘制图 36.8.4 所示的截面草图；在操控板中单击 选项 按钮，此时系统弹出 深度 界面，然后定义 侧1 拉伸类型为 穿透 ，定义 侧2 拉伸类型为 穿透 ；在操控板中单击"确定"按钮 ✔ ，完成拉伸特征1的创建。

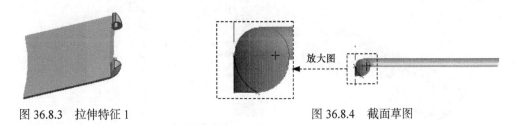

图 36.8.3　拉伸特征 1　　　　　　　放大图　　　图 36.8.4　截面草图

Step6. 创建图 36.8.5b 所示的倒圆角特征 1。单击 模型 功能选项卡 工程 ▼ 区域中的 倒圆角 ▼ 按钮；选取图 36.8.5a 所示的两条边线为圆角放置参考，并在"倒圆角半径"文本框中输入值 2.0。

a) 倒圆角前　　　　　　　　　　　　　　b) 倒圆角后

图 36.8.5　倒圆角特征 1

Step7. 创建图 36.8.6 所示的拉伸特征 2。在操控板中单击"拉伸"按钮 拉伸 ，按下操控板中的"移除材料"按钮 ；选取 ASM_FRONT 基准平面为草绘平面，ASM_RIGHT

基准平面为参考平面，方向为 左 ；绘制图 36.8.7 所示的截面草图；在操控板中定义拉伸类型为 ，选取图 36.8.6 所示的边为拉伸终止边；单击 ✓ 按钮，完成拉伸特征 2 的创建。

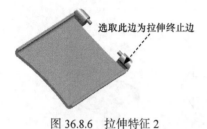

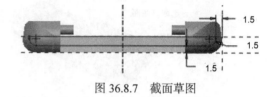

图 36.8.6　拉伸特征 2　　　　　　　　　　　图 36.8.7　截面草图

Step8. 保存零件模型文件。

36.9　创建遥控器下盖

下面讲解遥控器下盖（DOWN_COVER.PRT）的创建过程。零件模型及模型树如图 36.9.1 所示。

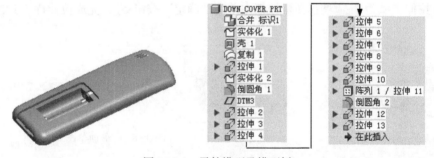

图 36.9.1　零件模型及模型树

Step1. 在装配体中建立遥控器下盖模型 DOWN_COVER。单击 模型 功能选项卡 元件 ▾ 区域中的"创建"按钮 ；此时系统弹出"元件创建"对话框，选中 类型 选项组下的 ◉零件 单选项，选中 子类型 — 选项组下的 ◉实体 单选项，然后在 名称 文本框中输入文件名 DOWN_COVER，单击 确定 按钮；在系统弹出的"创建选项"对话框中选中 ◉空 单选项，单击 确定 按钮。

Step2. 激活遥控器下盖模型。在模型树中选择 DOWN_COVER.PRT，然后右击，在系统弹出的快捷菜单中选择 激活 命令；单击 模型 功能选项卡中的 获取数据 ▾ 按钮，并在系统弹出的菜单中选择 合并/继承 命令，此时系统弹出"合并/继承"操控板。在该操控板中进行下列操作：在操控板中确认"将参考类型设置为组件上下文"按钮 被按下，在操控板中单击 参考 选项卡，系统弹出"参考"界面；选中 ☑复制基准 复选框，然后选取二级主控件 2

模型；单击"确定"按钮 ✓ 。

Step3. 在模型树中右击 ☐ DOWN_COVER.PRT ，然后在系统弹出的快捷菜单中选择 打开 命令。

Step4. 创建图 36.9.2b 所示的曲面实体化特征 1。选取图 36.9.2a 所示的曲面为要实体化的对象；单击 模型 功能选项卡 编辑 ▾ 区域中的 实体化 按钮，并按下"移除材料"按钮 ⬜ ；单击调整图形区中的箭头使其指向要去除的实体，如图 36.9.2a 所示；单击 ✓ 按钮，完成曲面实体化特征 1 的创建。

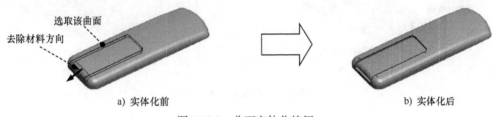

图 36.9.2　曲面实体化特征 1

Step5. 创建图 36.9.3b 所示的抽壳特征 1。单击 模型 功能选项卡 工程 ▾ 区域中的"壳"按钮 回壳 ；选取图 36.9.3a 所示的模型表面为要移除的面；在 厚度 文本框中输入壁厚值 1.5；在操控板中单击 ✓ 按钮，完成抽壳特征 1 的创建。

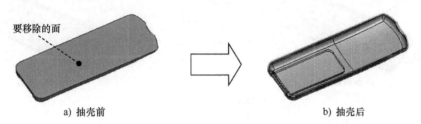

图 36.9.3　抽壳特征 1

Step6. 创建图 36.9.4 所示的复制曲面 1。在屏幕下方的"智能选取"栏中选择"几何"选项，然后选取图 36.9.4 所示的模型表面为要复制的曲面；单击 模型 功能选项卡 操作 ▾ 区域中的"复制"按钮 📋 ，然后单击"粘贴"按钮 📋▾ ；单击 ✓ 按钮，完成复制曲面 1 的创建。

Step7. 创建图 36.9.5 所示的拉伸特征 1。单击 模型 功能选项卡 形状 ▾ 区域中的"拉伸"按钮 ⬚拉伸 ；在图形区右击，并从系统弹出的快捷菜单中选择 定义内部草绘... 命令；选取 ASM_TOP 基准平面为草绘平面，ASM_FRONT 基准平面为参考平面，方向为 左 ；单击 草绘 按钮，绘制图 36.9.6 所示的截面草图；在操控板中定义拉伸类型为 ⬓ ，并输入深度值 12.0；在操控板中单击"确定"按钮 ✓ ，完成拉伸特征 1 的创建。

Step8. 创建图 36.9.7b 所示的曲面实体化特征 2。选取图 36.9.7a 所示的复制曲面 1 为实体化的对象；单击 实体化 按钮，按下"移除材料"按钮 ⬜ ，调整图形区中的箭头使其指向要去除的实体，如图 36.9.7a 所示；单击 ✓ 按钮，完成曲面实体化特征 2 的创建。

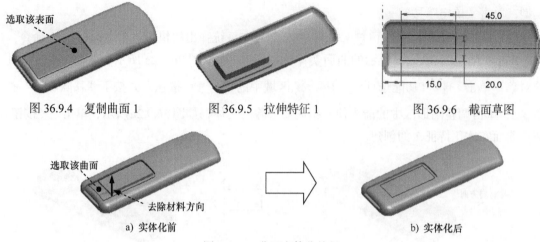

图 36.9.4　复制曲面 1　　　　　图 36.9.5　拉伸特征 1　　　　　图 36.9.6　截面草图

图 36.9.7　曲面实体化特征 2

Step9. 创建图 36.9.8b 所示的倒圆角特征 1。单击 模型 功能选项卡 工程 ▼ 区域中的 ⏷ 倒圆角 ▼ 按钮，并选取图 36.9.8a 所示的两条边线为圆角放置参考，然后在"倒圆角半径"文本框中输入值 6.0。

图 36.9.8　倒圆角特征 1

Step10. 创建图 36.9.9 所示的 DTM1 基准平面。单击 模型 功能选项卡 基准 ▼ 区域中的"平面"按钮 ▢；选取图 36.9.9 所示的模型表面为偏距参考面，调整偏移方向，在"基准平面"对话框中输入偏移距离值 2.0；单击该对话框中的 确定 按钮。

Step11. 创建图 36.9.10 所示的拉伸特征 2。在操控板中单击"拉伸"按钮 ▱拉伸，按下操控板中的"移除材料"按钮 ▱；选取 DTM1 基准平面为草绘平面，接受系统默认的参考平面，方向为 下，绘制图 36.9.11 所示的截面草图；在操控板中定义拉伸类型为 ⬗，并输入深度值 41.0；单击 ✔ 按钮，完成拉伸特征 2 的创建。

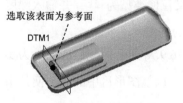

图 36.9.9　DTM1 基准平面

图 36.9.10　拉伸特征 2

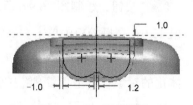

图 36.9.11　截面草图

Step12. 创建图 36.9.12 所示的拉伸特征 3。在操控板中单击"拉伸"按钮 ⬚拉伸，并按下操控板中的"移除材料"按钮 ⬚；选取图 36.9.12 所示的表面为草绘平面，接受系统默认的参考平面及参考方向；绘制图 36.9.13 所示的截面草图，在操控板中定义拉伸类型为 ⬓，并选取图 36.9.12 所示的面为拉伸终止面；单击 ✔ 按钮，完成拉伸特征 3 的创建。

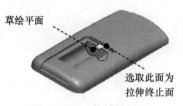

草绘平面

选取此面为
拉伸终止面

图 36.9.12 拉伸特征 3

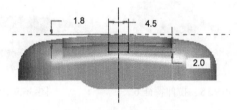

图 36.9.13 截面草图

Step13. 创建图 36.9.14 所示的拉伸特征 4。在操控板中单击"拉伸"按钮 ⬚拉伸，按下操控板中的"移除材料"按钮 ⬚；选取图 36.9.14 所示的面为草绘平面，ASM_FRONT 为参考平面，方向为 右，绘制图 36.9.15 所示的截面草图；在操控板中定义拉伸类型为 ⬓，并输入深度值 4.0；单击 ✔ 按钮，完成拉伸特征 4 的创建。

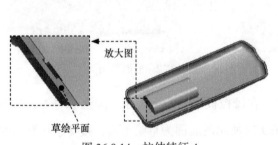

放大图

草绘平面

图 36.9.14 拉伸特征 4

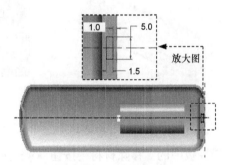

放大图

图 36.9.15 截面草图

Step14. 创建图 36.9.16 所示的拉伸特征 5。在操控板中单击"拉伸"按钮 ⬚拉伸，并按下操控板中的"移除材料"按钮 ⬚；选取图 36.9.16 所示的面为草绘平面，并接受系统默认的参考平面，方向为 下，绘制图 36.9.17 所示的截面草图；在操控板中定义拉伸类型为 ⬓，并输入深度值 5.0；单击 ✔ 按钮，完成拉伸特征 5 的创建。

草绘平面

图 36.9.16 拉伸特征 5

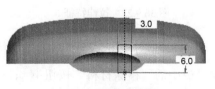

图 36.9.17 截面草图

Step15. 创建图 36.9.18 所示的拉伸特征 6。在操控板中单击"拉伸"按钮 ⬚拉伸，并按下操控板中的"移除材料"按钮 ◢；选取图 36.9.18 所示的面为草绘平面，并接受系统默认的参考平面，方向为 下，绘制图 36.9.19 所示的截面草图；在操控板中定义拉伸类型为 ⬒，拉伸终止面如图 36.9.20 所示；单击 ✓ 按钮，完成拉伸特征 6 的创建。

图 36.9.18　拉伸特征 6

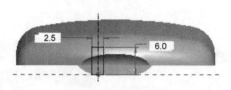

图 36.9.19　截面草图

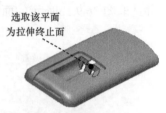

选取该平面为拉伸终止面

图 36.9.20　选取拉伸终止面

Step16. 创建图 36.9.21 所示的拉伸特征 7。在操控板中单击"拉伸"按钮 ⬚ 拉伸，并按下操控板中的"移除材料"按钮 ◢；选取 ASM_TOP 基准平面为草绘平面，ASM_FRONT 基准平面为参考平面，方向为 左；绘制图 36.9.22 所示的截面草图；单击 ⤬ 按钮调整拉伸方向；在操控板中定义拉伸类型为 ⬓，然后单击 ✓ 按钮，完成拉伸特征 7 的创建。

图 36.9.21　拉伸特征 7

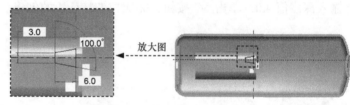

放大图

图 36.9.22　截面草图

Step17. 创建图 36.9.23 所示的拉伸特征 8。在操控板中单击"拉伸"按钮 ⬚ 拉伸，按下操控板中的"移除材料"按钮 ◢；选取图 36.9.23 所示的表面为草绘平面，接受系统默认的参考平面，方向为 下；绘制图 36.9.24 所示的截面草图，在操控板中定义拉伸类型为 ⬒，输入深度值 5.0；单击 ✓ 按钮，完成拉伸特征 8 的创建。

草绘平面

图 36.9.23　拉伸特征 8

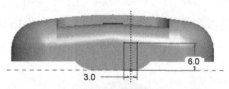

图 36.9.24　截面草图

Step18. 创建图 36.9.25 所示的拉伸特征 9。在操控板中单击"拉伸"按钮 ⬚ 拉伸，并按下操控板中的"移除材料"按钮 ◢；选取图 36.9.25 所示的表面为草绘平面，并接受系统默认的参考平面，方向为 下；绘制图 36.9.26 所示的截面草图；在操控板中定义拉伸类型为 ⬒，拉伸终止面如图 36.9.27 所示；单击 ✓ 按钮，完成拉伸特征 9 的创建。

Step19. 创建图 36.9.28 所示的拉伸特征 10。在操控板中单击"拉伸"按钮 ，并按下操控板中的"移除材料"按钮 ◢；选取 ASM_TOP 基准平面为草绘平面，ASM_FRONT 基准平面为参考平面，方向为 左；绘制图 36.9.29 所示的截面草图；单击 ╱ 按钮调整拉伸方向，并在操控板中定义拉伸类型为 ╪╪；单击 ✔ 按钮，完成拉伸特征 10 的创建。

草绘平面

图 36.9.25　拉伸特征 9

选取该平面为拉伸终止面

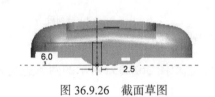

图 36.9.26　截面草图

图 36.9.27　选取拉伸终止面

图 36.9.28　拉伸特征 10

放大图

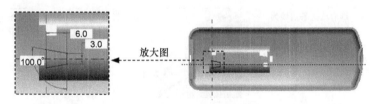

图 36.9.29　截面草图

Step20. 创建图 36.9.30 所示的拉伸特征 11。在操控板中单击"拉伸"按钮 ，并按下操控板中的"移除材料"按钮 ◢；选取 ASM_TOP 基准平面为草绘平面，DTM2 基准平面为参考平面，方向为 右；单击 反向 按钮调整草绘视图方向，绘制图 36.9.31 所示的截面草图；在操控板中定义拉伸类型为 ╪╪；然后单击 ✔ 按钮，完成拉伸特征 11 的创建。

图 36.9.30　拉伸特征 11

放大图

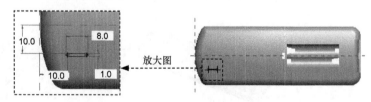

图 36.9.31　截面草图

Step21. 创建图 36.9.32b 所示的阵列特征 1。在模型树中选取 Step20 所创建的拉伸特征 11 后右击，然后选择 ⊞ 命令；在"阵列"操控板 选项 选项卡的下拉列表中选择 常规 选项；在操控板的阵列控制方式下拉列表中选择 尺寸 选项；在操控板中单击 尺寸 选项卡，然后选取图 36.9.32a 所示的拉伸特征 11 中的第一个尺寸"尺寸值 10.0"作为第一方向阵列参考尺寸，并在 方向1 区域的 增量 文本框中输入增量值 –2.0；按住 Ctrl 键，选取

图 36.9.32a 所示的拉伸特征 11 中的第二个尺寸"尺寸值 10.0"作为第一方向阵列参考尺寸，然后在 方向1 区域的 增量 文本框中输入增量值 –1.0；在操控板的第一方向"阵列个数"文本框中输入值 3；在操控板中单击 ✔ 按钮，完成阵列特征 1 的创建。

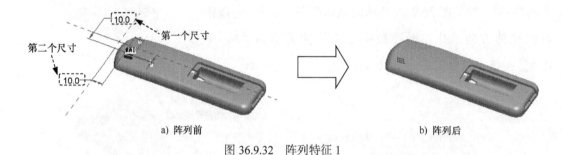

a) 阵列前　　　　　　　　　　　　　　　　b) 阵列后

图 36.9.32　阵列特征 1

Step22. 创建图 36.9.33b 所示的倒圆角特征 2。选取图 36.9.33a 所示的两条边线为圆角放置参考，并输入倒圆角半径值 0.5。

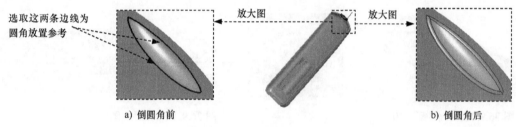

a) 倒圆角前　　　　　　　　　　　　　　　b) 倒圆角后

图 36.9.33　倒圆角特征 2

Step23. 创建图 36.9.34 所示的拉伸特征 12。在操控板中单击"拉伸"按钮 拉伸，并按下操控板中的"移除材料"按钮 ；选取图 36.9.34 所示的模型表面为草绘平面，ASM_RIGHT 基准平面为参考平面，方向为 下 ；绘制图 36.9.35 所示的截面草图；在操控板中定义拉伸类型为 ，并输入深度值 0.75；单击 ✔ 按钮，完成拉伸特征 12 的创建。

图 36.9.34　拉伸特征 12

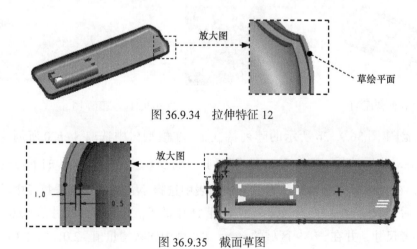

图 36.9.35　截面草图

Step24. 创建图 36.9.36 所示的拉伸特征 13。在操控板中单击"拉伸"按钮 拉伸，并按下操控板中的"移除材料"按钮 ；选取 ASM_FRONT 基准平面为草绘平面，DTM1 基准平面为参考平面，方向为 上 ；绘制图 36.9.37 所示的截面草图；在操控板中定义拉伸类型为 ；单击 按钮，完成拉伸特征 13 的创建。

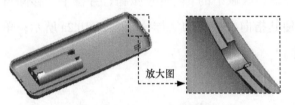

图 36.9.36　拉伸特征 13

图 36.9.37　截面草图

Step25. 保存零件模型文件。

36.10　创建遥控器电池盖

下面讲解遥控器电池盖（CELL_COVER.PRT）的创建过程。零件模型及模型树如图 36.10.1 所示。

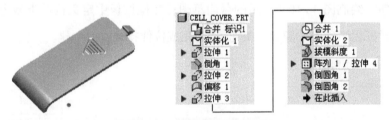

图 36.10.1　零件模型及模型树

Step1. 在装配体中建立遥控器电池盖模型 CELL_COVER。单击 模型 功能选项卡 元件 ▼ 区域中的"创建"按钮 ；此时系统弹出"元件创建"对话框，选中 类型 选项组下的 ◉零件 单选项，并选中 子类型 选项组下的 ◉实体 单选项，然后在 名称 文本框中输入文件名 CELL_COVER，再单击 确定 按钮；在系统弹出的"创建选项"对话框中选中 ◉空 单选项，然后单击 确定 按钮。

Step2. 激活遥控器电池盖模型。在模型树中选择 CELL_COVER.PRT，然后右击，再在系统弹出的快捷菜单中选择 激活 命令；单击 模型 功能选项卡中的 获取数据 ▼ 按钮，在系统弹出的菜单中选择 合并/继承 命令，系统弹出"合并/继承"操控板，在该操控板中进行下列操作：在操控板中确认"将参考类型设置为组件上下文"按钮 被按下，在操控板中单击 参考 选项卡，系统弹出"参考"界面；选中 ☑复制基准 复选框，然后选取二级主控件 2

模型；单击"完成"按钮 ✓。

Step3. 在模型树中选择 ☐ CELL_COVER.PRT 后右击，在系统弹出的快捷菜单中选择 打开 命令。

Step4. 创建图 36.10.2b 所示的曲面实体化特征 1。选取图 36.10.2a 所示的曲面为要实体化的对象；单击 模型 功能选项卡 编辑 ▾ 区域中的 ☐实体化 按钮，并按下"移除材料"按钮 ◿；单击调整图形区中的箭头使其指向要去除的实体，如图 36.10.2a 所示；单击 ✓ 按钮，完成曲面实体化特征 1 的创建。

a) 实体化前　　　　　　　　　　　　　　　　　　b) 实体化后

图 36.10.2　曲面实体化特征 1

Step5. 创建图 36.10.3 所示的拉伸特征 1。单击 模型 功能选项卡 形状 ▾ 区域中的"拉伸"按钮 ⬚拉伸；在图形区右击，然后从弹出的快捷菜单中选择 定义内部草绘… 命令；选取 ASM_RIGHT 基准平面为草绘平面，ASM_FRONT 基准平面为参考平面，方向为 左；单击 草绘 按钮，绘制图 36.10.4 所示的截面草图；在操控板中定义拉伸类型为 ╬，输入深度值 4.5；在操控板中单击"确定"按钮 ✓，完成拉伸特征 1 的创建。

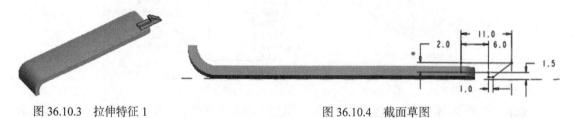

图 36.10.3　拉伸特征 1　　　　　　　　　　图 36.10.4　截面草图

Step6. 创建图 36.10.5b 所示的倒角特征 1。单击 模型 功能选项卡 工程 ▾ 区域中的 ◇倒角 ▾ 按钮，选取图 36.10.5a 所示的边线为倒角放置参考，选取倒角方案为 D x D，输入 D 值 1.0。

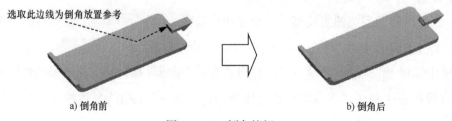

选取此边线为倒角放置参考

a) 倒角前　　　　　　　　　　　　　　　　　　b) 倒角后

图 36.10.5　倒角特征 1

Step7. 创建图 36.10.6 所示的拉伸特征 2。在操控板中单击"拉伸"按钮 ⬚ 拉伸；选取 ASM_RIGHT 基准平面为草绘平面，ASM_FRONT 基准平面为参考平面，方向为 左；绘制图 36.10.7 所示的截面草图，在操控板中定义拉伸类型为 ⊟，输入深度值 5.0；单击 ✔ 按钮，完成拉伸特征 2 的创建。

图 36.10.6 拉伸特征 2

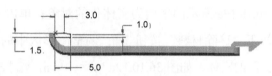

图 36.10.7 截面草图

Step8. 创建图 36.10.8b 所示的偏移曲面 1。选取图 36.10.8b 所示的偏移曲面为偏移对象；单击 模型 功能选项卡 编辑 ▾ 区域中的 偏移 按钮；在操控板的偏移类型栏中选择"标准偏移"选项 ▥，在操控板的"偏移数值"文本框中输入偏移距离值 0.5，单击 ⅗ 按钮调整偏移方向；单击 ✔ 按钮，完成偏移曲面 1 的创建。

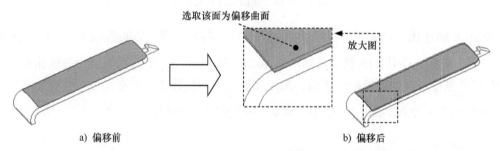

选取该面为偏移曲面

放大图

a) 偏移前

b) 偏移后

图 36.10.8 偏移曲面 1

Step9. 创建图 36.10.9 所示的拉伸曲面 3。单击 模型 功能选项卡 形状 ▾ 区域中的"拉伸"按钮 ⬚ 拉伸，按下操控板中的"曲面类型"按钮 ⌒；在图形区右击，从系统弹出的快捷菜单中选择 定义内部草绘... 命令；选取 ASM_TOP 基准平面为草绘平面，ASM_FRONT 基准平面为参考平面，方向为 左；单击 草绘 按钮，绘制图 36.10.10 所示的截面草图；在操控板中选择拉伸类型为 �╜，输入深度值 3.0；在操控板中单击 ✔ 按钮，完成拉伸曲面 3 的创建。

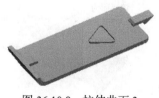

图 36.10.9 拉伸曲面 3

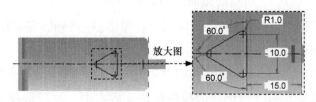

图 36.10.10 截面草图

Step10. 创建曲面合并特征 1。按住 Ctrl 键，选取图 36.10.11 所示的偏移曲面 1 与拉伸曲面 3 为合并对象；单击 模型 功能选项卡 编辑 ▼ 区域中的 合并 按钮；单击调整图形区中的箭头使其指向要保留的部分；单击 ✓ 按钮，完成曲面合并特征 1 的创建。

Step11. 创建图 36.10.12b 所示的曲面实体化特征 2。选取图 36.10.12a 所示的平面为实体化的对象；单击 实体化 按钮，并按下"移除材料"按钮 ⬜；调整图形区中的箭头使其指向要去除的实体，如图 36.10.12a 所示；单击 ✓ 按钮，完成曲面实体化特征 2 的创建。

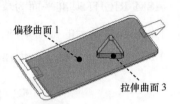

图 36.10.11　曲面合并特征 1

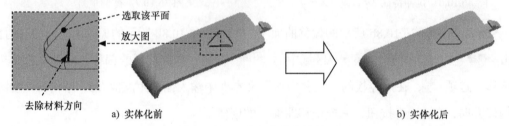

a) 实体化前　　　　　　　　　　　　b) 实体化后

图 36.10.12　曲面实体化特征 2

Step12. 创建图 36.10.13b 所示的拔模特征 1。单击 模型 功能选项卡 工程 ▼ 区域中的 拔模 ▼ 按钮；按住 Ctrl 键，并选取图 36.10.13a 所示的模型内侧表面为拔模曲面；选取 ASM_TOP 基准平面为拔模枢轴平面，采用系统默认的拔模方向；在"拔模角度"文本框中输入拔模角度值 20.0；单击 ✓ 按钮，完成拔模特征 1 的创建。

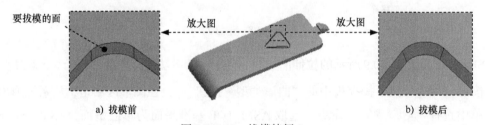

a) 拔模前　　　　　　　　　　　　b) 拔模后

图 36.10.13　拔模特征 1

Step13. 创建图 36.10.14 所示的拉伸特征 4。在操控板中单击"拉伸"按钮 拉伸；选取 ASM_TOP 基准平面为草绘平面，ASM_FRONT 基准平面为参考平面，方向为 左；绘制图 36.10.15 所示的截面草图，在操控板中定义拉伸类型为 ⬆，拉伸终止面如图 36.10.14 所示；单击 ✓ 按钮，完成拉伸特征 4 的创建。

Step14. 创建图 36.10.16b 所示的阵列特征 1。在模型树中选取 Step13 所创建的拉伸特征 4 后右击，然后选择 ⊞ 命令；在"阵列"操控板的 选项 选项卡的下拉列表中选择 常规 选

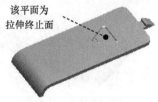

图 36.10.14　拉伸特征 4

项；在操控板的阵列控制方式下拉列表中选择 尺寸 选项；在操控板中单击 尺寸 选项卡，并选取图 36.10.16a 所示的拉伸特征 4 的第一个尺寸的“尺寸值 30.5”作为第一方向阵列参考尺寸；在 方向1 区域的 增量 文本框中输入增量值 –1.5；按住 Ctrl 键，选取图 36.10.16a 所示的拉伸特征 4 的第二个尺寸“尺寸值 3.0”作为第一方向阵列参考尺寸；在 方向1 区域的 增量 文本框中输入增量值 1.5；在操控板的第一方向“阵列个数”文本框中输入值 5；在操控板中单击 ✔ 按钮，完成阵列特征 1 的创建。

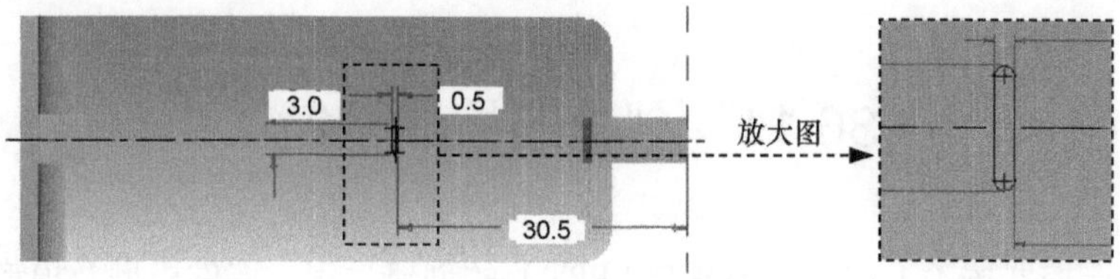
3.0
0.5
30.5
放大图

图 36.10.15 截面草图

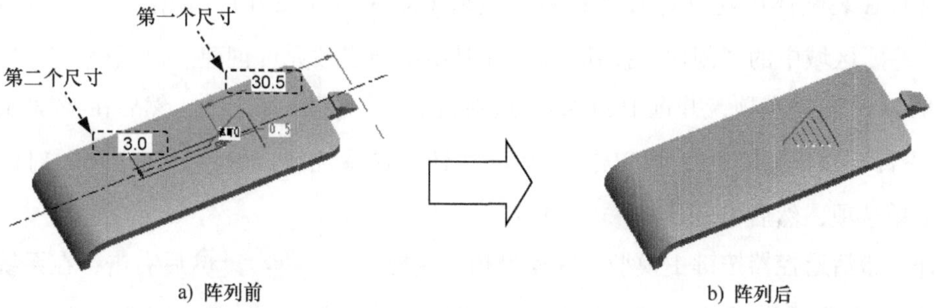
第一个尺寸
第二个尺寸
30.5
3.0
a) 阵列前
b) 阵列后

图 36.10.16 阵列特征 1

Step15. 创建图 36.10.17b 所示的倒圆角特征 1。单击 模型 功能选项卡 工程 ▾ 区域中的 倒圆角 ▾ 按钮，选取图 36.10.17a 所示的两条边线为圆角放置参考，在“倒圆角半径”文本框中输入值 0.2。

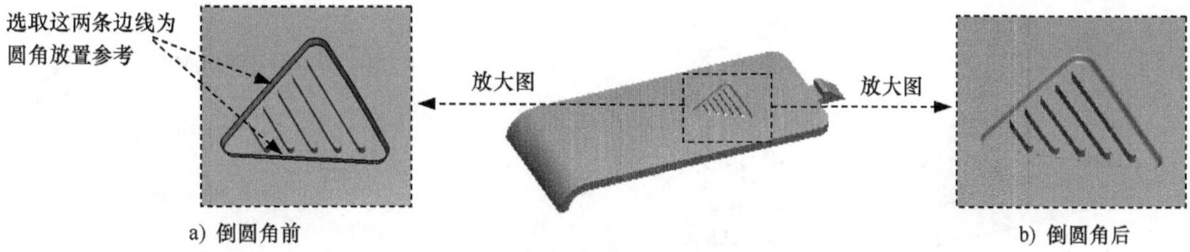
选取这两条边线为圆角放置参考
放大图
放大图
a) 倒圆角前
b) 倒圆角后

图 36.10.17 倒圆角特征 1

Step16. 创建图 36.10.18b 所示的倒圆角特征 2。选取图 36.10.18a 所示的 10 条边线为圆角放置参考，并输入倒圆角半径值 0.1。

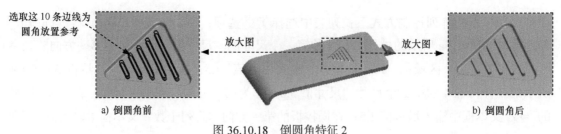

选取这10条边线为
圆角放置参考

放大图 ← → 放大图

a) 倒圆角前　　　　　　　　　　　　　　　　　　　　b) 倒圆角后

图 36.10.18　倒圆角特征 2

Step17. 保存零件模型文件。

36.11　创建遥控器按键 1

下面讲解遥控器按键 1（KEYSTOKE01.PRT）的创建过程。零件模型及模型树如图 36.11.1 所示。

Step1. 在装配体中建立遥控器按键 1 模型（KEYSTOKE01）。单击 模型 功能选项卡 元件 ▼ 区域中的"创建"按钮 ；此时系统弹出"元件创建"对话框，选中 类型 选项组下的 ◉ 零件 单选项，并选中 子类型 选项组下的 ◉ 实体 单选项，然后在 名称 文本框中输入文件名 KEYSTOKE01，再单击 确定 按钮；在系统弹出的"创建选项"对话框中选中 ◉ 空 单选项，然后单击 确定 按钮。

Step2. 激活遥控器按键 1 模型。在模型树中选择 KEYSTOKE01.PRT 后右击，在系统弹出的快捷菜单中选择 激活 命令；单击 模型 功能选项卡 获取数据 ▼ 区域中的"复制几何"按钮 ，此时系统弹出"复制几何"操控板。在该操控板中进行下列操作：在"复制几何"操控板中先确认"将参考类型设置为装配上下文"按钮 被按下，然后单击"仅限发布几何"按钮 （使此按钮为弹起状态）；在操控板中单击 参考 选项卡，并选取图 36.11.2 所示的 TOP_COVER.PRT 模型中的曲面；在操控板中单击 ✔ 按钮，完成复制几何特征。

Step3. 在模型树中选择 KEYSTOKE01.PRT 后右击，在弹出的快捷菜单中选择 打开 命令。

KEYSTOKE01.PRT
　复制几何 标识1
▶ 拉伸 1
▶ 拉伸 2
　倒圆角 1
➜ 在此插入

图 36.11.1　零件模型及模型树

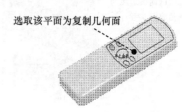

选取该平面为复制几何面

图 36.11.2　选取复制几何面

Step4. 创建图 36.11.3 所示的拉伸特征 1。单击 模型 功能选项卡 形状 ▼ 区域中的"拉伸"按钮 ；在图形区右击，并从系统弹出的快捷菜单中选择 定义内部草绘... 命令；选取图 36.11.3 所示的表面为草绘平面；单击 草绘 按钮，绘制图 36.11.4 所示的截面草图；在操控板中定义拉伸类型为 ，并输入深度值 2.5，然后单击 按钮调整拉伸方向；在操控板中单击"确定"按钮 ，完成拉伸特征 1 的创建。

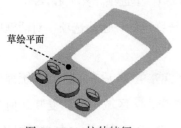

图 36.11.3　拉伸特征 1

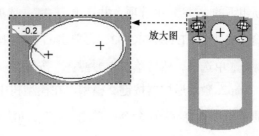

图 36.11.4　截面草图

Step5. 创建图 36.11.5 所示的拉伸特征 2。在操控板中单击"拉伸"按钮 拉伸；选取图 36.11.5 所示的表面为草绘平面；绘制图 36.11.6 所示的截面草图；在操控板中定义拉伸类型为 ，并输入深度值 1.0；单击 按钮，完成拉伸特征 2 的创建。

图 36.11.5　拉伸特征 2

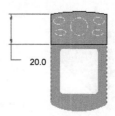

图 36.11.6　截面草图

Step6. 创建图 36.11.7b 所示的倒圆角特征 1。单击 模型 功能选项卡 工程 ▼ 区域中的 倒圆角 ▼ 按钮，选取图 36.11.7a 所示的五条边线为圆角放置参考，在"倒圆角半径"文本框中输入值 0.2。

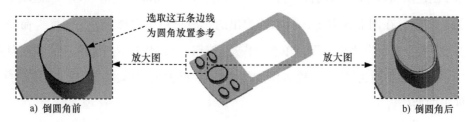

a) 倒圆角前　　　　　　　　　　　　　　　　　　　　b) 倒圆角后

图 36.11.7　倒圆角特征 1

Step7. 保存零件模型文件。

36.12　创建遥控器按键 2

下面讲解遥控器按键 2（KEYSTOKE02.PRT）的创建过程。零件模型及模型树如

图 36.12.1 所示。

Step1. 在装配体中建立遥控器按键 2 模型（KEYSTOKE02.PRT）。单击 模型 功能选项卡 元件 ▾ 区域中的"创建"按钮 ；此时系统弹出"元件创建"对话框，选中 类型 选项组下的 ◉ 零件 单选项，并选中 子类型 选项组下的 ◉ 实体 单选项，然后在 名称 文本框中输入文件名 KEYSTOKE02，再单击 确定 按钮；在系统弹出的"创建选项"对话框中选中 ◉ 空 单选项，然后单击 确定 按钮。

Step2. 激活遥控器按键 2 模型。在模型树中选择 KEYSTOKE02.PRT 后右击，在系统弹出的快捷菜单中选择 激活 命令；单击 模型 功能选项卡 获取数据 ▾ 区域中的"复制几何"按钮 ，此时系统弹出"复制几何"操控板。在该操控板中进行下列操作：在"复制几何"操控板中先确认"将参考类型设置为装配上下文"按钮 被按下，然后单击"仅限发布几何"按钮 （使此按钮为弹起状态），在操控板中单击 参考 选项卡，选取图 36.12.2 所示的 TOP_COVER.PRT 模型中的曲面；在操控板中单击 ✔ 按钮，完成复制几何特征。

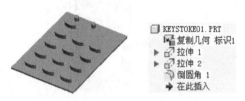

图 36.12.1 零件模型及模型树

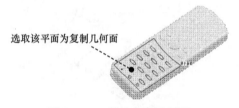

图 36.12.2 选取复制几何面

Step3. 在模型树中选择 KEYSTOKE02.PRT 后右击，然后在系统弹出的快捷菜单中选择 打开 命令。

Step4. 创建图 36.12.3 所示的拉伸特征 1。单击 模型 功能选项卡 形状 ▾ 区域中的"拉伸"按钮 拉伸；在图形区右击，从系统弹出的快捷菜单中选择 定义内部草绘... 命令；选取图 36.12.3 所示的表面为草绘平面；单击 草绘 按钮，绘制图 36.12.4 所示的截面草图；在操控板中定义拉伸类型为 ，并输入深度值 2.5；在操控板中单击"完成"按钮 ✔，完成拉伸特征 1 的创建。

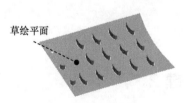

图 36.12.3 拉伸特征 1

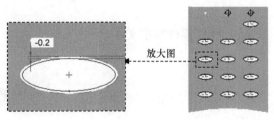

图 36.12.4 截面草图

Step5. 创建图 36.12.5 所示的拉伸特征 2。在操控板中单击"拉伸"按钮 拉伸；选取图 36.12.5 所示的表面为草绘平面；绘制图 36.12.6 所示的截面草图；在操控板中定义拉伸类型为 ，并输入深度值 1.0；单击 按钮，完成拉伸特征 2 的创建。

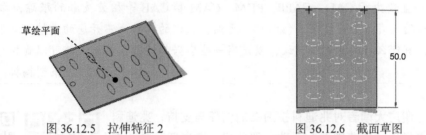

图 36.12.5　拉伸特征 2　　　　图 36.12.6　截面草图

Step6. 创建图 36.12.7b 所示的倒圆角特征 1。单击 模型 功能选项卡 工程 ▼ 区域中的 倒圆角 ▼ 按钮，然后选取图 36.12.7a 所示的 15 条边线为圆角放置参考；在"倒圆角半径"文本框中输入数值 0.2。

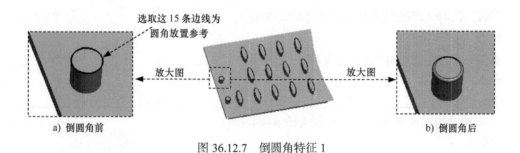

图 36.12.7　倒圆角特征 1

Step7. 保存零件模型文件。

读者意见反馈卡

尊敬的读者：

感谢您购买机械工业出版社出版的图书！

我们一直致力于 CAD、CAPP、PDM、CAM 和 CAE 等相关技术的跟踪，希望能将更多优秀作者的宝贵经验与技巧介绍给您。当然，我们的工作离不开您的支持。如果您在看完本书之后，有什么好的意见和建议，或是有一些感兴趣的技术话题，都可以直接与我联系。

策划编辑：丁锋

为了感谢广大读者对兆迪科技图书的信任与支持，兆迪科技面向读者推出"免费送课"活动，即日起，读者凭有效购书证明，可领取价值 100 元的在线课程代金券 1 张，此券可在兆迪科技网校（http://www.zalldy.com/）免费换购在线课程 1 门。活动详情可以登录兆迪网校或者关注兆迪公众号查看。

兆迪网校　　　兆迪公众号

书名：《Creo 产品设计实例精解（Creo 8.0 中文版）》

1. 读者个人资料：

姓名： _____ 性别： ____ 年龄： ____ 职业： _____ 职务： _____ 学历： _____

专业： _____ 单位名称： _____ 办公电话： _____ 手机： _____

QQ： _____ 微信： _____ E-mail： _____

2. 影响您购买本书的因素（可以选择多项）：

□内容 　　　　　　　　　　□作者 　　　　　　　　　□价格

□朋友推荐 　　　　　　　　□出版社品牌 　　　　　　□书评广告

□工作单位（就读学校）指定 □内容提要、前言或目录 　□封面封底

□购买了本书所属丛书中的其他图书 　　　　　　　　　□其他_____

3. 您对本书的总体感觉：

□很好 　　　　　　　　　　□一般 　　　　　　　　　□不好

4. 您认为本书的语言文字水平：

□很好 　　　　　　　　　　□一般 　　　　　　　　　□不好

5. 您认为本书的版式编排：

□很好 　　　　　　　　　　□一般 　　　　　　　　　□不好

6. 您认为 Creo 其他哪些方面的内容是您所迫切需要的？

_____

7. 其他哪些 CAD/CAM/CAE 方面的图书是您所需要的？

_____

8. 您认为我们的图书在叙述方式、内容选择等方面还有哪些需要改进的？

_____